Linguistische
Arbeiten 69

Herausgegeben von Herbert E. Brekle, Hans Jürgen Heringer,
Christian Rohrer, Heinz Vater und Otmar Werner

Luise F. Pusch

Kontrastive Untersuchungen zum italienischen ‚gerundio‘:

Instrumental- und Modalsätze und das Problem der Individuierung von Ereignissen

Max Niemeyer Verlag
Tübingen 1980

CIP-Kurztitelaufnahme der Deutschen Bibliothek

Pusch, Luise F.:
Kontrastive Untersuchungen zum italienischen „gerundio“ : Instrumental- u. Modalsätze u. d. Problem d. Individuierung von Ereignissen / Lusie F. Pusch. – Tübingen : Niemeyer, 1980.
(Linguistische Arbeiten ; 69)
ISBN 3-484-10321-3

ISBN 3-484-10321-3 / ISSN 0344-6727

INHALTSVERZEICHNIS

Für Sitta, Betty und Heinrich

The use of paraphrases in the study of adverbials is as indispensable as it is dangerous. It is a familiar experience to semanticists that nothing is more suggestive than a suitable paraphrase and that nothing is easier than getting rid of a problem by obscuring the problem through paraphrase.

(LANG & STEINITZ 1976: 140)

Some readers may think that my tone of voice in this book is excessively polemical. It may comfort them to know that the assumptions against which I exhibit most heat are assumptions of which I myself have been a victim. Primarily I am trying to get some disorders out of my own system. Only secondarily do I hope other theorists to recognise our malady and to benefit from my medicine.

(RYLE 1949: 9)

VORWORT

Den folgenden Personen und Institutionen möchte ich sehr herzlich danken -

- der DEUTSCHEN FORSCHUNGSGEMEINSCHAFT für das zweijährige Habilitationsstipendium, das mir die Arbeit an dieser Untersuchung erst möglich gemacht hat.

- meinen ehemaligen Projektkollegen GianLuigi BORGATO, Emilio MANZOTTI und Christoph SCHWARZE für zahllose hilfreiche Diskussionen und moralische Unterstützung über mehrere Jahre hinweg. Christoph SCHWARZE verdanke ich sowohl die Anregung zu meinem Thema als auch das meiste, was ich nach meiner Promotion linguistisch gelernt habe. Das Vertrauen, das er in mich gesetzt hat, und seine geduldige und freundschaftliche Förderung meiner wissenschaftlichen Entwicklung waren das stützende Fundament, auf dem diese Arbeit allmählich wachsen konnte.
  Emilio MANZOTTI hat viele Tage lang die italienischen Beispiele mit mir durchgesprochen und mir bei der Übersetzung meiner selbstgebastelten deutschen Beispiele geholfen. Seiner Freundschaft und Hilfsbereitschaft verdanke ich sehr viel.

- meiner Freundin und ehemaligen Kollegin Swantje KOCH-KANZ für viele klärende und aufmunternde Gespräche und für die editorische Bereinigung meines Manuskripts.

- meiner Mutter, Irmela SCHMIDTS, dafür, daß und vor allem wie sie diese Arbeit getippt hat: Sie hat mein Anliegen zu ihrem gemacht und mir durch ihr teilnehmendes und kritisches Interesse an meinem Text vieles leichter gemacht.

- Ewald LANG für viele Briefe mit konstruktiven kritischen Kommentaren zu den verschiedenen vorläufigen Fassungen dieser Arbeit.

Während der langen und anstrengenden Arbeit an diesem Text hatte ich immer wieder Erlebnisse der Freundschaft, Teilnahme und Unterstützung verschiedenster Art und von verschiedensten Seiten. Um niemanden ungerechterweise unerwähnt zu lassen, belasse ich es bei dieser pauschalen Danksagung. Die Gemeinten wissen, so hoffe ich, daß sie gemeint sind.

August 1977 (Einreichung der ersten Fassung als Habilitationsschrift)
Juli 1978 (Abschluß der zweiten Fassung für den Druck)

ZUSAMMENFASSUNG

Italienische *gerundio*-Konstruktionen gleichen syntaktisch und semantisch weitgehend den deutschen Präsenspartizipkonstruktionen, die heute aber ab einer gewissen Länge und internen Komplexität nicht mehr geläufig sind und "holprig" bis ungrammatisch wirken. Deshalb werden viele *gerundio*-Konstruktionen mit Adverbialsätzen oder deren Nominalisierungen ins Deutsche übersetzt. Eine derartige Übersetzung bedingt eine *E x p l i k a t i o n* des im italienischen Original inexpliziten Verhältnisses zwischen *gerundio*-Konstruktion und Bezugssatz - z.B. als temporal, kausal, konditional, instrumental o.ä.

Aus dieser Tatsache ergeben sich die beiden Kernfragen der Arbeit. Die erste bezieht sich auf die Übersetzerkompetenz:

(1) Welche anscheinend verborgenen Eigenschaften des italienischen Originals ermöglichen es dem deutschen Übersetzer, das jeweilige Verhältnis zwischen der *gerundio*-Konstruktion und ihrem Bezugssatz herauszubekommen? Entscheidet er sich für eine aus der Vielzahl der theoretisch gegebenen Möglichkeiten aufgrund seines *S a c h w i s s e n s* über mögliche Zusammenhänge zwischen Sachverhalten oder aufgrund seines *S p r a c h w i s s e n s* über mögliche Beziehungen zwischen Sätzen?

Die zweite Frage ist grammatiktheoretischer Art, und ihre Beantwortung hängt nicht unwesentlich von der Antwort auf die Frage (1) ab:

(2) Welche semantische Repräsentation ist *gerundio*-Satzgefügen in einer generativen Grammatik zuzuordnen? Soll die semantische Repräsentation das jeweilige Verhältnis (temporal, instrumental, etc.) explizit enthalten oder nicht?

Man kann die Frage (2) auch "absoluter" formulieren: Sind *gerundio*-Satzgefüge ambig oder vage? - nur kann sie in dieser Form nicht leicht (wenn überhaupt) beantwortet werden. Für die bescheidenere Formulierung - Sollten *gerundio*-Satzgefüge in einer Grammatik eines ganz bestimmten Typs als vage oder als ambig behandelt werden? - läßt sich hingegen eine begründete Antwort finden: Im Rahmen einer generativen Grammatik ist es am einfachsten und praktischsten, *gerundio*-Satzgefüge als ambig zu behandeln, weil man auf diese Weise

(a) eine beträchtliche Anzahl von Regeln, die man in einer solchen Grammatik für die Ableitung von Adverbialsätzen ohnehin benötigt, für *gerundio*-Konstruktionen gleich mitbenutzen kann;
(b) verschiedene Aporien und Inkonsistenzen, die sich aus der Vagheitskonzeption ergeben, vermeidet.

Die Hauptvertreter der Vagheitskonzeption sind PARISI & CASTELFRANCHI (1976). Mit ihrer Theorie setze ich mich in Teil A dieser Arbeit intensiv auseinander, was dann schließlich zu meiner oben formulierten Gegenposition führt. Im Laufe der Begründung meiner Position werden eine Reihe von Besonderheiten des *gerundio* beschrieben und erklärt, die in den einschlägigen grammatischen Darstellungen bisher nicht erwähnt wurden; z.B.:

- Negation von *gerundio*-Satzgefügen mit *senza* und mit *non*,
- Koordination/Reihung von *gerundio*-Konstruktionen mit Adverbialen,
- *gerundi* als Nominalisierungsäquivalente usw.;

(siehe Inhaltsverzeichnis).

Teil B der Arbeit befaßt sich mit der oben unter (1) aufgeführten Frage nach den Eigenschaften von *gerundio*-Satzgefügen, die eine bestimmte Übersetzungsentscheidung determinieren.

Zunächst werden in dem kurzen Kapitel II das Datenmaterial und die Auswertungsmodi dargestellt. Empirischer Ausgangspunkt sind 400 *gerundio*-Belege aus zeitgenössischen literarischen und trivialliterarischen Texten und aus Zeitungen, mitsamt ihren vorgefundenen oder von mir selbst angefertigten Übersetzungen. Dieses Belegmaterial wurde über Randlochkarten hinsichtlich seiner relevanten syntaktischen, semantischen und Übersetzungseigenschaften ausgewertet. Zur genaueren Analyse ausgewählt wurden dann die instrumentalen und die modalen *gerundio*-Konstruktionen, die zusammen 63% der Belege ausmachen. Entscheidend für die Auswahl gerade dieser beiden Klassen waren folgende Gesichtspunkte:

- Instrumentale und modale *gerundio*-Konstruktionen sind semantisch eng miteinander verwandt - weit enger z.B. als mit temporalen und als temporale mit kausalen: die Verwandtschaft besteht darin, daß sowohl in instrumentalen als auch in modalen *gerundio*-Satzgefügen jeweils *e i n e* Handlung auf zwei verschiedene Weisen beschrieben wird, und sie äußert sich darin, daß beide Typen keine Negation des Bezugssatzes erlauben.
- Die Begriffe 'Instrumentalität' und 'Modalität', obwohl in linguistischen Monographien und in traditionellen grammatischen Darstellungen häufig benutzt, sind alles andere als klar definiert. Dies gilt noch einmal speziell für die Begriffe 'Instrumental-' und 'Modalsatz'. Es schien mir daher wichtig und lohnend, einen auf umfangreiches empirisches Material gestützten Versuch einer Begriffsklärung vorzunehmen.
- Es bestand in diesem Bereich die faszinierende Chance, handlungstheoretische Einsichten nicht nur als fruchtbare Anregungen aufzunehmen, sondern auch spezifisch linguistische Ergebnisse an die Handlungstheorie weiterzureichen.

Kapitel III enthält eine Grob-Orientierung über die wichtigsten Gemeinsamkeiten und Unterschiede zwischen instrumentalen und modalen *gerundio*-Konstruktionen sowie eine kritische Darstellung der Verfilzung der Begriffe 'Instrumental-' und 'Modalangabe' in deutschen Grammatiken. Die Verfilzung liegt vermutlich daran, daß beide Typen von Adverbialen mit *Wie?* erfragbar sind.

Es wird folgendes Klassifikationsschema vorgeschlagen:

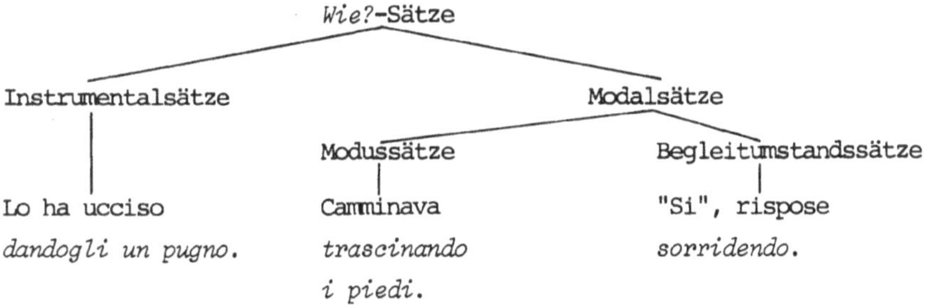

Die Subklassen der Modus- und der Begleitumstandssätze werden in Kapitel V noch weiter untergliedert.

In Kapitel IV wird, unter Heranziehung handlungstheoretischer Begriffe und Überlegungen, die semantische Struktur von instrumentalen Satzgefügen analysiert. Der Rückgriff auf die Handlungstheorie wurde durch folgende Beobachtungen nahegelegt:

(a) Instrumentale *gerundio*-Konstruktionen und ihre deutschen Entsprechungen, die *indem*-Sätze, beschreiben immer Handlungen, niemals z.B. Eigenschaften oder Zustände.
(b) Obwohl die Handlungstheorie sich (meines Wissens) bisher nicht *e x p l i z i t* mit instrumentalen Satzgefügen beschäftigt hat, wird das handlungstheoretische Problem der Individuierung von Ereignissen durchweg mit instrumentalen Satzgefügen illustriert.
(c) Etliche Grammatiker (z.B. RATH, BEHAGHEL, HAUSMANN), die sich mit *indem*-Sätzen und instrumentalen Gerundialkonstruktionen befaßt haben, sind unabhängig von der Handlungstheorie zu ganz ähnlichen Charakterisierungen gekommen wie diese: Instrumentale Satzgefüge beschreiben *e i n e* Handlung auf zweierlei Weise.

Erstes Ergebnis der handlungstheoretischen Analyse instrumentaler Satzgefüge ist, daß der jeweilige Bezugssatz viel schwieriger zu charakterisieren ist als der Instrumentalsatz selbst: bei weitem nicht alle Handlungssätze erlauben eine Ergänzung durch einen Instrumentalsatz, genau so wenig wie alle Handlungsverben eine Instrumentalangabe zulassen.

Zur Charakterisierung der bei Instrumentalsätzen zulässigen Bezugssätze führe ich die Begriffe 'Methodenneutralität' und 'Methodendeterminiertheit' ein. Um diese Unterscheidung vorzubereiten, diskutiere ich zunächst die Begriffe 'Instrumentneutralität' und 'Instrumentdeterminiertheit'. Es gibt eine Reihe von Handlungsverben (ich nenne sie "instrumentdeterminiert"), die Instrumentalangaben deshalb nicht erlauben, weil sie die Benutzung eines ganz bestimmten Instruments bereits implizieren - z.B. *singen* (Stimme), *beißen* (Zähne). Ähnlich gibt es "methodendeterminierte" Handlungsverben, die eine Ergänzung durch einen Instrumentalsatz nicht erlauben, weil die Methodik der Handlung durch ihre Semantik bereits festgelegt ist - z.B. *betrachten, sich weigern, zertrampeln* und viele andere. Nun können instrumentale Satzgefüge wie folgt definiert werden: Es handelt sich um analytische Handlungsbeschreibungen, deren Hauptsatz mittels eines methodenneutralen Verbs (wie z.B. *retten, helfen*) das Ergebnis der Handlung nennt und deren Instrumentalsatz mittels eines beliebigen Handlungsverbs die Methode *d e r s e l b e n* Handlung beschreibt.

Das Kapitel V über modale *gerundio*-Konstruktionen und ihre deutschen Entsprechungen nimmt die gesamte zweite Hälfte des Buches in Anspruch. Der große Umfang des Kapitels ist darauf zurückzuführen, daß Modaladverbiale linguistisch bisher kaum erforscht sind - von modalen *gerundio*-Konstruktionen und ihren deutschen Entsprechungen ganz zu schweigen. Um diese letzteren also überhaupt konsistent einordnen und subklassifizieren zu können, wurde zunächst an den einfacher strukturierten adjektivischen Modaladverbien analytische Vorarbeit geleistet, mit gleichzeitiger kritischer Auswertung der einschlägigen Literatur (BARTSCH 1970, 1972; RATH 1972; PARISI & CASTELFRANCHI 1976). Die Ergebnisse dieser Vorarbeit sind nachzulesen in dem langen, exkursartigen Kapitel *V.2.2* "Was ist an Moduskonstruktionen modal?" mit seinen beiden Unterkapiteln über adjektivische Modaladverbiale (Typ: *Erna singt laut*) und die sogenannten Adjektive in adverbialer Funktion (Typ: *Sie brach o h n m ä c h t i g zusammen*). Obwohl in diesem Kapitel mehr Probleme entdeckt als gelöst werden, wird darin doch der meines Erachtens einzig gangbare Weg aufgezeigt, den jede weitere Untersuchung des Komplexes 'Modalität' beschreiten muß - sei sie einzelsprachlich-empirisch oder theoretisch orientiert. Es hat sich herausgestellt, daß diejenige Funktionsklasse, die man gewöhnlich Modaladverbiale nennt, (mindestens) in folgende Subklassen (mit weiteren Unterklassen) zerfällt:

Modaladverbiale	adjektivisch	Präpositionalphrase
"echt modal"	Er singt *l a u t.*	Er singt *m i t l a u t e r S t i m m e.*
"einordnend" ("quasi-kausal")	Sie verstummte *e r s c h r e c k t.*	*I n i h r e m S c h r e c k* verstummte sie.
"konsequentiell"	Sie hörte ihm *g e l a n g w e i l t* zu.	Sie hörte ihm *m i t w a c h s e n d e r L a n g e w e i l e* zu.
"expressiv"	Er gab mir *n a c h d e n k l i c h* das Buch.	Er gab mir das Buch *m i t n a c h d e n k l i c h e r M i e n e .*

Diese vier Subklassen sind semantisch und/oder sachverhaltstheoretisch definiert:

- Das logische Subjekt aller Modaladverbiale ist referenzidentisch mit dem Subjekt des Restsatzes.
- "Echt modale" Modaladverbiale spezifizieren einen impliziten Aspekt des Restsatzes.
- "Einordnende" Modaladverbiale nennen die Einordnungsinstanz des im Restsatz beschriebenen Sachverhalts (zum Begriff 'Einordnungsinstanz' vgl. LANG 1977).
- Konsequentielle Modaladverbiale beschreiben eine Konsequenz des im Restsatz beschriebenen Sachverhalts.
- "Expressive" Modaladverbiale beschreiben einen Begleitumstand des im Restsatz beschriebenen Sachverhalts, der mit diesem zusammen für den Sprecher vorstellungsmäßig eine Einheit bildet.

(Die Definitionen sind in Wirklichkeit weder so simpel noch so unscharf, wie sie hier in dieser verallgemeinernden Kurzfassung wirken mögen; Genaueres s. im Text.) Was nun die einleitende Frage nach der Übersetzerkompetenz betrifft, bezogen auf die Übersetzung modaler *gerundio*-Konstruktionen, so nehme ich an, daß der Übersetzer bei der Übersetzung "echt modaler" (wie auch instrumentaler) *gerundio*-Konstruktionen lediglich sein "Sprachwissen" zu aktivieren braucht, bei den übrigen drei Klassen zusätzlich sein "Sachwissen".

Bei der Subklassifikation der modalen *gerundio*-Konstruktionen bin ich dann wie folgt vorgegangen:

1. Diejenigen *gerundio*-Konstruktionen, die mit einem Ausdruck des in der Tabelle exemplifizierten Typs ins Deutsche übersetzt werden konnten, wurden der entsprechenden Subklasse zugeordnet.
2. Diejenigen *gerundio*-Konstruktionen, die mit anderen Ausdrücken übersetzt wurden, aber einer der vier Definitionen genügten, wurden ebenfalls in die jeweilige Subklasse eingeordnet.

Mir erschien dies als die beste Methode, mit meinem Datenmaterial klassifikatorisch zurechtzukommen. Wenn man diese "intersprachliche" Methode nicht aus irgendwelchen Gründen prinzipiell ablehnt, ergeben sich aus ihr nahezu revolutionierende Konsequenzen: Ein Ausdruck ist ein "modaler Ausdruck", wenn er in eine der vier definierten Subklassen gehört. Dabei spielt seine syntaktische Erscheinungsform keine Rolle. "Modal" können also z.B. auch relative Anschlüsse und Hauptsätze sein; vgl. die in dem folgenden Beispiel kursiv gesetzten Ausdrücke:

Mi ascoltava *arrabbiandosi sempre più*.
Sie hörte mir *mit wachsender Wut* zu.
Sie hörte mir zu *und wurde immer wütender*.

Seguendo il mio esempio, Carla tacque.
Meinem Beispiel folgend, schwieg Carla.
Carla folgte meinem Beispiel und schwieg.

Ich betrachte das schwierige Grammatikkapitel "Modaladverbiale und Modalität" durch meine Untersuchungen als keineswegs abgeschlossen, vielmehr als sozusagen gerade erst eröffnet. Fest steht nur, daß die Ausdrücke, die wir, übereinstimmend aber weitgehend noch rein intuitiv, als Modaladverbiale zu bezeichnen gewöhnt sind, nicht nur recht unterschiedliche, sondern auch semantisch klar unterscheidbare Aspekte des Restsatzes "modifizieren" und daß diese ihre "modifizierende Funktion" auch von anderen syntaktischen Einheiten als Adverbialen erfüllt werden kann. Ob und inwieweit derartige syntaktische Einheiten dann ebenfalls als "modal" eingestuft werden sollten - diese Frage muß der zukünftigen linguistischen Forschung, insbesondere der Koordinations-, Adverbial- und Paraphrasenforschung, überlassen bleiben (vgl. auch mein einleitendes LANG & STEINITZ-Motto). Bei ihrer Beantwortung dürfte die handlungstheoretisch fundierte Frage, ob der jeweilige Gesamtsatz einen einzigen oder aber zwei Vorgänge beschreibt, eine zentrale Rolle spielen.

TEIL A: THEORETISCHE GRUNDLAGEN

KAPITEL 0: EINLEITUNG

0.1 Gegenstände der Untersuchung

0.1.1 Theoretische Gegenstände der Untersuchung: Die Übersetzungsrelationen 'semantische Äquivalenz' und 'Explikation'

In dieser Arbeit sollen am Beispiel des italienischen *gerundio* und seiner deutschen Entsprechungen zwei verschiedene Typen von Übersetzungsrelationen untersucht werden, und zwar diejenige der 'semantischen Äquivalenz' und die der 'Explikation'. Die Relation der semantischen Äquivalenz[1] besteht zwischen zwei Sätzen aus zwei verschiedenen Sprachen genau dann, wenn sie dieselben Wahrheitsbedingungen haben, wie es bei folgenden Satzpaaren aus dem Italienischen und dem Deutschen der Fall ist:

(1a) Lisa mette il bicchiere sul tavolo.
(1b) Lisa tut das Glas auf den Tisch.

(2a) Vedendoci, Carlo cominciò a controllarsi.
(2b) Uns sehend, begann Carlo sich zu beherrschen.

Die Sätze (1b) und (2b) sind nun aber im Deutschen stilistisch nicht ganz so akzeptabel wie ihre Entsprechungen es im Italienischen sind: Statt *tut* wird man in der Übersetzerpraxis lieber *stellt* wählen und statt *uns sehend* lieber *als/weil er uns sah*. Diese stilistisch bedingte Wahl eines anderen Lexems oder Konstruktionstyps zerstört aber die perfekte semantische Äquivalenz zwischen Original und Übersetzung: Die Übersetzungen werden dadurch expliziter als die Originale und bekommen andere Wahrheitsbedingungen als diese:

(1a) Lisa mette il bicchiere sul tavolo.
(1b.1) Lisa stellt das Glas auf den Tisch.

(2a) Vedendoci, Carlo cominciò a controllarsi.
(2b.1) Weil er uns sah, begann Carlo sich zu beherrschen.

---

1 Zum Begriff der semantischen Übersetzungsäquivalenz vgl. SCHWARZE (1975a: 16-8).

(1b.1) besagt, daß das Glas sich nach Lisas Handlung in senkrechter, also in Normalposition befindet. (1a) und (1b) hingegen sind diesbezüglich vage oder weniger explizit: Das Glas kann nach der Handlung sowohl eine liegende als auch eine aufrechte Position haben. Wenn das Glas zum Schluß der Handlung auf dem Tisch l i e g t , sind (1a) und (1b) immer noch wahr, aber (1b.1) ist falsch. (1b.1) impliziert (1a) und (1b), aber das Umgekehrte gilt nicht.[2]

(2a) und (2b) besagen, daß zwischen den Sachverhalten 'Carlo sah uns' und 'Carlo begann sich zu beherrschen' ein Zusammenhang besteht. (2b.1) expliziert diesen Zusammenhang, der theoretisch auch als temporal aufgefaßt werden konnte, als einen kausalen. Wenn der Zusammenhang zwischen den beiden Sachverhalten nur ein temporaler war, so sind (2a) und (2b) immer noch wahr, aber (2b.1) ist falsch.

In der Übersetzungspraxis werden derartige Äquivalenzdefizite in der Regel nicht als störend empfunden. Oft müssen sie in Kauf genommen werden, soll die Übersetzung stilistisch nicht allzu sehr die Abhängigkeit vom Original verraten. Dies gilt besonders für das italienische *gerundio* und seine deutschen Entsprechungen. Semantische Äquivalenz besteht nur zwischen italienischen *gerundio*-Konstruktionen und deutschen *und*-Koordinationen sowie Partizipialkonstruktionen, letztere aber sind im Deutschen nur selten, unter ganz speziellen Bedingungen, wirklich geläufig und stilistisch akzeptabel.

Wie die Paare (1b) und (1b.1) sowie (2b) und (2b.1) zeigen, gibt es nicht nur explizierende Übersetzungen, sondern auch explizierende intralinguale Paraphrasen; vgl. auch die Paraphrase *Quando ci vide, Carlo cominciò a controllarsi* für (2a). Sie haben bekanntlich in der Entwicklung der transformationell-generativen Grammatik in den verschiedensten Argumentationszusammenhängen immer eine zentrale Rolle gespielt, und es gibt im Rahmen dieser Theorie zwei verschiedene Methoden, die Beziehungen zwischen ihnen zu erfassen:

Entweder (a) Man behandelt die nicht/weniger explizite Version als "ambig" und die explizit(er)e als eine "disambiguierte Lesart" dieser Version.

Oder (b) Man behandelt die nicht/weniger explizite Version als "semantisch vage" und die explizit(er)e als "pragmatisch spezifiziert".

---

2 Die Beispiele und ihre Kommentierung sind von SCHWARZE (1975a: 18f) übernommen.

Entscheidet man sich für die Behandlungsmethode (b), so fällt die Erklärung der semantischen Beziehungen zwischen der nicht/weniger expliziten und der explizit(er)en Version in den Zuständigkeitsbereich der Pragmatik im weitesten Sinne - jedenfalls erklärt man die Grammatik im engen Sinne, also Syntax und Semantik, als nicht dafür zuständig. Entscheidet man sich dagegen für die Behandlungsmethode (a), so erklärt man damit die Grammatik für zuständig.

Ob man sich angesichts eines bestimmten Beispielpaares, wie etwa (1a) und (1b.1), oder angesichts bestimmter Grammatikausschnitte, wie der italienischen *gerundio*-Gefüge und ihrer deutschen Entsprechungen, für die eine oder die andere Methode entscheiden sollte, ist eine reine praktische Frage. Zum Beispiel verfährt man in der Praxis des Grammatikschreibens häufig so, daß man Explikationsbeziehungen rein lexikalischer Art wie die zwischen *tun/mettere* und *setzen, stellen* und *legen* nach der Methode (b) erfaßt, während man Explikationsbeziehungen, die grammatische Kategorien und Morpheme involvieren, eher nach der Methode (a) behandelt. Vor wenigen Jahren, als die linguistische Pragmatik noch kaum entwickelt war, neigten die Linguisten dazu, Explikationsbeziehungen automatisch dem Erklärungsbereich der Grammatik zuzuordnen - einfach deshalb, weil es bis dahin keine andere Komponente gab, der man diese Phänomene sonst hätte zuordnen können. Mit dem Aufkommen der linguistischen Pragmatik jedoch und dem wachsenden Interesse an ihr entwickelte sich die Tendenz dahin, mehr und mehr intuitive Einsichten über sprachliche Regularitäten als "pragmatisch bedingt" einzustufen. Seit dieser Zeit häufen sich linguistische Arbeiten mit Titeln wie "Grammar and the Facts of Life" (CATTELL 1976) oder "Zur Beziehung zwischen Wortbildung und Alltagswissen" (KARIUS 1975).

SCHWARZE (1975a: 18-9) bezeichnet die Beziehung zwischen (1a) und (1b.1) als "semantisch-pragmatische Übersetzungsäquivalenz". Wir haben gesehen, daß die beiden Sätze nicht dieselben Wahrheitsbedingungen haben, also semantisch nicht äquivalent sind. Daß (1b.1) trotzdem als Übersetzung von (1a) ohne weiteres akzeptiert wird, liegt nach SCHWARZE an "pragmatischen Annahmen", aufgrund derer der semantische Gehalt des jeweils nicht expliziten Satzes so "aufgefüllt" wird, daß er den des expliziten erreicht.

In Bezug auf italienische *gerundio*-Gefüge und ihre intralingualen explizierenden Paraphrasen haben PARISI & CASTELFRANCHI (1976) einen ähnlichen Weg vorgeschlagen, wonach die Grammatik j e d e s *gerundio*-Gefüge auf zwei Sätze zurückführt, die durch das Prädikat AGGIUNTA verbunden sind. Das Prädikat AGGIUNTA bedeutet etwa soviel wie "zwischen den beiden Sachverhalten, die die beiden Sätze beschreiben, besteht irgendein Zusammenhang". Die Tatsache, daß *gerundio*-Gefüge oft durch temporale, kausale und andere Adverbialsatzgefüge paraphrasierbar bzw. explizierbar sind, sollte nach Auffassung von PARISI & CASTELFRANCHI nicht von der Grammatik, sondern von einem "meccanismo delle elaborazioni cognitive" erfaßt werden.

Explizierende deutsche Übersetzungen für italienische *gerundio*-Gefüge sind eine empirische Tatsache, deren grammatische Beschreibung in einem transformationell-generativen Rahmen theoretische Probleme aufwirft, die nach praktischen Gesichtspunkten entschieden werden müssen. Mit diesen Problemen werde ich mich vor allem in Kapitel I auseinandersetzen.

0.1.2 Empirische Gegenstände der Untersuchung: Das italienische *gerundio* und seine deutschen Entsprechungen

Das italienische *gerundio* ist eine infinite Verbform, die semantisch und syntaktisch etwa dem deutschen Präsenspartizip entspricht. Sie wird gebildet durch Anhängung von *-ando* bzw. *-endo* an den Verbstamm

amare ---→ amando
dovere ---→ dovendo
partire ---→ partendo

Sie unterscheidet sich also äußerlich von der Form des italienischen Präsenspartizips, das durch Anhängung von *-ante* bzw. *-ente* an den Verbstamm gebildet wird:

amare ---→ amante
dovere ---→ dovente
partire ---→ partente

Diese Besonderheit unterscheidet das italienische *gerundio* sowohl vom englischen *gerund* als auch vom französischen *gêrondif*, die beide die gleiche Endung wie das Präsenspartizip haben.[3]

Die Grammatiken unterscheiden nach semantischen und syntaktischen Kriterien vier Vorkommensweisen des *gerundio*:

(1) das einfache *gerundio*: Es steht normalerweise zum Hauptsatz im Verhältnis der Gleichzeitigkeit: *(Franco lavora) cantando*.

---

3 Diese Tatsache hatte bei der praktischen Arbeit des Belegsammelns für mich die erfreuliche Konsequenz, daß italienische Freunde mir dabei helfen konnten, auch wenn sie nichts von Linguistik verstanden. Sie brauchten nur alle Wörter auf *-ndo* anzustreichen (die paar *orrendo*s und *furibondo*s fielen nicht weiter ins Gewicht). Im Englischen und Französischen dagegen hätte ich die anfallenden *-ing-* bzw. *-ant*-Formen nach syntaktischen Kriterien erst mühsam ordnen müssen.

(2) das zusammengesetzte *gerundio*: Es wird von *avere* oder *essere* gebildet, hat ein Perfektpartizip bei sich und steht zum Hauptsatz im Verhältnis der Vorzeitigkeit: *Avendo cantato (, Franco lavora).*

(3) das absolute *gerundio*: Es hat ein eigenes Subjekt und kann sowohl aus einem einfachen als auch aus einem zusammengesetzten *gerundio* gebildet werden (Natürlich gibt es als Pendant dazu das abhängige *gerundio*. Da dieses aber der Normalfall ist, wird es in den Grammatiken nicht weiter hervorgehoben. Beispiele dafür siehe oben unter (1) und (2).): *Cantando lui (, non voglio cantare io).*

(4) das progressive *gerundio*: Es wird aus einer Form von *stare* und dem einfachen *gerundio* gebildet und dient zum Ausdruck des progressiven Aspekts: *(Franco) sta cantando.*

Wir werden im folgenden einige terminologische Differenzierungen benötigen. Die morphologisch definierte Form aus Verbstamm plus *-ndo* nenne ich "*gerundio*", ein *gerundio* mitsamt seinen von ihm abhängigen Ergänzungen nenne ich "*gerundio*-Konstruktion", und ein Satzgefüge aus Hauptsatz und abhängiger *gerundio*-Konstruktion heißt "*gerundio*-Gefüge". Ein *gerundio* kann auch für sich allein die *gerundio*-Konstruktion bilden ('*gerundio*' ist morphologisch definiert, '*gerundio*-Konstruktion' syntaktisch). Den Satz, von dem die *gerundio*-Konstruktion abhängt, nenne ich meist "Bezugssatz"; er kann syntaktisch selbständig oder seinerseits von einem übergeordneten Satz abhängig sein.

Das Wort *gerundio* stammt zwar von dem lateinischen Wort *gerundium* ab, aber die beiden Wörter bezeichnen keineswegs dieselbe grammatische Erscheinung - genausowenig wie die *gerundio*-Konstruktionen den im Englischen mit *gerund* bezeichneten Konstruktionen entsprechen. Lateinische *gerundia* und englische *gerunds* werden in der Regel mit italienischen Infinitivkonstruktionen wiedergegeben:

(5) lat. *ars amandi* = engl. *the art of loving* = it. *l'arte di amare*

Den italienischen *gerundio*-Konstruktionen entsprechen die Partizipialkonstruktionen des Lateinischen (*ablativus absolutus* und *participium coniunctum*) und des Englischen. Und mit dem französischen *gérondif* stimmt das *gerundio* nur teilweise überein; auch ins Französische muß es oftmals mittels einer Partizipialkonstruktion übersetzt werden.

Die deutschen Entsprechungen der italienischen *gerundio*-Konstruktionen (unser zweiter empirischer Gegenstand) lassen sich nach semantischen oder syntaktischen Kriterien gruppieren. Vom Standpunkt der Semantik aus gesehen haben wir es entweder mit Übersetzungen zu tun, die nicht expliziter sind als das Original, oder mit solchen, die expliziter sind. Diese Einteilung sieht dann so aus:

(a) nicht explizitere Entsprechungen

(1) Präsenspartizipien
(2) einfache *und*-Koordinationen
(3) nicht-restriktive Relativsätze

(b) explizitere Entsprechungen

(1) *und*-Koordinationen mit Quasi-Nominalisierungen (auch "Pronominaladverbien" genannt)
(2) weiterführende Relativsätze (auch "relative Anschlüsse" genannt)
(3) Adverbialsätze und deren Nominalisierungen

Bei einer Einteilung nach rein syntaktischen Kriterien würden einfache *und*-Koordinationen, *und*-Koordinationen mit Quasi-Nominalisierungen und weiterführende Relativsätze unter dem Oberbegriff "Koordination" zusammengefaßt, und Adverbial- sowie Relativsätze würden je eine eigene Gruppe bilden.

Dies sind die wichtigsten deutschen Übersetzungsmöglichkeiten für italienische *gerundio*-Konstruktionen. Es gibt daneben noch marginale Typen, die vor allem in den Kapiteln IV und V besprochen werden.[4]

Es folgen nun ein paar typische Beispiele für die verschiedenen Übersetzungsmöglichkeiten. Ich gebe zu jedem *gerundio*-Gefüge nur eine (die m.E. geeignetste) Übersetzung - was jedoch nicht heißen soll, daß das jeweilige Original nicht auch anders übersetzt werden könnte. Die Beispielserie dient hier aber nur einführend-illustrativen Zwecken.

(a) nicht explizitere Entsprechungen

Präsenspartizip

(6.1) La maggior parte degli alunni se la svignava *urlando* dal terrore. - cl 58[5]

2) Der größte Teil der Schüler machte sich *schreiend* vor Angst und Schrecken aus dem Staube. - cl 59[5]

einfache und*-Koordination*

(7.1) La signora si staccava dal gruppetto dei ragazzi *disponendosi* a tornare a suo materassino. - rim 64

---

4 Bei der Vorstellung der verschiedenen Übersetzungstypen bin ich stillschweigend von einer Voraussetzung ausgegangen, die erst später in diesem Einleitungskapitel präzisiert wird (*0.3* - "Eingrenzung des Themas"). Ich werde in dieser Arbeit nicht sämtliche oben aufgezählten *gerundio*-Konstruktionstypen behandeln und logischerweise dann auch nicht die deutschen Entsprechungen der ausgeklammerten Typen.

5 Zur Bedeutung der Siglen vgl. das Abkürzungsverzeichnis. Beim Zitieren habe ich mich nicht allzu streng an die Originale gehalten, sondern sie nach Gutdünken gekürzt oder ergänzt, sofern dadurch der jeweils interessierende Aspekt nicht beeinträchtigt wurde. Dasselbe gilt für meine eigenen Übersetzungen, bei denen ich auch keinen großen Wert auf letzte Exaktheit gelegt habe.

2) Die Dame löste sich von der kleinen Gruppe der Kinder *und schickte sich an,* auf ihre Matratze zurückzukehren. - rim 65

nicht-restriktiver Relativsatz

(8.1) Un battente della porta, *dondolando* ai respiri del vento, le urta, ogni tanto, con dei piccoli sordi colpi. - rim 94

2) Ein Türflügel, *der* mit dem Hauch des Windes leicht *hin- und herschwingt,* berührt sie von Zeit zu Zeit mit kleinen dumpfen Stößen. - rim 95

(b) explizitere Entsprechungen

und-*Koordination mit Quasi-Nominalisierung*

(9.1) Franco lavora *cantando* una bella canzone.

2) Franco arbeitet *und singt dabei* ein schönes Lied.

weiterführender Relativsatz

(10.1) La segretaria ha dichiarato di aver agito di propria iniziativa, *scagionando* il principale. - cl 28

2) Die Sekretärin erklärte, sie habe aus eigenem Antrieb gehandelt, *wodurch* sie den Chef *entlastete.* - cl 29

Adverbialsatz

(Bekanntlich gibt es viele verschiedene Typen von Adverbialsätzen: temporale, kausale, konditionale, konzessive, etc. Hier sei aus dieser Vielzahl nur ein Temporalsatz herausgegriffen.)

(11.1) L'attesa lo aveva reso nervoso; ma *vedendoci* cominciò a controllarsi. - ca 9

2) Das Warten hatte ihn nervös gemacht; aber *als* er uns *sah,* begann er, sich zu beherrschen.

Adverbialsatznominalisierung

(12.1) Il braccio era un po' arrossato perchè lei vi s'era appoggiata *stando sdraiata.* - rim 66

2) Der Arm war etwas gerötet, weil sie sich *beim Liegen* darauf gestützt hatte. - rim 66

0.2 Problemstellung

Die Kernfrage meiner Arbeit ergibt sich bei aufmerksamer Betrachtung der soeben präsentierten Übersetzungsbeispiele von selbst. Da steht auf der italienischen Seite immer nichts weiter als ein Hauptsatz und eine *gerundio*-Konstruktion. Die *gerundio*-Konstruktionen sind intern unterschiedlich komplex organisiert und können dem Hauptsatz topologisch in unterschiedlicher Weise zugeordnet sein, genauer: sie können vor oder nach dem Hauptsatz stehen oder in diesen eingebaut sein. Sonst deutet nichts äußerlich Erkennbares darauf hin, in welchem Verhältnis die *gerundio*-Konstruktion zu dem jeweiligen Hauptsatz steht. Mit welchen Mitteln gelingt es dann einem deutschen Übersetzer, falls er sich für eine der explizierenden Übersetzungsmöglichkeiten entscheidet, das logische oder pragmatische Verhältnis doch herauszubekommen und im Deutschen als ein temporales, kausales, konditionales etc. zu explizieren? Welche anscheinend verborgenen Eigenschaften determinieren die Entscheidung für eine ganz bestimmte aus der Vielzahl der Übersetzungsmöglichkeiten, sei sie nun explizierend oder nicht explizierend?

Es hat sehr lange gedauert, bis ich eine brauchbare linguistische Erklärung für meine eigene, meist ganz automatisch funktionierende Übersetzerkompetenz gefunden hatte. Ich möchte das Problem noch einmal anhand zweier besonders einprägsamer Beispiele veranschaulichen:

(13a) Lo ha ucciso dandogli un pugno.
(13b) Er hat ihn getötet, indem er ihn mit der Faust niederschlug. / Er hat ihn mit einem Faustschlag getötet.

(14a) Ha lavorato dalla FIAT guadagnando 200 mila lire al mese.
(14b) Er hat bei der FIAT gearbeitet und (dabei) 200.000 Lire im Monat verdient.

Die *gerundio*-Konstruktion steht in (13a) zu dem Hauptsatz in einem eindeutig instrumentalen Verhältnis; in (14a) dagegen ist das Verhältnis eindeutig n i c h t instrumental; vgl. die unsinnige Übersetzung (14b'):

(14b') ??Er hat bei der FIAT gearbeitet, indem er 200.000 Lire im Monat verdiente.

Eher ließe sich noch die Auffassung vertreten, der Hauptsatz von (14a) stünde in einem instrumentalen Verhältnis zu seiner *gerundio*-Konstruktion:

(15) Er hat 200.000 Lire im Monat verdient, indem er bei der FIAT gearbeitet hat.

Das Verwirrende ist dabei, daß (13a) und (14a) syntaktisch völlig gleich gebaut sind. Die Treffsicherheit unserer Entscheidung ist also in diesem Fall durch andere als syntaktische Faktoren bedingt, und zwar durch semantische und pragmatische.

In anderen Fällen wiederum scheint aber die Syntax doch eine entscheidende Rolle für die Übersetzung zu spielen. Man vergleiche:

(16) Sbagliando s'impara.

{ Wenn man Fehler macht, / Durch Fehler } lernt man.

(17) S'impara sbagliando.

Wenn man lernt, macht man Fehler.

Schon diese wenigen Beispiele zeigen, zusammen mit denen aus 0.1.2, daß die Beantwortung der Frage nach den übersetzungsdeterminierenden Faktoren nur nach vorheriger Lösung zahlreicher theoretischer und empirischer Einzelprobleme gelingen kann und daß sie sehr komplex ausfallen wird. Dies liegt vor allem daran, daß der italienische Datenbereich zunächst rein morphologisch definiert ist. Eine ungefähre Vorstellung von dem Grad der Komplexität, der durch eine derartig oberflächenorientierte, noch durch keinerlei funktionale Kriterien differenzierte Gegenstandsdefinition automatisch gegeben ist, kann man sich machen, wenn man folgende Sätze betrachtet, die alle das unflektierte deutsche Adjektiv *schön* enthalten:

(18) Otto ist schön.
(19) Otto singt schön.
(20) Otto hat schön abgenommen.
(21) Otto hat ganz schön abgenommen.
(22) Es ist schön, daß Otto abgenommen hat.
(23) Es ist schön für Otto, daß er abgenommen hat.
(24) Es ist schön von Otto, daß er gekommen ist.
(25) Schön, Otto hat abgenommen - aber was nützt ihm das?
(26) Sei schön artig und bleib schön in deinem Bettchen!

In (18) fungiert *schön* als prädikatives Adjektiv, in (19) als Modaladverb, in (21) als Gradadverb, in (22) als Prädikat über einen Satz und in (25) als Partikel. Dies sind nur Grobklassifikationen - zwar unter Linguisten einigermaßen akzeptiert, jedoch durchaus weiter differenzierbar oder auch anfechtbar. Welche Funktionen *schön* in (20), (23), (24) und (26) hat und ob diese Funktionen sich voneinander und von den anderen Funktionen unterscheiden, ist m.W. bisher nicht schlüssig geklärt.

Wenn man es sich zum Ziel setzt, "das italienische *gerundio*" zu erforschen, ist man ungefähr in derselben Lage wie jemand, der "unflektierte deutsche Adjektive" untersuchen will. Zweierlei kommt allerdings für den *gerundio*-Analytiker noch erschwerend hinzu: italienische *gerundi* sind bisher wesentlich schlechter untersucht und klassifiziert als unflektierte deutsche Adjektive, und *gerundio*-Konstruktionen können intern außerordentlich komplex organisiert sein.

W i e komplex ein bloß morphologisch definierter Untersuchungsgegenstand wirklich sein kann, das begreift man - wenn man, wie ich, praktisch auf einem "Nullzustand der grammatischen Einsicht" beginnen muß - erst ganz allmählich, durch Anwendung der verschiedensten linguistischen Analyseverfahren. Erst dadurch beginnen die relevanten Faktoren langsam sichtbar zu werden, und man versteht erst im Nachhinein, daß das Thema eigentlich viel zu umfassend formuliert war - daß zum Beispiel "das italienische *gerundio*" allein, ohne Berücksichtigung der deutschen Entsprechungen, schon vollauf gereicht hätte.

Diese allgemeine Sachlage hat für die vorliegende Arbeit folgende Konsequenzen: Ich werde den Prozeß der allmählichen Kenntnisgewinnung über meinen Gegenstand nachzeichnen und dabei wiederholt zu dem Punkt kommen, wo ich abbrechen muß, wenn ich nicht andere, ebenfalls wichtige Aspekte völlig vernachlässigen will. Ein solches Vorgehen halte ich bei der derzeitigen Forschungssituation zu den Bereichen "Italienisches *gerundio* (u n d deutsche Entsprechungen)" und "Übersetzungsrelation 'Explikation'" für sinnvoller als das ebenfalls denkbare Vorgehen, die wichtigen Aspekte im nächsten Abschnitt (*0.3* - "Eingrenzung des Themas") kurz zu benennen und vielleicht noch oberflächlich zu illustrieren, um sie dann zugunsten einiger ausgewählter Aspekte aus der Betrachtung auszuschließen. Diese letztere Methode würde zwar souveräner und gründlicher zugleich wirken, aber der Kenntnisgewinn über die genannten, noch so wenig erforschten Gegenstände, vor allem über italienische *gerundio*-Konstruktionen, wäre für den Leser insgesamt geringer (nehme ich an). Kurz, in dieser Situation ist eine allgemeine Orientierung mit bisweilen notgedrungen "geringem Tiefgang" wichtiger als eine willkürliche Konzentration auf ausgewählte Aspekte zuungunsten anderer Aspekte.

Nun wird man wissen wollen, was das denn für Aspekte sind, von denen ich hier dauernd rede. Es wäre aber nicht sinnvoll, sie hier aufzulisten, da die meisten von ihnen Begriffe involvieren, die im folgenden erst allmählich entwickelt werden sollen. Ein Aspekt soll jedoch trotzdem schon hier erwähnt werden, da er im Titel dieser Arbeit genannt ist. Die Tatsache, daß fast alle *gerundio*-Gefüge die Bedingung der Subjektsidentität und der Gleichzeitigkeit erfüllen und überdies in dem beschriebenen Sinne "inexplizit" sind, macht sie, vor allem bei Kontrastierung mit dem Deutschen, zu einer heuristischen Fundgrube für die Diskussion des handlungstheoretischen Problems der "Individuierung von Ereignissen": Beschreibt der Satz *Carlo mi aiutava parlando con Gianni* zwei Ereignisse (Carlos Helfen und Carlos gleichzeitiges Sprechen mit Gianni) oder nur eins (Carlos Sprechen mit Gianni, das mir eine Hilfe war)? Das Problem der Individuierung von Ereignissen ist m.W. bisher ausschließlich von Sprachphilosophen (vornehmlich im Rahmen der sogenannten *Ordinary Language Philosophy*) und Handlungstheoretikern behandelt worden.[6] Ich glaube, daß ich aus spezifisch linguistischer Sicht einiges Neue dazu sagen kann.

---

6 Vgl. hierzu u.a. ANSCOMBE (1957), AUSTIN (1962), BRENNENSTUHL (1975), DAVIDSON (1963), GOLDMAN (1971), MEGGLE (1977), RYLE (1949), VON WRIGHT (1971).

ie Notwendigkeit, mich mit diesem Problem zu befassen, ergab sich für mich anz natürlich aus der zunächst rein linguistischen Frage, warum wir Sätze ie *Carlo mi aiutava parlando con Gianni* mit

Carlo half mir, indem er mit Gianni sprach. (ein Ereignis)

ber auch mit

Carlo half mir, während/wobei er mit Gianni sprach. (zwei Ereignisse)

ns Deutsche übersetzen können.

.3 Eingrenzung des Themas

ur im ersten Drittel der Arbeit (Teil A: Theoretische Grundlagen) werden ämtliche Typen von *gerundio*-Konstruktionen diskutiert, allerdings unter er übergreifenden Fragestellung, ob *gerundio*-Gefüge ambig oder vage sind. ie restlichen zwei Drittel (Teil B: Empirische Analyse) sind der Untersuchung nstrumentaler und modaler *gerundio*-Konstruktionen und ihrer deutschen Entprechungen gewidmet.

Die Konzentration auf instrumentale und modale *gerundio*-Konstruktionen eschah aus folgenden Gründen:

(a) Diese beiden Klassen bildeten zusammen die zahlenmäßig stärkste Gruppe in meinem Belegmaterial.

(b) Eine anhand konkreter Belege durchgeführte Klärung der Begriffe 'Instrumentalität' und 'Modalität' schien besonders dringend geboten, da auf diesem Gebiet in sämtlichen grammatischen Darstellungen bisher hauptsächlich Verwirrung vorherrscht (vgl. hierzu auch STOJANOVA-JOVČEVA (1976)).

(c) Dies gilt noch einmal speziell für die Begriffe 'Instrumentalsatz' und 'Modalsatz'. Allgemein verbreitet ist nur eine Art "grammatischer Intuition", daß Instrumental- und Modalangaben sowohl etwas Wichtiges miteinander gemeinsam haben als auch wesentliche Unterschiede aufweisen. Was jedoch das Gemeinsame und was das Unterscheidende ist, wird nirgends deutlich herausgearbeitet.

(d) Die im Zusammenhang mit Instrumental- und Modalsätzen auftretenden praktischen und theoretischen Fragen lassen sich besonders günstig von einem handlungstheoretischen Standpunkt her untersuchen, und zwar speziell im Rahmen des z.Zt. hochaktuellen Problems der Handlungsbeschreibungen und der "Individuierung von Ereignissen" (vgl. MEGGLE 1977). Umgekehrt können handlungstheoretische Fragen anhand meines *gerundio*-Belegmaterials und der dt. Übersetzungen z.T. gelöst, z.T. weiter differenziert werden.

icht behandelt bzw. nur am Rande behandelt werden in dieser Untersuchung

(a) das sogenannte progressive *gerundio*, also Sätze wie *Franco sta spiegando il problema = Franco ist gerade dabei, das Problem zu erklären;*

(b) die Frage der historischen Entwicklung des *gerundio* von seinen lateinischen Ursprüngen bis heute;

(c) einige der *gerundio*-verwandten Konstruktionen, die RŮŽIČKA (1973) beschreibt.

ad (a): Nach meiner Auffassung sind das progressive *gerundio* und die übrigen *gerundio*-Konstruktionstypen voneinander grundverschieden. Das progressive *gerundio* bildet zusammen mit einer finiten Form von *stare* das Hauptverb eines Satzes und ist somit ein notwendiges Teil-Satzglied, während alle übrigen *gerundio*-Konstruktionen fakultative Elemente innerhalb des jeweiligen Satzgefüges sind.

PARISI & CASTELFRANCHI (1976) vertreten zwar den Standpunkt einer "tiefgründenden" Verwandtschaft zwischen dem progressiven *gerundio* und den übrigen *gerundio*-Konstruktionen, aber es führt für meine Fragestellung nicht weiter, diese Hypothese auf ihre Plausibilität zu überprüfen: Die Übersetzung des progressiven *gerundio* ins Deutsche wirft keinerlei Probleme der bisher erörterten Art auf und ist daher für mich uninteressant.

ad (b): Die Ausklammerung der historischen Perspektive aus meiner Untersuchung ist einerseits arbeitsökonomisch bedingt ("man kann eben nicht alles machen") und ergibt sich andererseits aus meiner strikt synchron ausgerichteten kontrastiven Fragestellung. Grammatische Beschreibungen der lateinischen Partizipialkonstruktionen und älterer Sprachzustände des Italienischen habe ich nur im Laufe meiner heuristischen Vorarbeiten und nur insoweit herangezogen, als sie Einsichten auch über den h e u t i g e n Gebrauch des *gerundio* vermitteln. Da diese Arbeiten weitgehend von der Vorstellung bestimmt sind, sämtliche Partizipialkonstruktionen und *gerundio*-Konstruktionen seien Adverbialsatzäquivalente, und da diese traditionelle Vorstellung auch modernere linguistische Arbeiten zum Thema stark beeinflußt hat[7], bilden diese Einsichten allerdings mehr einen negativen Hintergrund, vor dem ich dann meine zentrale Hypothese des "sowohl ambigen als auch vagen *gerundio*" (vgl. unten Kapitel I), das genauso viel mit *und*-Koordinationen wie mit

---

7 Vgl. z.B. SCHWARZE (1970: 311): "Das Gerundium kann generativ interpretiert werden als das Ergebnis einer Nominalisierung von N e b e n s ä t z e n , die satzgliedmäßig U m s t a n d s b e s t i m m u n g e n sind." [meine Hervorhebungen] *Nebensatz, der eine Umstandsbestimmung ist* ist eine andere Bezeichnung für *Adverbialsatz*.
Fast dasselbe sagt FORNACIARI (1881: 218), nur benutzt er statt der generativen die traditionelle Terminologie, und zudem stellt er den üblichen Bezug zwischen den lateinischen Partizipialkonstruktionen und dem *gerundio* her: "Come proposizione implicita il gerundio semplice o composto *denota le circostanze*, date le quali o per le quali si compie l'azione principale. In questi casi il gerundio semplice *sostituisce il participio presente, che adopravano le lingue antiche.*" [meine Hervorhebungen]

Adverbialsätzen gemeinsam hat, um so deutlicher herausarbeiten kann.

ad (c): Die *gerundio*-verwandten Konstruktionen, die ich samt ihren deutschen Entsprechungen nur zum Teil behandeln werde, kann man zusammenfassend beschreiben als solche, bei denen die *gerundio*-Form selbst getilgt wurde und nur unverbundene bzw. "absolute" Perfektpartizipien, Adjektive oder Nominalphrasen übriggeblieben sind. Als getilgte Form ist dabei fast immer die Kopula (*essendo*) anzunehmen.

Die Verwandtschaft zwischen einem absoluten Perfektpartizip und dem *gerundio* haben schon die älteren Grammatiker gesehen. FORNACIARI (1881: 218) zum Beispiel schreibt: "Il gerundio composto [...] può venir sostituito dal participio assoluto, sopprimendo l'ausiliare del gerundio stesso." Und als Beispiel führt er an (p. 219): "Essendo *il fervente Giovanni co' suoi poverelli* pervenuto *ad Ascanio ecc.* (sopprimendo l'ausiliare potea dirsi: *Pervenuto il fervente Giovanni* ecc.)."

In seinem Aufsatz "Integration slawischer und nichtslawischer Sprachen an der syntaktischen Peripherie: Ein besonderer Typ von Gerundialstrukturen" (1973) bringt RŮŽIČKA neben russischen, tschechischen, polnischen, englischen und französischen zahlreiche deutsche Beispiele von ganz ähnlicher syntaktischer Struktur wie sie soeben anhand des FORNACIARI-Zitats vorgeführt wurde. RŮŽIČKA beschränkt sich dabei aber nicht auf Perfektpartizipien, sondern behandelt mit Recht absolute Perfektpartizipien, Adjektive und Nominalphrasen als im Prinzip völlig gleichartige Konstruktionen. In einem Beispiel aus einem Text von Th. MANN finden sich denn auch alle drei beieinander:

> Ein stolzer und spöttischer Charakter, entbürgerlicht aber vornehm, liebte sie die Literatur [...]

RŮŽIČKA ist der Auffassung, es handle sich hier um verkürzte Gerundialstrukturen. Gerundialstrukturen setzt er mit nichtkongruenten Partizipialstrukturen gleich (für die Sprachen, in denen es ein morphologisch als solches erkennbares Gerundium nicht gibt, wie z.B. das Deutsche). Ich stimme ihm voll zu, behandle aber solche Konstruktionen - mit Ausnahme der absoluten Adjektive[8] - dennoch nicht, und zwar wieder aus Gründen der Arbeitsökonomie.

0.4 Der theoretische Rahmen der Untersuchung

Den theoretischen Rahmen dieser Untersuchung bildet die Mehrsprachengrammatik, die in den Jahren 1972-76 von der Kiel/Konstanzer Forschungsgruppe BORGATO/

---

8 PARISI & CASTELFRANCHI (1976) nennen sie "aggettivi in funzione avverbiale" und rücken sie ebenfalls in die Nähe des *gerundio*.

MANZOTTI/PUSCH/SCHWARZE entwickelt wurde, zunächst für Ausschnitte des Italienischen und des Deutschen.[9] Sie wird in SCHWARZE (1978) ausführlich dargestellt. Hier sei nur so viel gesagt, daß sie übersetzungsäquivalente deutsche und italienische Sätze aus einer g e m e i n s a m e n semantischen Basis ableitet. Die Basis besteht aus Formationsregeln für Formeln und Terme und einem semantischen Lexikon. Sie erzeugt semantische Formeln, die mit

---

9 Das Projekt wurde von der Deutschen Forschungsgemeinschaft finanziert (im Rahmen des Schwerpunktes "Theoriebildung und Methodenentwicklung für die Linguistik"). Es trug den Titel "Die integrierte Erzeugung zweier oder mehrerer Sprachen als grammatiktheoretisches Problem" und die Nummern Schw 150/1,2 und 4. Es wird derzeit wieder unter der Leitung von Chr. SCHWARZE in Konstanz fortgesetzt, allerdings mit Französisch statt Italienisch als Kontrastsprache zum Deutschen und mit lexikalischer statt grammatischer Fragestellung.
Einen guten Überblick über die wichtigsten Ergebnisse des deutsch-italienischen Projekts geben die in dem von SCHWARZE herausgegebenen Reader *Kasusgrammatik und Sprachvergleich* (1978) zusammengestellten Arbeiten. Entwicklung und weitere Ergebnisse des Projekts sind dokumentiert in den folgenden Arbeiten (ich zitiere in chronologischer Reihenfolge nach dem Entstehungs-, nicht dem Publikationszeitpunkt und gebe zur groben Orientierung nur Publikationsjahr und Titel an; die restlichen Daten finden sich im Literaturverzeichnis):

1. SCHWARZE (1972) "Grammatiktheorie und Sprachvergleich"
2. PUSCH & SCHWARZE (1975) "Probleme einer Semantiksprache für den Sprachvergleich"
3. SCHWARZE (1973) "Entwurf der Basis für eine Sprachvergleichsgrammatik"
4. PUSCH (1973) "Kausale Adverbialphrasen vom Typ '*aus/vor* + NP'"
5. SCHWARZE (1975) "Empirische Probleme des Sprachvergleichs"
6. MANZOTTI (1974b) "I casi entro una grammatica della comparazione linguistica"
7. PUSCH (1975) "Bericht über das Forschungsprojekt 'Die integrierte Erzeugung zweier oder mehrerer Sprachen als grammatiktheoretisches Problem'"
8. MANZOTTI & PUSCH & SCHWARZE (1975) "Sorten von Prädikaten und Wohlgeformtheitsbedingungen für eine Semantiksprache"
9. MANZOTTI (1974a) "Eine Semantiksprache für eine Sprachvergleichsgrammatik"
10. BORGATO & MANZOTTI & PUSCH (1974) "Syntaxregeln für eine italienisch-deutsche Mehrsprachengrammatik"
11. PUSCH (1976a) "Das *gerundio* als Ausdruck der Gewichtung: Eine kontrastive Untersuchung am Deutschen und Italienischen"
12. MANZOTTI (1978) "Artikel und Stoffnamen: Eine kontrastive Untersuchung zum Italienischen und Deutschen"
13. BORGATO (1975) "Le proposizioni relative in una grammatica contrastiva dell'italiano e del tedesco"
14. PUSCH (1976b) "Nominalisierungen in der deutschen Sprache der Gegenwart: Vorarbeiten zur Lösung eines komplexen Lehrproblems des Deutschen als Fremdsprache"
15. BORGATO (1976) "L'aspetto e l'*Aktionsart* in una grammatica contrastiva dell'italiano e del tedesco"
16. BORGATO & MANZOTTI & PUSCH & SCHWARZE (1978) "Eine Mehrsprachengrammatik mit semantischer Basis"

Hilfe einzelsprachlicher Lexika und Syntaxregeln in Oberflächenstrukturen des Deutschen und Italienischen überführt werden.

0.5 Ziel der Untersuchung

Praktisch-konkretes Ziel der Untersuchung war ursprünglich die Erstellung einer expliziten Sprachvergleichs- bzw. Mehrsprachengrammatik (wie sie oben andeutungsweise beschrieben wurde) für das italienische *gerundio* und seine deutschen Entsprechungen. Diese Teilgrammatik sollte die beiden kontrastierten Grammatikausschnitte integriert erzeugen. Voraussetzung für die Erreichung dieses Ziels war aber die Klärung zahlreicher empirischer wie auch theoretischer Probleme, die ein Vergleich der genannten Grammatikausschnitte aufgibt. Die Lösung *dieser* Aufgaben ist mir im Laufe der Arbeit an meinem Thema zum *eigentlichen* Ziel geworden, demgegenüber das ursprüngliche Ziel zurückgestellt werden mußte, wenn es auch die Methode des Fragens und Argumentierens ständig und fundamental beeinflußt (wie der Leser noch feststellen wird). Mit anderen Worten: Ich hätte wahrscheinlich nicht so "bohrende" Fragen an mein Material und die herangezogene Literatur gestellt, wenn ich nicht das Ziel vor Augen gehabt hätte, die Ergebnisse für eine explizite und formalisierte Mehrsprachengrammatik mit semantischer Basis "eingabebereit" zu machen.

Das ursprüngliche Ziel wurde nicht erreicht, aber die Art des Fragens, die es erzwungen hat, ermöglichte überhaupt erst die Erreichung des anderen, mir ebenso wichtigen Zieles: Tiefere Einsicht über einen hochkomplizierten grammatischen Gegenstand des Italienischen und über diejenigen (ebenso komplizierten) Mechanismen zu gewinnen, die bei seiner Übersetzung ins Deutsche eine Rolle spielen.

KAPITEL I: SIND GERUNDIO-GEFÜGE AMBIG ODER VAGE?

I.0 Vorbemerkung

Wie wir im Einleitungskapitel wiederholt festgestellt haben, können italienische *gerundio*-Gefüge auf viele verschiedene Weisen ins Deutsche übersetzt werden. Auf fast ebenso viele Weisen können sie im Italienischen selbst paraphrasiert werden. Will man dieses Faktum in einer Mehrsprachengrammatik mit gemeinsamer semantischer Basis abbilden, so kann man theoretisch zwischen folgenden Möglichkeiten auswählen:

(a) Die verschiedenen grammatischen Konstruktionen des Deutschen werden aus v e r s c h i e d e n e n Typen semantischer Formeln abgeleitet, desgleichen die ihnen entsprechenden italienischen Konstruktionen (also it. Adverbial-, Relativsätze, etc.). In einem nur für die italienische Syntax vorgesehenen Teil werden derartige Strukturen dann noch fakultativ zu *gerundio*-Konstruktionen umgewandelt.
Diesem Lösungsversuch liegt also die Vorstellung zugrunde, daß *gerundio*-Gefüge a m b i g e Konstruktionen sind.

(b) Alle *gerundio*-Gefüge gehen auf e i n u n d d i e s e l b e semantische Struktur zurück, die nicht mehr ausdrückt, als daß zwischen zwei Sachverhalten ein Zusammenhang - welcher Art auch immer - vom Sprecher gesehen und "gesetzt" wird. Aus dieser Struktur werden auch die deutschen Partizipialkonstruktionen und ein spezieller Typ von *und*-Koordinationen abgeleitet. Die übrigen aus der Übersetzerpraxis bekannten Übersetzungsmöglichkeiten für italienische *gerundio*-Konstruktionen (also die dt. Adverbial-, Relativsätze, etc.) werden mittels eines Netzwerks pragmatisch fundierter Regeln erfaßt. Ein solcher Lösungsversuch geht von der Vorstellung aus, daß *gerundio*-Gefüge nicht ambig sind, sondern v a g e - "vage", "neutral", "unbestimmt", "undifferenziert", "präzisierbar", "unspezifiziert" im Vergleich zu einigen ihrer deutschen Übersetzungsäquivalente sowie zu einigen ihrer intralingualen Paraphrasen. Daß der vom Sprecher "gesetzte" Zusammenhang in der Praxis des Kommunizierens/Übersetzens auf so unterschiedliche Weise vom Empfänger/Übersetzer präzisiert/übersetzt werden kann, d.h. als ein temporaler, kausaler, konditionaler, etc., das liegt nach dieser Auffassung an der Kombinationsgabe des menschlichen Geistes und an unserem Erfahrungswissen über mögliche Zusammenhänge zwischen Sachverhalten.

(c) Ebenfalls denkbar wäre eine "gemischte Lösung": Bestimmte *gerundio*-Gefüge, die unterschiedlich paraphrasiert und übersetzt werden, werden dennoch aus e i n e m semantischen Formeltyp abgeleitet; andere hingegen, die ebenfalls verschieden übersetzt und paraphrasiert werden, werden aus v e r s c h i e d e n e n semantischen Formeltypen abgeleitet.

Für welche der theoretisch möglichen Lösungen man sich entscheiden sollte, ist, wie schon in der Einleitung betont, eine rein empirische Frage. Sie setzt allerdings eine Abklärung der Begriffe 'ambig' und 'vage' voraus, die in der linguistischen Literatur m.W. bisher nicht geleistet worden ist (vgl. PUSCH (im Druck)). Bevor ich mich jedoch diesem Problem zuwende (vgl. die Abschnitte *I.2* und *I.4*), möchte ich kritisch referieren, was andere Grammatiker und Linguisten zu der Frage, ob *gerundio*-Gefüge ambig oder vage sind, implizit oder explizit gesagt haben.

I.1 Beurteilung des Problems bei anderen Grammatikern

I.1.0 Vorbemerkung

Aus der Gesamtheit der zu meinem Thema herangezogenen Sekundärliteratur greife ich hier nur zwei Arbeiten heraus: FORNACIARI (1881) und PARISI & CASTELFRANCHI (1976). Sie stehen stellvertretend für die beiden Gruppen, in die sich fast alle Untersuchungen zum *gerundio* und zu verwandten Konstruktionen anderer Sprachen einteilen lassen, je nach dem Standpunkt, den sie in der Frage "ambig oder vage?" beziehen. Die erste Gruppe versteht *gerundio*-Gefüge (und verwandte Konstruktionen anderer Sprachen) weitgehend als Adverbialäquivalente, mithin als ambig. Diese Position ist traditionell so fest etabliert, daß sie meist gar nicht mehr artikuliert, sondern schlicht vorausgesetzt wird. Die zweite Gruppe vertritt dagegen den Standpunkt, *gerundio*-Gefüge und die verwandten Konstruktionen anderer Sprachen seien semantisch vage hinsichtlich der Art des Zusammenhangs zwischen der jeweils abhängigen Struktur und dem Bezugssatz. Dieser Standpunkt wird, im Gegensatz zu dem erstgenannten, meist explizit artikuliert, da er traditionell nicht etabliert ist.[1]

Es war für mich von Anfang an d i e entscheidende Frage, welchem dieser beiden anscheinend gleich wohl begründeten Standpunkte ich mich anschließen sollte. In der ersten Phase meiner Arbeit war ich vom "Ambiguitäts-Standpunkt" überzeugt - nach Ansicht meiner Kollegen PARISI und CASTELFRANCHI, weil ich das *gerundio* (zu) sehr "mit deutschen Augen" betrachtete. Dann folgte die zweite, sehr viel länger anhaltende Phase, in der ich dem Standpunkt der zweiten Gruppe anhing, also dem "Vagheits-Standpunkt", und zwar deswegen, weil ich keine anderen als pragmatische Korrelate für meine jeweils so verschieden ausfallenden Übersetzungsentscheidungen finden konnte.

---

1 Neben PARISI & CASTELFRANCHI (1976) gehören noch WILSS (1971, 1972) und RŮŽIČKA (1973) zu dieser Gruppe.

Inzwischen bin ich, nach eingehender syntaktischer und semantischer Analyse meines Belegmaterials, zu einer Überzeugung gekommen, die die beiden scheinbar so kontroversen Auffassungen miteinander verbindet. Danach nämlich sind *gerundio*-Gefüge und verwandte Konstruktionen sowohl ambig als auch vage - natürlich jeweils in einem anderen Sinne. Wie diese kryptische Bemerkung zu verstehen ist, wird im Laufe dieses Kapitels deutlich werden.

I.1.1 FORNACIARI (1881): *Sintassi italiana dell'uso moderno* (als Beispiel für traditionelle Grammatiken)

FORNACIARI schreibt im 22. Kapitel (pp. 217-21) seiner Grammatik, welches mit "Uso del gerundio" betitelt ist:

> NATURA DEL GERUNDIO. Il gerundio è un nome verbale che corrisponde ad un complemento avverbiale, e racchiude quindi il senso di una intera proposizione; onde non si usa mai come vero nome, nè può mai sostantivarsi. [...] Quando dipende dal soggetto della proposizione principale può usarsi o come complemento, o come proposizione tanto coordinata, quanto subordinata.

Der Nachteil bei FORNACIARIs Darstellung ist, daß sie erstens in sich widersprüchlich ist und zweitens nur ganz oberflächlich "begründet" wird - durch Beispiele und Paraphrasen nämlich, die seine Behauptungen höchstens illustrieren, nicht aber wirklich begründen. Manchmal fehlen die Beispiele ganz; zum Beispiel bringt er keines für den von ihm so genannten "koordinativen Gebrauch". Da die Beispiele die einzige Art von "Begründung" sind, fehlt also die Begründung dieser Aussage völlig.

Widersprüchlich ist FORNACIARIs Darstellung insofern, als er einmal sagt, das *gerundio* entspreche (*corrisponde*) einem adverbialen Komplement, zum anderen aber, es könne als koordinierter Satz verwendet werden (*può usarsi*). Solange nicht klar definiert wird, was mit *corrisponde* und *può usarsi* nun genau gemeint ist, sind diese Aussagen ohnehin kaum wirklich zu verstehen - aber die naheliegendste Interpretation bleibt doch die, daß FORNACIARI sich hier widerspricht.

Zum "gerundio come complemento" bemerkt FORNACIARI: "Determina un verbo e fa le veci d'una frase avverbiale." Seine Beispiele sind:

> Venire correndo (a corsa)
> Insegnando (coll'insegnare) s'impara.
> C'intenderemo meglio parlando (a voce) che scrivendo (per iscritto)
> Ambo i vestigi suoi cerchiam piangendo (con pianto). Casa.
> Rammentate ai vostri che vincendo (col vincere) a Benevento recuperano la desiata patria. Guerrazzi.
> Ritornò su nuotando (a nuoto). Boccaccio.

Das Klassifikationskriterium für "gerundi come complemento" ist also offenbar die Möglichkeit der Umformung in eine Adverbialphrase, die aus einer Präposition und (meist) einem substantivierten Verb oder einem Verbalsubstantiv besteht:

correndo	--→	a corsa
nuotando	--→	a nuoto
piangendo	--→	con pianto
insegnando	--→	coll'insegnare
vincendo	--→	col vincere
scrivendo	--→	per iscritto
parlando	--→	a voce

Das Kriterium der Umformbarkeit führt aber nicht zu einer linguistisch überzeugenden Klassenbildung (s.u.); außerdem wird aus FORNACIARIs Aufzählung auch keineswegs klar, was er unter "determina un verbo" versteht. Die Verwirrung wird komplett, wenn er seine zweite Klasse, das "gerundio come proposizione implicita", folgendermaßen charakterisiert: "denota le circostanze, date le quali o per le quali si compie l'azione principale". Diese inhaltliche Charakterisierung trifft ja auf einige seiner zuvor als "gerundi come complemento" eingeordneten Beispiele genauso zu: In dem Satz *Insegnando s'impara* gibt doch *insegnando* genau die "Umstände" (*circostanze*) an, "unter deren Voraussetzung" (*date le quali*) sich die "Haupthandlung" (*l'azione principale*) vollzieht. Als Beispiel für seine zweite Klasse bringt FORNACIARI den Satz:

> La donna *vedendolo (che lo vedeva)* così attentamente leggere, tacitamente cioè *considerando (mentre considerava)* n'era molto lieta, *sperando (perché sperava)* che gli gioverebbe a edificazione della sua mente.

Hier ist also sein "formales Klassifikationskriterium" offenbar die Paraphrasierbarkeit durch einen Nebensatz (Adverbial- oder Relativsatz). Dabei übersieht er, daß viele *gerundio*-Konstruktionen, die durch eine Adverbialphrase paraphrasierbar sind (und somit laut FORNACIARI in die erste Gruppe gehören), genauso gut durch einen Adverbialsatz paraphrasiert werden können (und somit in die zweite Gruppe gehören); vgl.:

> Franco canta lavorando.
> Franco canta mentre lavora.
> Franco canta durante il suo lavoro.

Die Grammatik von FORNACIARI gilt als eine der besten traditionellen Grammatiken des Italienischen - sehr "orthodox" und reichlich altmodisch in der Wahl der Beispiele, aber doch voll scharfsinniger grammatischer Beobachtungen und Erklärungen. Wie wir gesehen haben, trägt sie aber zur Klärung des Phänomens "*gerundio*" gar nichts bei; sie stiftet im Gegenteil Verwirrung. Ich räume ein, daß das allein noch nicht gegen die Grammatik sprechen muß - ich halte es eher für ein verständliches Versagen bei der Behandlung eines in der Tat sehr komplexen und komplizierten, "schillernden" Grammatikgegenstandes.

Was kann man trotzdem als brauchbar aus FORNACIARIs Feststellungen entnehmen?

(a) Das *gerundio* kann die Funktion eines koordinierten Satzes haben (kein Beispiel dafür bei FORNACIARI):
Franco ha mangiato cogli amici, andando poi al cinema.

(b) Das *gerundio* kann die Funktion eines Relativsatzes haben (schlechtes Beispiel dafür bei FORNACIARI):
Franco, stando accanto a Maria, mi rispondeva gentilmente.

(c) Das *gerundio* kann die Funktion einer Umstandsbestimmung haben:
Franco canta lavorando.

(d) Das *gerundio* kann die Funktion eines Verbmodifikators haben:
Ritornò su nuotando.

Die Feststellungen (b), (c) und (d) werden von FORNACIARI allerdings in äußerst widersprüchlicher Weise belegt insofern, als er Belege für (b) unter (c) einordnet und Belege für (c) unter (d). Daraus folgt m.E., daß es zwar nicht ganz so schwierig ist, sich durch Intuition vernünftige Einsichten über das *gerundio* zu bilden, daß es aber eines viel feineren und weiter entwickelten Analyseapparats bedarf, als FORNACIARI ihn hatte, um diese Einsichten auch plausibel zu begründen.

Meine Untersuchung anderer traditioneller italienischer Grammatiken führte immer wieder zu einem ganz ähnlichen Urteil wie bei FORNACIARI: eher verwirrend als klärend. Genauso erging es mir mit lateinischen Schul- und wissenschaftlichen Grammatiken, weshalb ich auf diese Arbeiten nicht mehr eingehe.

I.1.2 PARISI & CASTELFRANCHI (1976): "Tra ipotassi e paratassi"

Ich referiere in diesem Abschnitt die Position von PARISI und CASTELFRANCHI (P&C) ohne Kommentar; meine Kritik folgt im Abschnitt *I.2*.

P&C formulieren das Ziel ihrer *gerundio*-Analyse wie folgt (p. 55):

> Innanzitutto vogliamo proporre una certa analisi del gerundio italiano, che lo ravvicina alla preposizione *con*. [...] cherchiamo di mostrare che il gerundio è una forma intermedia tra ipotassi e paratassi.

Als Beweis für ihre Hypothese einer Verwandtschaft zwischen *con* und dem *gerundio* führen P&C folgendes an (p. 61f):

Il gerundio sembra avere un significato vicino a quello di *con*. Un argomento molto forte a favore di questa tesi è che una parola come *senza* viene usata per negare sia *con* che il gerundio. Infatti abbiamo da un lato

(14) a *Franco è uscito con Mario* (comitativo)
b *Franco è uscito senza Mario*

(15) a *Franco canta con passione* (modale)
b *Franco canta senza passione*

(16) a *L'uomo col cappello entrò nel cinema* (modificatore)
b *L'uomo senza il capello entrò nel cinema*

(17) a *L'uomo entrò nel cinema col cappello* (modale)
b *L'uomo entrò nel cinema senza il cappello*

(18) a *Franco ha aperto la porta con la chiave* (strumentale)
b *Franco ha aperto la porta senza la chiave*

e, dall'altro,

(19) a *L'uomo camminava trascinando i piedi* (modale)
b *L'uomo camminava senza trascinare i piedi*

(20) a *Lo ha ucciso dandogli un pugno* (strumentale)
b *Lo ha ucciso senza dargli un pugno*

(21) a *Essendo raffreddato, ha preferito restare a casa* (causale)
b *(Pur) senza essere raffreddato, ha preferito restare a casa*

(22) a *Ha cenato con gli amici, andando poi al cinema* (coordinativo)
b *Ha cenato con gli amici, senza andare poi al cinema*

Un'analisi di *con* e del gerundio che assegni ad entrambi fondamentalmente una stessa rappresentazione dà conto direttamente di questo fatto, mentre un'analisi diversa lo lascia del tutto inspiegato.

Die Präposition *con* führen P&C auf ein abstraktes Prädikat AGGIUNTA zurück, dessen Argumente Propositionen sind und das wie folgt zu interpretieren ist: "*con* ha un significato molto elementare e generico, quello appunto costituito dall'operazione mentale di aggiungere qualcosa, che noi rappresentiamo con il predicato AGGIUNTA." (p. 60)

Laut P&C liegt das Prädikat AGGIUNTA sowohl der Konjunktion *e* als auch der Präposition *con* als auch der *gerundio*-Endung *-ndo* zugrunde. Die Sätze (a) *Franco e Mario sono usciti*, (b) *Franco è uscito con Mario* und (c) *Franco cammina trascinando i piedi* erhalten bei P&C also folgende Repräsentationen:

(a) *Franco e Mario sono usciti*

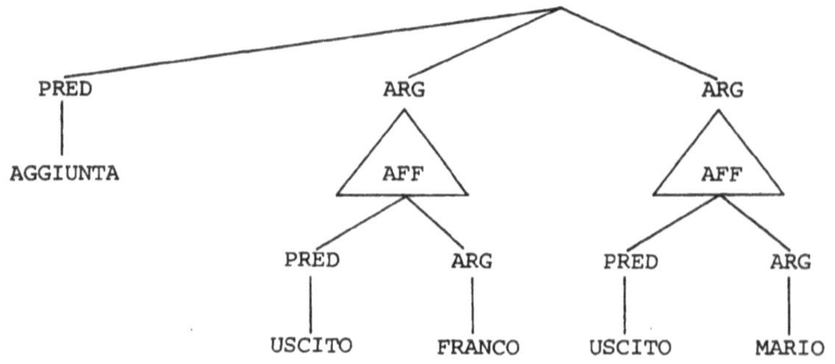

("AFF" steht hier für den performativen Hypersatz. Warum AGGIUNTA selbst nicht "affirmiert" ist, bleibt unklar.)

(b) *Franco è uscito con Mario*

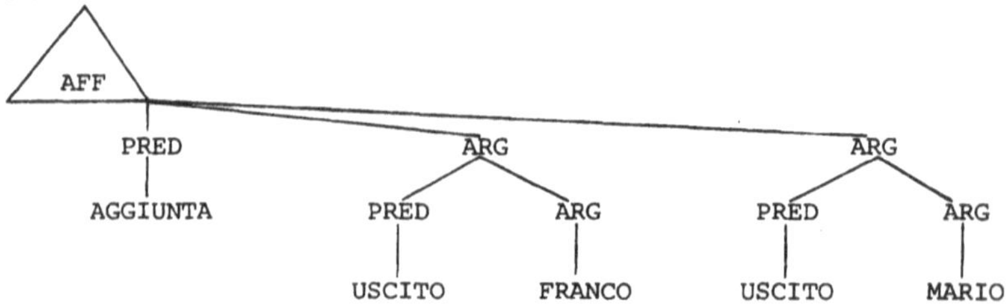

(c) *Franco cammina trascinando i piedi*

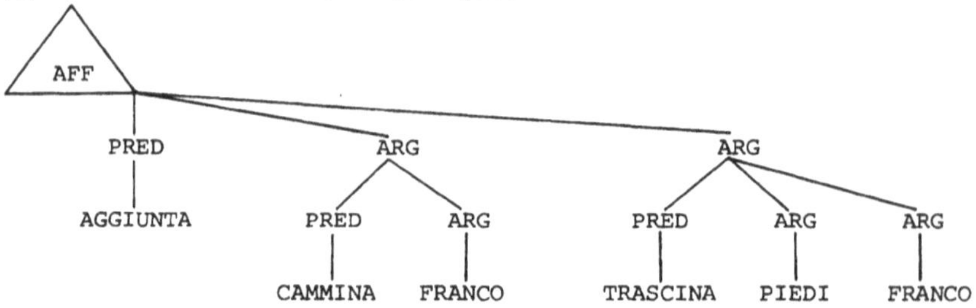

Parataktische Strukturen haben laut P&C zwei typische Eigenschaften: Jedes Konjunkt hat seinen eigenen Performativsatz "AFF" (vgl. oben (a)), und die beiden Konjunkte werden durch das Prädikat AGGIUNTA verbunden, "che indica solo il fatto che le due strutture sono in una qualche relazione ma non indica più specificamente quale" (p. 59). Hypotaktische Strukturen dagegen sind einem einzigen Performativsatz untergeordnet, und die Einzelsätze, aus denen sie bestehen, sind durch "spezifischere" Prädikate wie z.B. CAUSA (steht für *perché*) oder COINCIDE (steht für *quando*) verbunden. Von diesen Voraussetzungen ausgehend, meinen P&C, daß *gerundio*-Gefüge eine Zwischenform zwischen Para- und Hypotaxe darstellen insofern, als sie wie hypotaktische Strukturen nur einem Performativsatz untergeordnet sind und wie parataktische Strukturen durch das Prädikat AGGIUNTA verbunden sind.

Laut P&C entspricht also jedes *gerundio*-Gefüge semantisch einer Koordination mit *e*. Diese These versuchen P&C durch folgende Beispielserie zu erhärten (p. 77):

(53) a *Passeggiando, ho incontrato Mario* (temporale)
b *Passeggiavo e ho incontrato Mario*

(54) a *Essendo raffreddato, ho preferito restare a casa* (causale)
b *Ero raffreddato e ho preferito restare a casa*

(55) a *Lo ha ucciso dandogli un pugno* (strumentale)
b *Gli ha dato un pugno e lo ha ucciso*

(56) a *E' uscito sbattendo la porta* (modale)
b *Ha sbattuto la porta ed è uscito*

(57) a *Pagando entro il 15 non sei soggetto alla mora* (condizionale)
b *Paga entro il 15 e non sei soggetto alla mora*

(58) a *Franco ha cenato cogli amici, andando poi al cinema* (coordinativo)
b *Franco ha cenato cogli amici ed è andato poi al cinema*

(Ich werde diese Beispiele im nächsten Abschnitt (*I.2*) dieses Kapitels kritisch kommentieren. Hier geht es mir, wie gesagt, nur darum, P&Cs Argumentation darzustellen.)

Die Tatsache, daß sowohl die *gerundio*-Beispiele als auch ihre Koordinationsparaphrasen unterschiedliche Interpretationen erlauben (temporal, kausal, instrumental, modal, konditional und koordinativ; so P&C), kann man laut P&C auf zweierlei Weisen erfassen. Der erste Weg: Man nimmt an, daß die *gerundio*-Endung *-ndo* und die Konjunktion *e* ambig sind, also all die genannten Relationen ausdrücken können. Diese Methode lehnen P&C ab "in base al principio che valga sempre la pena di cercare un'analisi che assegni a una parola (*e*) o a un elemento morfologico (*-ndo*) un unico significato" (p. 78). Der zweite Weg (p. 78f)

> ... richiede l'introduzione, nel modello generale del linguaggio, di un nuovo meccanismo che è tuttavia della massima importanza [...].
> Vedendo il problema dal punto di vista di chi comprende la frase, cioè dell'ascoltatore, il meccanismo in questione ha il compito di compiere una serie di "elaborazioni cognitive" sulla rappresentazione semantica della frase, trasformando tale rappresentazione semantica in quella che chiameremo rappresentazione cognitiva. E' questa rappresentazione cognitiva che costituisce il prodotto finale del processo di comprensione, ciò che viene capito.
> Dovrebbe essere evidente in che modo il meccanismo delle elaborazioni cognitive (MEC) può servire a risolvere il problema delle varie interpretazioni che può avere una frase con un verbo al gerundio o una coppia di frasi unite dalla parola *e*. Data la rappresentazione di una frase con

> un verbo al gerundio il MEC opera su tale rappresentazione e, in funzione delle particolari parole che compongo tale frase (o meglio del loro significato nella rappresentazione semantica e della loro enciclopedia), trasforma il predicato AGGIUNTA in un predicato più specifico, cioè CAUSA, COINCIDE, ecc., dando luogo in questo modo alle varie interpretazioni causali, temporali ecc della frase con il verbo al gerundio.

Darüber, wie der "meccanismo delle elaborazioni cognitive" im einzelnen funktioniert, wie er aufgebaut ist, welchen Beschränkungen seine Operationen unterliegen, sagen P&C nichts. Wir erfahren darüber nicht mehr als das, was ich soeben zitiert habe, im wesentlichen also, daß er semantische Repräsentationen als Ausgangsmaterial nimmt und daß er sie verwandeln kann.

I.2 Kritik an der Konzeption von PARISI & CASTELFRANCHI (1976) und "dialektische" Entwicklung meiner eigenen Konzeption

I.2.1 Konditionale *gerundio*-Gefüge können n i c h t durch *e*-Koordinationen paraphrasiert werden

Die Grundidee von P&C fand ich lange Zeit sehr überzeugend, und ich sah die mir noch verbleibende Aufgabe vornehmlich darin, die Arbeitsweise des von ihnen nur äußerst vage skizzierten "meccanismo delle elaborazioni cognitive" so exakt wie möglich zu charakterisieren. Was mich jedoch von Anfang an störte, war die Tatsache, daß die konditionalen *gerundio*-Gefüge einfach nicht in das P&Csche Konzept passen wollten. Bei oberflächlichem Hinsehen fällt das nicht sofort auf, weil P&C als Beispiel für ein konditionales *gerundio*-Gefüge einen Satz mit einem Verb in der 2. Person wählen.

(1) Pagando entro il 15 non sei soggetto alla mora.

In ihrer Koordinationsparaphrase wird das *Pagando* nicht in *paghi*, sondern in den Imperativ *paga* umgewandelt:

(2) Paga entro il 15 e non sei soggetto alla mora.

Nur so läßt sich (notdürftig) die Hypothese aufrechterhalten, eine *e*-Koordination könne auch die konditionale Bedeutung mit dem entsprechenden *gerundio*-Gefüge gemeinsam haben. Man bekommt hier fast den Eindruck, als sei das Beispiel mit einer gewissen Verschleierungsabsicht gewählt worden: Die 2. Person für das Verb des *gerundio*-Gefüge-Beispiels wurde ausgesucht, damit überhaupt die Möglichkeit bestand, die *gerundio*-Konstruktion in einen Imperativ umzuwandeln. Der Imperativ wiederum war als erstes Konjunkt nötig (als zweites aber unbrauchbar!), weil nur solche *e*-Koordinationen, die aus der Folge "Imperativsatz - deklarativer Satz" bestehen, so etwas wie eine "konditionale

Bedeutung" haben können, was allerdings m.E. mehr mit pragmatischen als mit semantischen Gegebenheiten zu tun hat. Was immer das *e* in (2) bedeuten mag - sicher hat es mit dem Prädikat AGGIUNTA "normaler" *e*-Koordinationen wenig zu tun, denn dieses verbindet ja laut P&C nur Deklarativsätze. (Dies nur als systeminterne Kritik.) Wenn P&C entweder das *gerundio* korrekt in *paghi* umgewandelt oder aber gleich ein Verb in einer anderen als der 2. Person gewählt hätten, wäre es sofort aufgefallen, daß die Koordinations"paraphrase" die konditionale Bedeutung nicht wiedergeben kann.

(3) Paghi entro il 15 e non sei soggetto alla mora.

(4.1) Accettando l'invito, prevedevo una giornata piena di disgusti e di umiliazioni. - bo 107

2) Accettavo l'invito e prevedevo una giornata piena di disgusti e di umiliazioni.

Es ist evident, daß (1) etwas anderes bedeutet als (3) und daß (4.1) und (4.2) ebenfalls - und in der gleichen Weise wie (1) und (3) - bedeutungsverschieden sind. Der Bedeutungsunterschied besteht, grob gesprochen, darin, daß bei einer *e*-Koordination zweier Deklarativsätze vom Sprecher zwei Sachverhalte behauptet werden, bei einem konditionalen *gerundio*-Gefüge hingegen keiner der beiden involvierten Sachverhalte behauptet wird. Bei einem Imperativ wird ja auch nichts behauptet - deshalb bot er sich so passend für diese Pseudo-Paraphrasierung an.

Fazit: Die Existenz konditionaler *gerundio*-Gefüge liefert das schwerwiegendste Argument gegen P&Cs Hauptthese, sämtliche *gerundio*-Gefüge seien aus ein und demselben Strukturtyp abzuleiten und die *gerundio*-Endung sei immer ein Oberflächenreflex des semantischen Prädikats AGGIUNTA. Die Theorie, die P&C entworfen haben, ist sicher attraktiv und interessant, aber leider ist sie falsch. Sie basiert auch auf einer viel zu schmalen Datenauswahl und, wie wir gesehen haben, möglicherweise sogar auf einer Frisierung derjenigen Daten, die das schöne Gesamtbild entstellen könnten. Zieht man wesentlich mehr Daten heran als P&C, so zeigen sich die Schwächen dieser Theorie immer deutlicher.

I.2.2 Für jedes Morphem/Lexem nur eine semantische Repräsentation?

Es ist sicher ein heuristisch oft durchaus fruchtbarer Grundsatz, einem Lexem oder Morphem in verschiedenen Umgebungen und Verwendungen die gleiche Bedeutung zuordnen zu wollen, aber natürlich kann dieses Prinzip, wenn es allzu starr befolgt wird, auch in die Irre führen, wie die folgenden Beispiele aus dem Deutschen zeigen:

(a) das Morphem *-er*
Max ist dick*er* als der Schlacht*er*.

(b) das Lexem *als*
Als ich so alt war wie du, war ich größer *als* du jetzt.

Ich wenigstens kann weder eine semantische Verwandtschaft zwischen dem Steigerungsmorphem *-er* und dem Agensnominalisierungs-*er* noch zwischen der temporalen Konjunktion *als* und der Steigerungspartikel *als* erkennen. Man sieht an diesen Beispielen, daß eine Sprachtheorie ohne Homonymiebegriff zu großen Schwierigkeiten führen würde.

Zu dem hier angesprochenen Problem passen auch die in der Einleitung vorgestellten Beispiele mit dem Lexem *schön*.Dieser Fall liegt allerdings komplizierter und entspricht insofern schon eher unserer *gerundio*-Problematik. Sicher haben die Beispiele einen "gemeinsamen semantischen Nenner": Irgend etwas wird immer als "schön" aufgefaßt. Aber es wäre doch kaum linguistisch sinnvoll, die evidenten Bedeutungsunterschiede zwischen diesen Sätzen (bezieht sich das *schön* auf das Subjekt? auf den Vorgang? auf das Faktum?) einem dubiosen "MEC" zur Erklärung zu überlassen. Im Deutschen wird im Gegensatz etwa zum Italienischen, zum Französischen und zum Englischen der Unterschied zwischen prädikativen Adjektiven und Adverbien nicht morphologisch ausgedrückt, aber deswegen würde doch kein Linguist auf die Idee kommen, den Sätzen *Otto ist schön* und *Otto singt schön* semantische Repräsentationen zuzuordnen, die sich nur lexematisch (*sei-* vs. *sing-*) und nicht auch strukturell unterscheiden.

Fazit: PARISI und CASTELFRANCHI haben sich durch die in diesem Abschnitt kritisierte zu starre Handhabung ihres Prinzips dazu verleiten lassen, vorzeitig viel zu viel "linguistisch fruchtbares Terrain" aufzugeben und einem lose charakterisierten "meccanismo delle elaborazioni cognitive" zu überantworten. Wollte man grundsätzlich so vorgehen, so könnte man das Schreiben von Grammatiken gleich sein lassen, denn sicher ist beim Produzieren und Verstehen eines jeden Satzes ein solcher "psychisch-kognitiver Mechanismus" beteiligt. Es ist aber doch gerade die Aufgabe der Grammatik, die Gesetzmäßigkeiten dieses "Mechanismus" modellhaft zu rekonstruieren.

I.2.3 Für jeden Konstruktionstyp nur eine semantische Repräsentation?

Ich möchte in diesem Abschnitt noch ein paar weitere vermutlich unerwünschte Konsequenzen aus der Position von PARISI & CASTELFRANCHI (1976) diskutieren, weil ich meine, daß diese Diskussion zur weiteren Klärung der Frage "Sind *gerundio*-Gefüge ambig oder vage?" beitragen kann.

Relativsätze sind intern alle nach den gleichen syntaktischen Prinzipien aufgebaut - wie *gerundio*-Konstruktionen auch. Wie *gerundio*-Konstruktionen sind sie außerdem in Matrixsätze eingebaut. Trotzdem unterscheidet die grammatische Theorie gewöhnlich zwei semantisch verschiedene Typen von Relativsätzen: restriktive und nicht-restriktive. Je nach dem theoretischen Rahmen der jeweiligen grammatischen Beschreibung wird man diese Unterscheidung verschieden darstellen, aber niemand - auch P&C nicht - würde wohl heute behaupten, in einem Relativsatzgefüge würden eben lediglich zwei Sachverhalte erwähnt, und ob ein bestimmter Relativsatz nun restriktiv sei oder nicht, das würde mit Hilfe eines "MEC" entschieden.

Die Parallele zwischen Relativsätzen und *gerundio*-Konstruktionen geht noch weiter: Es ist bekannt, daß nicht-restriktive Relativsätze durchaus "adverbiale Inhalte" ausdrücken können; vgl.:

(5) Meinen Bruder, der sowieso kein Geld hat, brauche ich gar nicht erst um Hilfe zu bitten.

Hier hat der Relativsatz eine stark "kausale Färbung". Seine Bedeutung ist der eines expliziten Kausalsatzes sehr ähnlich:

(6) Meinen Bruder brauche ich gar nicht erst um Hilfe zu bitten, weil er sowieso kein Geld hat.

(6) ist eine explizierende Paraphrase von (5), und zwar m.E. eine von der Art, die mit Hilfe der Pragmatik - und nicht der Grammatik - erfaßt werden sollte (vgl. das in *0.1.1* Gesagte). Mit anderen Worten: Ich bin dagegen, Relativsätze aus Kausalsätzen abzuleiten. Auf eine Begründung dieser Ansicht muß ich hier verzichten.

Der Vergleich zwischen Relativsätzen und *gerundio*-Konstruktionen soll folgendes deutlich machen: Es ist sehr wohl denkbar (und ich werde noch etliche Argumente dafür beibringen), daß *gerundio*-Konstruktionen auf verschiedene Typen von semantischen Strukturen zurückgeführt werden müssen, genau wie die Relativsätze. Dies schließt jedoch nicht aus, daß einer oder mehrere dieser Typen in dem von P&C intendierten Sinne vage sind, also durch pragmatisch bedingte Zusatzinterpretationen spezifiziert werden können, genau wie manche nicht-restriktive Relativsätze. Tatsächlich werde ich weiter unten (*I.2.9.2*) dafür plädieren, einer bestimmten Klasse von *gerundio*-Konstruktionen dieselbe semantische Struktur zugrundezulegen wie *und*-Koordinationen und nicht-restriktiven Relativsätzen. Diese (und nur diese) Gruppe kann mit dem von P&C entwickelten (oder einem ähnlichen) System erfaßt werden.

Noch ein Beispiel dafür, daß es nicht immer sinnvoll und deshalb in der linguistischen Praxis auch nicht üblich ist, einem bestimmten Konstruktionstyp stets dieselbe semantische Repräsentation zuzuordnen: Adverbiale Präpositionalphrasen (PPn) werden gewöhnlich entweder auf Adverbialsätze zurückgeführt oder nicht. Die Entscheidung für den einen oder den anderen Weg hängt von dem lexikalischen Material ab, aus dem die PP besteht. PPn wie *am Abend* werden in der bisherigen Praxis meist "direkt generiert", solche wie *beim Singen* oder *vor Herrn Prunkwitz* (Steinitz 1969: 100ff) leitet man dagegen aus Sätzen ab:

(7) Franco entdeckte beim Singen einen Fehler in der Partitur. ←-- Franco entdeckte einen Fehler in der Partitur, als er sang.

(8) Franco arbeitet beim Singen. ←-- Franco arbeitet, während er singt.

(9) Franco wird beim Singen immer rot. ←-- Franco wird immer rot, wenn er singt.

(10) Ich wurde vor Herrn Prunkwitz mit der Arbeit fertig. ←-- Ich wurde mit der Arbeit fertig, bevor Herr Prunkwitz mit der Arbeit fertig wurde.

Die Entscheidung dafür, diese PPn aus Sätzen abzuleiten, ist jeweils unterschiedlich motiviert. Das substantivierte Verb *Singen* "wirkt schon an sich so abgeleitet", weit mehr als zum Beispiel das Substantiv *Abend* in *am Abend;* und Personenbezeichnungen wie *Herr Prunkwitz* möchte man ungern mit Ereignisbezeichnungen, die nach temporalen Präpositionen wie *vor* "normal" sind (vgl. *vor dem Fest*), in einen Topf werfen.

Ich nehme an, auch P&C würden diese Beispiele ähnlich analysieren. Interessant ist, daß die Konjunktionen *als*, *während* und *wenn* durch die Nominalisierung eliminiert und allesamt durch *bei* ersetzt werden. Aber wenigstens haben sie überhaupt eine "Spur" hinterlassen und sind nicht spurlos verschwunden wie die Konjunktionen, die (so könnte man ja einmal annehmen) Bestandteil der zugrundeliegenden Struktur gewisser *gerundio*-Konstruktionen sind. Sind die Unterschiede zwischen den Konjunktionen *als*, *während* und *wenn* nicht so wesentlich, da sie ja alle, offenbar ohne nennenswerten Informationsverlust, durch *bei* ersetzt werden können? Immerhin sind alle drei Konjunktionen temporal, und man könnte schon auf eine derartige Idee kommen. Aber was ist davon zu halten, wenn kausale, konzessive, konditionale und temporale Konjunktionen sowie Relativpronomina alle, wie in folgenden Beispielen, durch ein und dasselbe Lexem ersetzt werden?

(11.1) *Da* ich krank bin, kann ich wohl Rücksicht verlangen.
2) *Als* Kranke kann ich wohl Rücksicht verlangen.

(12.1) *Wenn* man krank ist, gehört man in ein Krankenhaus.
2) *Als* Kranker gehört man in ein Krankenhaus.

(13.1) *Wenn/Falls* er krank wäre, würde er doch im Bett liegen.
2) *Als* Kranker würde er doch im Bett liegen.

(14.1) *Als/Während* er krank war, bekam er im Gegensatz zu jetzt jeden Tag Spritzen.
2) *Als* Kranker bekam er im Gegensatz zu jetzt jeden Tag Spritzen.

(15.1) *Auch wenn/Obwohl* du krank bist, brauchst du dir das nicht bieten zu lassen.
2) Auch *als* Kranker brauchst du dir das nicht bieten zu lassen.

(16.1) Ich, *der* ich krank bin, muß das doch wissen.
2) Ich *als* Kranker muß das doch wissen.

(Diese Liste der möglichen Interpretationen von *als*-Phrasen könnte noch verlängert werden.)

Die Verwandtschaft zwischen den deutschen *als*-Phrasen, wie sie in (11.2) bis (16.2) vorgestellt wurden, und den italienischen *gerundio*-Konstruktionen ist verblüffend: *als*-Phrasen scheinen genau denselben weiten Interpretationsspielraum zu haben wie *gerundio*-Konstruktionen - wenn man sie vom Kontext isoliert. Und genau wie bei *gerundio*-Konstruktionen wird dieser Interpretationsspielraum durch den Kontext jeweils drastisch eingeschränkt.

Ich habe die Phrase *als Kranker* deswegen als Demonstrationsobjekt ausgewählt, weil sie wegen der morphologischen Beziehung zu dem Adjektiv *krank* zu einer transformationellen Ableitung (anstelle einer theoretisch ebenfalls denkbaren Direktgeneration; vgl. *als Großmutter*) geradezu herausfordert und weil sie die "Spur" *als* enthält - eine Spur, die auf adverbiale und nicht auf koordinative zugrundeliegende Konjunktionen schließen läßt.

Wie würden P&C diese Beispielserie analysieren? Dem *als* würde immer ein AGGIUNTA zugrundeliegen, und *Kranke(r)* würde auf so etwas wie " X + *sei* + *krank* " zurückgeführt. Also müßten (15.2) und (15.2.1) Paraphrasen sein:

(15.2) Auch als Kranker brauchst du dir das nicht bieten zu lassen.

(15.2.1) Du bist auch krank und brauchst dir das nicht bieten zu lassen.

Es ist aber klar, daß (15.2.1) keineswegs eine Paraphrase von (15.2) ist. Wie viel einfacher und überzeugender wäre es doch, hier anzunehmen, das *als* gehe auf ein *wenn* zurück. Das *auch* in (15.2.1) hat nichts mit dem "normalen" präsupponierenden Gebrauch von *auch* zu tun (*Du bist auch krank* präsupponiert *Jemand anders ist krank*), sondern es drückt aus, daß *als Kranker* in dem Satz eine konzessive Bedeutung hat. Wie wir unten (*I.2.7*) sehen werden, gibt es solche Bedeutungsindikatoren auch in italienischen *gerundio*-Konstruktionen (*come, solo* und, am bekanntesten, *pur*). Sie stören das P&C-Konzept in ebenderselben Weise wie unser *auch* hier.

Was eine deutsche *als*-Phrase alles bedeuten k a n n , haben wir eben gesehen; was sie in einem bestimmten Satz wirklich bedeutet, das "legt der Kontext fest". So sagen ja auch P&C über *gerundio*-Gefüge und ihren "MEC", daß letzterer die jeweils aktuelle Bedeutung "in funzione delle particolari parole che compongono tale frase" aufbaue. Aber eine solche "Erklärung" der Bedeutungsbeziehungen zwischen *gerundio*-Gefügen und ihren expliziteren Paraphrasen ist linguistisch einfach zu dürftig. Bekanntlich baut sich die Gesamtbedeutung eines Satzes nicht allein aus dessen einzelnen Wörtern auf, sondern zu einem sehr wesentlichen Teil aus den syntaktischen und semantischen Relationen zwischen diesen einzelnen Wörtern und wiederum zwischen Gruppen von einzelnen Wörtern: *Hans schlägt Grete* bedeutet bei normaler Betonung nicht dasselbe wie *Grete schlägt Hans*, und *Sbagliando s'impara* bedeutet bei normaler Betonung nicht dasselbe wie *S'impara sbagliando*.

In den Abschnitten *I.2.2* und *I.2.3* wollte ich die grundsätzliche Position von PARISI und CASTELFRANCHI ganz allgemein problematisieren und durch das Aufzeigen einiger logischer, aber praktisch-linguistisch unverwünschter Konsequenzen zum Teil *ad absurdum* führen. Es hat sich dabei gezeigt, daß es nicht nützlich und linguistisch oft inadäquat ist, gleichen Morphemen, Lexemen und Konstruktionstypen g r u n d s ä t z l i c h dieselben semantischen Repräsentationen zuzuordnen. Ich bin überzeugt, daß P&C eine solche Meinung auch keineswegs mit der Starrheit vertreten würden, wie ich sie ihnen zum Zwecke der größeren argumentativen Deutlichkeit und Tiefenschärfe hier unterstellt habe. Vermutlich haben sie ihre Theorie in der oben referierten Form konzipiert und begründet, damit (und nur damit) sie drei empirische Beobachtungen erklären kann:

(a) die Beziehungen zwischen *gerundio*-Gefügen und Satzgefügen mit *senza*-Nebensätzen,

(b) die Beziehungen zwischen *gerundio*-Konstruktionen und *con*-Phrasen,

(c) die Beziehungen zwischen *gerundio*-Gefügen und *e*-Koordinationen.

Natürlich sind dies empirische Fakten, die jede Theorie über *gerundio*-Gefüge berücksichtigen sollte. Aber es gibt eben nicht nur diese drei Fakten, sondern noch zahlreiche andere, die entweder mit der P&Cschen Theorie überhaupt nicht verträglich sind (konditionale *gerundio*-Gefüge; vgl. oben *I.2.1*) oder die im Rahmen dieser Theorie nur sehr umständlich und indirekt dargestellt werden können. Aus diesem Grunde braucht man für *gerundio*-Gefüge eine andere Theorie als die von P&C.

Die zuletzt angeführten Überlegungen zeigen sehr deutlich die schon im Einleitungskapitel betonte empirische Bedingtheit der Entscheidung für die eine (eher "pragmatisch orientierte") oder die andere (eher "grammatisch orientierte") Theorie.

Die folgenden Abschnitte handeln von den oben angedeuteten Beobachtungen über *gerundio*-Gefüge, die im Rahmen der P&Cschen Theorie nur schwer dargestellt werden können.

I.2.4 Instrumentale *gerundio*-Konstruktionen und ihre semantischen Beziehungen zum Bezugssatz

Die deutschen konjunktionalen Adverbialsätze mit *da, weil, obwohl, als, während, wenn, falls* können ohne Explizitätsverlust durch italienische konjunktionale Adverbialsätze mit *siccome, perché, sebbene, quando, mentre* und *se* übersetzt werden, aber deutsche Instrumentalsätze mit *dadurch daß* und *indem* können im Italienischen nur durch *gerundio*-Konstruktionen wiedergegeben werden. In einer Mehrsprachengrammatik, die sämtliche *gerundio*-Gefüge auf zwei durch AGGIUNTA verbundene Sätze zurückführt, ist die Übersetzungsrelation zwischen deutschen expliziten Instrumentalsätzen und italienischen instrumentalen *gerundio*-Konstruktionen nur auf umständlichen Umwegen darstellbar; in einer Grammatik dagegen, die instrumentale *gerundio*-Konstruktionen direkt aus instrumentalen semantischen Repräsentationen ableiten kann, ist die Behandlung dieser Übersetzungsrelation problemlos: Deutsche Instrumentalsätze und italienische instrumentale *gerundio*-Konstruktionen erhalten identische Repräsentationen. Für das Deutsche wird die semantische Instrumental-Indikation in der Oberflächenstruktur als Konjunktion *indem* oder *dadurch daß* beibehalten, während sie für das Italienische obligatorisch getilgt wird.

Wann kann eine *gerundio*-Konstruktion überhaupt instrumental interpretiert werden? Betrachten wir dazu folgende Beispiele:

(17) Franco mi aiutava sorridendo.

(18) Franco dormiva sorridendo.

Beide Sätze haben durch die Isolation vom Kontext mehrere Lesarten. Was uns hier interessiert, ist lediglich, daß nur (17), nicht aber (18), eine instrumentale Lesart hat:

(17.1) Franco half mir, indem er lächelte.

(18.1) +Franco schlief, indem er lächelte.

Und nicht nur bei (18) kann die *gerundio*-Konstruktion nicht instrumental interpretiert werden, sondern bei sämtlichen *gerundio*-Gefügen, deren Bezugssatz keine Handlung beschreibt - also bei allen Eigenschafts-, Prozeß- und Zustands-Bezugsätzen (vgl. MANZOTTI & PUSCH & SCHWARZE 1975). Wenn aber ein Handlungssatz bereits eine Instrumentalangabe enthält, so kann auch dort eine *gerundio*-Konstruktion nicht mehr instrumental interpretiert werden:

(19) Sorridendo, Franco mi aiutava col suo denaro.
(19.1) Lächelnd half Franco mir mit seinem Geld.
(19.2) +Indem er lächelte, half Franco mir mit seinem Geld.

Diesen empirischen Beobachtungen stehen folgende Grammatikregeln gegenüber:

(a) Nur Handlungssätze erlauben Instrumentalangaben.

(b) Jeder Handlungssatz erlaubt nur eine einzige Instrumentalangabe.

(Zur Begründung dieser Regeln vgl. MANZOTTI & PUSCH & SCHWARZE 1975.)

In einem Modell wie dem von PARISI & CASTELFRANCHI (1976) entworfenen können die genannten empirischen Beobachtungen wieder nur auf Umwegen mit den beiden Grammatikregeln in Verbindung gebracht werden. In einem Modell dagegen, das *gerundio*-Konstruktionen aus instrumentalen Adverbialsätzen ableiten kann, werden die empirischen Fakten von der Grammatik prädiziert: *Sorridendo* in (18) kann nicht instrumental interpretiert werden, weil der Bezugssatz kein Handlungssatz ist und Nicht-Handlungssätze keine Instrumentalangabe enthalten können. *Sorridendo* in (19) kann, wenn die PP als Instrumentalis interpretiert wird, nicht ebenfalls instrumental interpretiert werden, weil ein Handlungssatz nicht zwei Instrumentalangaben enthalten kann (es sei denn, sie wären koordiniert).

Es gibt noch wesentlich mehr interessante Dinge zum Thema dieses Abschnitts zu sagen; vgl. dazu *IV*. Hier, im Rahmen der Kritik an P&C und der Entwicklung meiner eigenen Gegenkonzeption, geht es mir nur um die Aufdeckung der hervorstechendsten Mängel der P&C-Theorie.

I.2.5 Koordination und Reihung von *gerundio*-Konstruktionen und Adverbialen

I.2.5.1 Koordination von *gerundio*-Konstruktionen mit Adverbialen

Eine in der Linguistik gegenwärtig m.W. ziemlich einstimmig akzeptierte Grammatikregel besagt, daß nur solche Konjunkte miteinander koordiniert werden können, die "gleichartig"[2] sind. Diese Regel dient dazu, Sätze wie folgende als ungrammatisch zu markieren:

(20) +Lisa schläft unruhig und auf dem Sofa.

(21) +Lisa ist freundlich und gekommen.

(22) +Lisa spielt Klavier und im Garten.

2 Ich beschränke mich hier auf ein vortheoretisches Verständnis dieses Begriffs, das für die Zwecke dieses Abschnitts ausreicht. Eine sehr differenzierte Diskussion über "Gleichartigkeit" der Konjunkte bei Koordination findet sich bei LANG (1977: 36-47).

Ich habe in meinem Belegmaterial etliche Beispiele gefunden, in denen eine *gerundio*-Konstruktion mit einem Adverbiale koordiniert ist; es handelt sich durchweg um Koordination mit Modalangaben. Die *gerundio*-Konstruktion wird in diesen Belegen, genau wie es die obige Regel präzidiert, auch immer als "gleichartig", d.h. als modal[3], interpretiert:

(23) Come attraversato dalla corrente elettrica, e *alzando* la voce in modo tale che Bianca [...] pensò bene di mettergli una mano sulla bocca, Nino cominciò che "forse" era un disastro [...] - bo 70

(24) A bassa voce, con l'aria di mettermi a parte di un segreto importante, e *guardandosi* ogni tanto alle spalle come se temesse di venir sorpreso, mi raccontò del bagno fatto a Rimini [...] - bo 105

(25) Con l'aria di cambiar discorso, e *rivolgendosi* direttamente a lui, era già passata a esporre il contenuto di un "interessante" articolo [...] - bo 104

(26) Stare accanto a lui [...] con la schiena appoggiata a una colonna del portico e *guardando* le gambe delle donne che passavano, era considerato un autentico privilegio. - bo 72

(27) Vennero da ultimo verso la nostra tenda, Fadigati *facendosi* precedere da mio padre di circa un metro, e col volto atteggiato a una strana espressione [...] - bo 87

Die Tatsache, daß diese *gerundio*-Konstruktionen mit Modalangaben koordiniert sind und wie Modalangaben interpretiert werden, wird man wohl am einfachsten und überzeugendsten dadurch erfassen können, daß man sie transformationell aus Modalsätzen ableitet. Bliebe man dagegen bei der Konzeption von PARISI & CASTELFRANCHI (1976), so müßte man erstens *ad hoc* erklären, wieso Modaladverbien wie *a bassa voce* und *come attraversato dalla corrente elettrica* mit semantisch unspezifizierten "Angaben" koordinierbar sind, und zweitens, wieso diese unspezifizierten Angaben nur modal interpretierbar sind.

I.2.5.2 Reihung von *gerundio*-Konstruktionen und Adverbialen

I.2.5.2.0 Vorbemerkung

Reihung gebrauche ich hier rein oberflächensyntaktisch und verstehe darunter sowohl Asyndese (also eine Art "Koordination ohne koordinierende Konjunktion"; vgl. LANG (1977: 73f)) als auch Folgen von allgemeinen und spezifizierenden Angaben wie *ieri sera, verso le otto*, die nicht durch Koordinationen para-

---

3 Ich benutze hier das Wort *modal* noch nicht als präzis definierten Begriff, wie ich es später tun werde (vgl. unten *V.1*), sondern in einem auf ein allgemeines Vorverständnis bezogenen Sinne. Der Begriff 'modal' umfaßt hier also noch Begleithandlungen und -umstände sowie die später zu definierenden "echten" Modalangaben.

phrasierbar sind. Für diesen Typ von Reihung, der für mich Ähnlichkeit mit Appositionen hat, habe ich in meinen Grammatiken keinen passenden Begriff gefunden; nur BUNGARTEN (1976: 41) erwähnt dieses Phänomen und nennt die Beziehung zwischen dem ersten und dem zweiten Glied der Reihe "Subordination", weil die Reihenfolge der Glieder (anders als bei Koordination und Asyndese) nicht umkehrbar ist. Ich halte mich an diese Terminologie und werde von "asyndetischer" und "subordinierender" Reihung sprechen. Schließlich gibt es noch die umkehrbare, aber nicht koordinierbare Reihung.

Was die Reihungen mit den Koordinationen verbindet, ist die Tatsache, daß die gereihten Glieder syntaktisch und semantisch ebenfalls "gleichartig" sind.

I.2.5.2.1 Asyndetische Reihung

Die asyndetische Reihung von *gerundio*-Konstruktionen und Adverbialen ist der Koordination von *gerundio*-Konstruktionen und Adverbialen sehr ähnlich insofern, als die involvierten Adverbiale Modalangaben sind - jedenfalls finden sich in meinem Material keine anderen Belege:

(28) Adagio, *inciampando* sui ciottoli aguzzi del vicolo, un passo pesante si avvicinava. - bo 142

(29) Avanzava lentamente, un po' piegato sul fianco, sempre *discorrendo:* rivolto a un cane, come mi accorsi subito. - bo 142

Für die Behandlung solcher Beispiele gilt m.E. dasselbe wie für die oben unter *I.2.5.1* aufgeführten Beispiele.

I.2.5.2.2 Subordinierende Reihung

In subordinierender Reihung findet man *gerundio*-Konstruktionen (a) bei echten Temporaladverbien und (b) bei transformationell reduzierten Temporalsätzen. In dieser Stellung werden die *gerundio*-Konstruktionen immer temporal interpretiert.

Beispiele für (a):

(30) Questa notte, *parlando* della cosa, vostro padre avanzò una teoria interessante. - ca 32

(31) Un pomeriggio, *entrando* in un locale di via Zamboni [...], lo scorgemmo seduto a un tavolino in disparte [...] - bo 67-8

(32) Ma l'indomani, *vedendo* entrare Valenti con un fascio di fogli stampati in mano e il viso di un cadavere, credette che il brav'uomo fosse così triste a causa sua [...] - pa 23

(33) Una mattina, *scorrendo* la prima pagina del "Corriere della Sera", [...] Fadigati espresse l'opinione [...] che l'imminente trionfo [...] fosse da considerarsi una gran bella cosa. - bo 70

Beispiele für (b):

(34) In giro per le strade, *gridando* un fascio di giornali, lei non troverà che i vecchi e gli zoppi [...] - pa 29

(35) Sulla spiaggia, *scorgendo* il dottore sotto l'ombrellone, abbandonato a una solitudine che mi parve di colpo immensa [...], mi sentii intimamente ripagato della rinuncia. - bo 108

Wie gesagt, ist hier die Folge "Adverbial - *gerundio*-Konstruktion" nicht durch eine Koordination paraphrasierbar; vgl.:

(30.1) +Questa notte e *parlando* della cosa, vostro padre avanzò una teoria interessante.

Diesen empirischen Fakten stehen folgende Grammatikregeln gegenüber:

(a) Temporaladverbiale können durch Temporalsätze, aber nicht durch andere Adverbialsätze spezifiziert werden.

(b) Eine Folge aus einer allgemeinen und einer spezifizierenden Temporalangabe kann nicht durch eine *e*-Koordination paraphrasiert werden.

(36) Questa notte,

{quando parlava della cosa, / alle tre,}

vostro padre avanzò una teoria interessante.

(37) +Questa notte e

{quando parlava della cosa, / alle tre,}

vostro padre avanzò una teoria interessante.

Natürlich sind diese Regeln hier mehr als oberflächlich formuliert und illustriert[4]. Es dürfte aber wohl trotzdem klar geworden sein, daß *gerundio*-Konstruktionen, die mit Temporaladverbien eine Reihe bilden, erstens wie Temporalsätze interpretiert werden und sich zweitens syntaktisch wie Temporalsätze verhalten. Es ist daher naheliegend, sie auch aus Temporalsätzen abzuleiten. PARISI & CASTELFRANCHI (1976) müßten all diese Regularitäten e i n m a l in der Grammatik erfassen (für Temporalsätze) und dann n o c h e i n m a l in ihrem "MEC" (für temporal interpretierte *gerundio*-Konstruktionen).

P&C meinen ja, die aktuelle Bedeutung einer *gerundio*-Konstruktion leite sich aus der Bedeutung der Wörter ab, die in dem *gerundio*-Gefüge vorkommen.

---

4 Ich erinnere noch einmal an meine "Generalentschuldigung" in der Einleitung (*0.2*): *gerundio*-Konstruktionen hängen mit so vielen Teilbereichen der Grammatik eng zusammen, die alle für sich genommen gründliche Einzeluntersuchungen wert sind, daß man unmöglich sämtliche Aspekte mit der gleichen Sorgfalt erörtern kann.

Wie können sie dann einen Fall wie den folgenden erklären, wo gar kein Bezugssatz für die *gerundio*-Konstruktion vorhanden ist und es t r o t z d e m klar ist, daß es sich nur um eine temporale *gerundio*-Konstruktion handeln kann?

(38) Il primo impulso, da parte sua, era stato di rifiutare. Ma in seguito, *ripensandoci* [...] - bo 138

Wieder ist die Erklärung der temporalen Interpretation dieser Ellipse e i n f a c h in einem Modell, das *gerundio*-Konstruktionen auch aus Temporalsätzen ableiten kann und das nach Temporaladverbien keine anderen Adverbialsätze als temporale erlaubt.

I.2.5.2.3 Umkehrbare Reihung

"Umkehrbare Reihungen" sind solche, bei denen das Adverbial eine Proform ist; vgl.:

(39) Così, *rispondendo* rapidamente e senza riflettere, avete descritto un'altra persona che era nella vostra mente. - ca 31

Nach Umkehrung der Reihenfolge lautet dieses Beispiel:

(39.1) *Rispondendo* rapidamente e senza riflettere, così avete descritto un'altra persona che era nella vostra mente.

Così ist eine Proform für Modal- und Instrumentaladverbien; außerdem kann es aber auch als Partikel fungieren. In den beiden folgenden Sätzen kann *così* nur die Partikel-Lesart haben, da es als Proform nur die Reihung mit Instrumental- und Modalangaben erlaubt.

(40) Così, ieri sera, avete descritto un'altra persona.

(41) Così, perchè/mentre avete risposto rapidamente e senza riflettre, avete descritto un'altra persona.

Die *gerundio*-Konstruktion in (39) wird entweder modal oder instrumental, auf keinen Fall aber kausal oder konzessiv oder temporal interpretiert. Wieder liegen für Fälle von umkehrbarer Reihung die Vorteile einer Konzeption, in der *gerundio*-Konstruktionen ambig sind, gegenüber der Konzeption von PARISI & CASTELFRANCHI auf der Hand. Eine detaillierte Begründung kann ich mir und dem Leser beim jetzigen Stand der Diskussion wohl ersparen. In der Essenz wäre sie nur eine Wiederholung von bereits mehrfach Gesagtem.

I.2.6 Bezugssatznegation in *gerundio*-Gefügen

Konditionale, konzessive, temporale und kausale *gerundio*-Konstruktionen sind ohne weiteres mit negierten Bezugssätzen verträglich:

(42) Pagando entro il 15, non sei soggetto alla mora. (konditional)

(43) Pur essendo raffreddato, Franco non è restato a casa. (konzessiv)

(44) Passeggiando sulla spiaggia, Franco non ha incontrato nessuno. (temporal)

(45) Essendo raffreddato, Franco non è uscito. (kausal)

Dagegen sind modale und instrumentale *gerundio*-Konstruktionen nicht ohne weiteres mit negierten Bezugssätzen verträglich. Wenn ein *gerundio*-Gefüge mit einer modalen oder einer instrumentalen *gerundio*-Konstruktion negiert ist, so bezieht sich die Negation entweder auf den Gesamtsatz oder auf die *gerundio*-Konstruktion, niemals aber allein auf den Bezugssatz:

(46) Franco non cammina trascinando i piedi.

Dieser Satz besagt entweder 'Es ist nicht der Fall, daß Franco schleppend geht' oder 'Franco geht, aber nicht schleppend'; keinesfalls aber kann er bedeuten 'Franco geht nicht, und zwar schleppend'.

(47) Franco non mi salutava chinando il capo.

Dieser Satz besagt entweder 'Es ist nicht der Fall, daß Franco mich mit einem Kopfnicken grüßte' oder 'Franco grüßte mich, aber nicht mit einem Kopfnicken'; aber er kann nicht bedeuten 'Franco grüßte mich nicht, und zwar mit einem Kopfnicken'.

Instrumentale und modale *gerundio*-Konstruktionen haben mit dem Bezugssatzverb eine viel engere semantische Verbindung als die anderen *gerundio*-Konstruktionen. Später (vgl. *III*) werde ich diese noch sehr allgemeine Behauptung differenzieren und begründen. Hier genügt es festzustellen, daß die Tatsache dieser "engen Verbindung" jedes *gerundio*-Gefüge mit einer instrumentalen oder einer modalen *gerundio*-Konstruktion ungrammatisch macht, bei dem sich die Negation aufgrund ihrer Stellung im Satz nur auf den Bezugssatz erstreckt:

(48) $^{+}$Trascinando i piedi, Franco non cammina.

(49) $^{+}$Chinando il capo, Franco non mi salutava.

Instrumentale und modale *gerundio*-Konstruktionen verhalten sich also wie ganz normale Instrumental- und Modaladverbien, die ebenfalls keine "Bezugssatznegation"[5] erlauben:

---

5 Ich setze *Bezugssatznegation* hier in Anführungsstriche, weil man bei den normalen Instrumental- und Modaladverbien nicht von "Bezugssätzen" spricht, sondern diese Adverbien als eng zum Verb gehörige Satzglieder bzw. Aktanten behandelt.

(50) +Lentamente, Franco non cammina.

(51) +Con la chiave, Franco non apre la porta.

Diese auffälligen Parallelen zwischen Instrumental- und Modaladverbien und instrumentalen und modalen *gerundio*-Konstruktionen kann man in dem Modell von PARISI & CASTELFRANCHI (1976) wieder nur auf Umwegen erfassen; außerdem wird die Gesamtgrammatik weiter "aufgebläht", da man, wie bei den anderen bereits erwähnten Regularitäten, alles doppelt ausführen muß. Also sollten instrumentale und modale *gerundio*-Konstruktionen aus expliziten Instrumental- und Modalstrukturen abgeleitet werden. Dasselbe gilt natürlich *mutatis mutandis* für konditionale, konzessive, temporale und kausale *gerundio*-Konstruktionen.

I.2.7 Die Partikel *anche*, *solo* und *come* in *gerundio*-Konstruktionen

In *I.2.1* habe ich nachgewiesen, daß konditionale *gerundio*-Konstruktionen nicht durch *e*-Koordinationen paraphrasierbar sind. Dieser Befund soll hier noch mit einem weiteren Argument bekräftigt werden. Darüber hinaus möchte ich zeigen, daß die "*gerundio*-Regel", also diejenige Regel, die nach den bisherigen Untersuchungsergebnissen für die Transformation von (u.a.) expliziten italienischen Adverbialstrukturen in *gerundio*-Konstruktionen postuliert werden muß, eine ziemlich oberflächennahe, spät operierende Regel ist.
Der Konjunktion *se* können bekanntlich die Partikel *anche*, *solo* und *come* vorangestellt werden:

(52) Anche se l'avesse voluto, non l'avrebbe potuto fare.

(53) Il bambino grida come se lo ammazzassero.

(54) Solo se prende questa strada arriverà in tempo.

Die Partikel *anche*, *solo* und *come* kommen nun auch in *gerundio*-Konstruktionen vor, und zwar - nach meinem Belegmaterial - nur in solchen, die konditional interpretiert werden:

(55) Ma anche *ammettendo* che le cose stessero davvero in questi termini - [...] per qual motivo non si sposava? - bo 34

(56) Solo *guardando* una persona molto da vicino si sarebbe potuto identificarla. - ca 94

(57) Affondava nel cielo, come *cadendo* indietro [...] - rim 40

(58) Vagava, nella casa, come *cercando* il sentiero misterioso che l'avrebbe condotta ad incontrare qualcuno. - pa 34

Die Ellipse in (55) liefert wieder ein Argument gegen die Konzeption von PARISI & CASTELFRANCHI (1976); vgl. dazu meine Argumentation oben in

I.2.5.2.2. Die Nicht-Paraphrasierbarkeit der Belege durch *e*-Koordinationen wird durch die Störfunktion der Partikel nur noch augenfälliger; vgl. oben die Argumentation in *I.2.3* und hier die "Nicht-Paraphrase" (56.1) für (56):

(56.1) Si sarebbe solo guardato una persona molto da vicino e si sarebbe potuto identificarla.

Was mich hier aber vor allem interessiert, sind die Beispiele mit *come*. *Gerundio*-Konstruktionen mit *come* sind konditional nur in einem speziellen Sinn, genau wie explizite *come-se*-Sätze. Normalerweise nennen Konditionalsätze und konditionale *gerundio*-Konstruktionen die Bedingung, unter der der jeweilige Bezugssatz wahr ist. Dies gilt jedoch nicht für *come-se*-Konditionalsätze und *gerundio*-Konstruktionen mit *come*. In (53) wird *Il bambino gridava* als wahr behauptet, ebenso in (57) und (58) *Affondava nel cielo* bzw. *Vagava, nella casa*. Dies unterscheidet die *come*-Beispiele klar von den *anche*- und *solo*-Beispielen wie überhaupt von gewöhnlichen Konditionalgefügen: in ihnen wird der jeweilige Bezugssatz n i c h t behauptet.

Come-se-Konditionalsätze und *gerundio*-Konstruktionen mit *come* vertreten v o l l s t ä n d i g e Konditionalgefüge, also Folgen aus Konditionalsatz p l u s Bezugssatz. Also lauten die vollständigen Paraphrasen von (53), (57) und (58):

(53.1) Il bambino grida come griderebbe se lo stessero ammazzando.

(57.1) Affondava nel cielo come sarebbe affondato nel cielo, se fosse caduto indietro.

(58.1) Vagava, nella casa, come avrebbe vagata nella casa, se avesse cercato il sentiero misterioso che l'avrebbe condotta ad incontrare qualcuno.

Come-se-Konditionalsätze sind vermutlich mit Hilfe diverser Tilgungsoperationen aus expliziten Strukturen wie (53.1), (57.1) und (58.1) abzuleiten und *gerundio*-Konstruktionen mit *come* wiederum aus *come-se*-Konditionalsätzen. Wenn diese Hypothese stimmt, so ist die oben erwähnte *gerundio*-Regel eine relativ spät operierende Regel.

Wenn es eine Steigerung von *unmöglich* gäbe, würde ich sagen: Es ist schon unmöglich, konditionale *gerundio*-Gefüge in P&Cs Modell darzustellen, noch unmöglicher aber ist es, *gerundio*-Konstruktionen mit *come* u n d deren Beziehungen zu transformationell reduzierten und vollständigen *come-se*-Konditionalsätzen damit zu erfassen.

I.2.8 *gerundio*-Nominalisierungen

In meiner Arbeit "Das *gerundio* als Ausdruck der Gewichtung [...]" (PUSCH 1976a: 46-51) habe ich für einen bestimmten Typ von *gerundio*-Konstruktionen den Begriff '*gerundio*-Nominalisierung' eingeführt. Es handelt sich um *gerundio*-Konstruktionen, deren Funktion mit der von Adverbialsatznominalisierungen vergleichbar ist, wie in folgendem Beispiel:

(59) Franco ha passeggiato, e *passeggiando* ha incontrato Mario.
Franco ist spazierengegangen, und beim Spazierengehen hat er Mario getroffen.

Die wichtigste kommunikative Funktion von Nominalisierungen ist die Wiederaufnahme/Nennung/Thematisierung bereits eingeführter oder sonst als bekannt vorausgesetzter Sachverhalte; vgl. dazu PUSCH (1972: 93-106) und MEYER (1975: 18f). Diesem kommunikativen Zweck können, wie das obige Beispiel deutlich macht, auch gewisse *gerundio*-Konstruktionen dienen, weshalb ich sie *gerundio*-Nominalisierungen genannt habe.

Gerundio-Nominalisierungen sind nicht durch *e*-Koordinationen paraphrasierbar; vgl.:

(59.1) +Franco ha passeggiato, e Franco ha passeggiato e ha incontrato Mario.

Gerundio-Nominalisierungen sind nur durch Adverbialsätze oder Adverbialsatznominalisierungen paraphrasierbar. Für unser Beispiel lauten die einzig adäquaten Paraphrasen:

(59.2) Franco ha passeggiato, e quando/mentre ha passeggiato ha incontrato Mario.

Adverbialsätze und Adverbialsatznominalisierungen drücken durch ihre Konjunktion bzw. Präposition ein Mehr an Information aus als bloße Hauptsätze und deren Nominalisierungen (*mentre Franco ha passeggiato* drückt mehr aus als *Franco ha passeggiato*), und genau dieses Mehr ist in Beispielen wie (59.1) erforderlich, denn es ist kommunikativ sinnlos, ein und denselben Sachverhalt zweimal nacheinander unverändert und "unangereichert" darzustellen, wie (59.1) es tut.

Kommunikativ sinnlose Sätze wie (59.1) sind zwar logisch nicht ohne weiteres falsch, aber ich halte es linguistisch nicht für sinnvoll[6], die ihnen entsprechenden semantischen Strukturen als Tiefenstrukturen zuzulassen, was jedoch aus der Position von P&C notwendig folgt.

---

6 Vgl. hierzu die ausführliche Diskussion über "Distinktheit von Konjunkt-Bedeutungen" bei LANG (1977: 89-106).

I.2.9 Die Negation von *gerundio*-Konstruktionen durch *senza* und durch *non*

I.2.9.0 Vorbemerkung

In den Abschnitten *I.2.1* und *I.2.4-8* habe ich eine Reihe empirischer Fakten zum *gerundio* vorgestellt, die sich m.W. im Rahmen der Konzeption von PARISI & CASTELFRANCHI (1976) entweder gar nicht oder nur sehr umständlich erfassen lassen. Nun sagen P&C aber, daß man die von ihnen entdeckten Beziehungen zwischen *gerundio*-Konstruktionen und mit *senza* eingeleiteten Nebensätzen nicht erklären könne, wenn man *gerundio*-Konstruktionen nicht über das Prädikat AGGIUNTA mit der Präposition *con* in Verbindung bringe:

> Un'analisi di *con* e del gerundio che assegni ad entrambi fondamentalmente una stessa rappresentazione dà conto direttamente di questi fatti, mentre un'analisi diversa li lascia del tutto inspiegati. (p. 62)

Hier stehen also zunächst meine Behauptungen über Erklärungsinadäquatheit gegen die ihre. P&C können meine Beobachtungen nicht oder nur indirekt abbilden; dafür soll ich ihre Beobachtungen über *senza* und *gerundio*-Konstruktionen "del tutto inspiegati" lassen. Ich werde in diesem Abschnitt zeigen, daß die Beziehungen zwischen *senza*-Nebensätzen und *gerundio*-Konstruktionen erstens komplizierter sind, als P&C sie dargestellt haben, und sich zweitens auch im Rahmen meiner Konzeption erklären lassen.

Zur Einführung hier noch einmal P&Cs Beispiele für die Hypothese, daß "una parola come *senza* viene usata per negare sia *con* che il gerundio" (p.61f):

(60.1) L'uomo camminava trascinando i piedi. (modale)
2) L'uomo camminava senza trascinare i piedi.

(61.1) Lo ha ucciso dandogli un pugno. (strumentale)
2) Lo ha ucciso senza dargli un pugno.

(62.1) Essendo raffreddato, ha preferito restare a casa. (causale)
2) (Pur) senza essere raffreddato, ha preferito restare a casa.

(63.1) Ha cenato con gli amici, andando poi al cinema. (coordinativo)
2) Ha cenato con gli amici, senza andare poi al cinema.

An dieser Liste fällt dreierlei auf: Erstens ist sie unvollständig, denn sie enthält weder ein temporales noch ein konditionales *gerundio*-Gefüge. Zweitens entsteht durch die *senza*-Negation des ursprünglich kausalen *gerundio*-Gefüges (62.1) plötzlich ein konzessives *gerundio*-Gefüge (62.2). Drittens kann (62.1) nicht nur durch *senza*, sondern auch durch *non* negiert werden, und dann bleibt es kausal:

(62.1.1) Non essendo raffreddato, ha preferito restare a casa.

Dieser Satz beschreibt zwar ein Verhalten, das nach den gängigen Vorstellungen leicht irrational wirkt, aber das ändert nichts daran, daß er kausal verstanden wird.

I.2.9.1 Die Negation von *gerundio*-Konstruktionen durch *non*

Die Bedeutung von (62.1.1) läßt sich wie folgt umschreiben: "Die Tatsache, daß er nicht krank war, war der Grund dafür, daß er es vorzog, zu Hause zu bleiben", oder kürzer: "Nicht-x war der Grund für y". Das heißt, es wird nur der *gerundio*-Sachverhalt negiert, aber nicht die kausale Relation.

Genau wie kausale *gerundio*-Konstruktionen m ü s s e n konditionale, instrumentale und temporale *gerundio*-Konstruktionen durch *non* negiert werden, wenn nur der jeweilige *gerundio*-Sachverhalt, nicht aber die konditionale, instrumentale oder temporale Relation selbst negiert werden soll. *Senza*-Negation ist für die Darstellung derartiger Bedeutungsstrukturen ungeeignet, was wir schon an dem Beispiel (62) gesehen haben und was auch die folgenden Beispiele deutlich machen:

(a) *konditional*: "Nicht-x ist die Bedingung für y"

(64 a) Wenn du nicht bis zum 15. zahlst, mußt du die Verzugsgebühr bezahlen.
(64 b.1) Non pagando entro il 15, sei soggetto alla mora.
≠
2) Senza pagare entro il 15, sei soggetto alla mora.

(b) *instrumental:* "Nicht-x ist das Mittel, mit dem y durchgeführt wird"

(65 a) Er hat ihn beleidigt, indem er ihn nicht "Doktor" genannt hat.
(65 b.1) Lo ha offeso non chiamandolo "dottore".
≠
2) Lo ha offeso senza chiamarlo "dottore".

(c) *temporal:* "y fällt in den Zeitraum von nicht-x"

(66 a) Gegen Ende seines Lebens, als er keine Freude und keine Schmerzen mehr empfand, war er glücklich.
(66 b.1) Verso la fine della sua vita, non sentendo più né gioia né dolore, era felice.
≠
2) ?Verso la fine della sua vita, senza sentire più nè gioia né dolore, era felice.

Sachverhalts-Negation kausaler und konditionaler *gerundio*-Konstruktionen ist bei weitem häufiger als Sachverhalts-Negation instrumentaler und temporaler *gerundio*-Konstruktionen - meines Erachtens einfach deshalb, weil die Gelegenheiten, bei denen man eine Handlung y durch Unterlassung einer Handlung x durchführt, selten sind und weil man normalerweise ein Geschehen zeitlich eher auf ein Geschehen als ausgerechnet auf ein Nicht-Geschehen bezieht.

Einige *gerundio*-Konstruktionstypen können auch mit *non* negiert werden, ohne daß der *gerundio*-Sachverhalt unbedingt von der Negation mitbetroffen ist. Negiert ist dann auf jeden Fall nur die jeweilige Relation zwischen dem Bezugssatz und der *gerundio*-Konstruktion. Manchmal ist eine solche Relationsnegation auch durch eine *senza*-Konstruktion paraphrasierbar, manchmal wiederum nicht. Die Regularitäten auf diesem Gebiet sind mir noch unklar.

(d) *Negation der temporalen Relation*

(67) Franco ha incontrato Mario, ma non passeggiando.
= Franco ha incontrato Mario, ma non quando passeggiava.
≠ ?Franco ha incontrato Mario, ma senza passeggiare.

(e) *Negation der instrumentalen Relation*

(68) Franco ha ucciso Mario, ma non dandogli un pugno.
= Franco ha ucciso Mario, ma senza dargli un pugno.

Eindeutig fest steht jedenfalls, daß *gerundio*-Konstruktionen nicht nur durch *senza*, sondern auch durch *non* negiert werden können und daß bei *non*-Negation die ursprüngliche Relation (kausal, konditional, etc.) zwischen *gerundio*-Konstruktion und Bezugssatz unangetastet bleibt, was bei *senza*-Negation eher ein Zufall zu sein scheint (s.u.).

Zwischen *senza* und *con* besteht sicher ein semantischer Zusammenhang, zwischen *non* und *con* sicher nicht. Also ist es nicht nötig, sondern eher abwegig, a l l e negierten *gerundio*-Konstruktionen über das Prädikat AGGIUNTA mit *con* in Verbindung zu bringen. Vielmehr dürfte es wieder einmal die einfachste und überzeugendste Methode sein, *non*-negierte *gerundio*-Konstruktionen wie ihre nicht negierten Pendants auf Adverbialsätze zurückzuführen.

I.2.9.2 Die Negation von *gerundio*-Konstruktionen durch *senza*

PARISI & CASTELFRANCHI (1976) sagen: "*senza* viene usato per negare sia *con* che il gerundio." (p. 61). Im vorangehenden Abschnitt haben wir gesehen, daß "il gerundio" bei weitem nicht immer mit *senza* negiert wird. In diesem Abschnitt möchte ich zeigen, daß mit *senza* zwar etwas negiert wird, das man durchaus mit *con* oder auch mit AGGIUNTA symbolisieren kann, daß aber dieses "Etwas" einerseits einer größeren Menge von Konstruktionen als nur *con*- und *gerundio*-Konstruktionen, andererseits nur einem Teil der *gerundio*-Konstruktionen zu eigen ist.

Bei nicht negiertem Bezugssatz wird mit *senza* das Vorliegen eines Sachverhalts negiert, der entweder normalerweise oder (in der Sprechsituation) *ad hoc* mit dem anderen, nicht negierten Sachverhalt assoziiert wird/wurde (und warum soll man 'assoziiert mit' nicht durch AGGIUNTA symbolisieren?). Solche *senza*-

Gefüge widersprechen also oft einer vom Sprecher beim Hörer vorausgesetzten Erwartung, die man "pragmatische Implikation" nennen könnte und die natürlich sowohl positiv als auch negativ formuliert werden kann.

Die positiv formulierte Implikation *Alle Hunde sind Säugetiere* ist gleichbedeutend mit der negativ formulierten *Es gibt keinen Hund, der kein Säugetier ist*; genauso ist *Wenn Franco spricht, errötet er normalerweise* gleichbedeutend mit *Franco spricht normalerweise nicht, ohne zu erröten.*

Derartige pragmatische Implikationen kann man natürlich auch mit Hilfe von AGGIUNTA formalisieren; etwa so:

NORMALMENTE (x ⟶ y), wobei:	x, y sind Variable für Ereignisse, Zustände und Eigenschaften.
≡ NORMALMENTE (AGGIUNTA (x,y))	Lies: Normalerweise tritt x mit y auf.
≡ ¬NORMALMENTE (¬AGGIUNTA (x,y))	Lies: Normalerweise tritt x nicht ohne y auf.

Wie gesagt, kann solchen pragmatischen Implikationen mit *senza*-Nebensätzen w i d e r s p r o c h e n werden, aber selbstverständlich können sie auch mit *senza* f o r m u l i e r t werden. Und schließlich kann die Erfüllung einer Erwartung, also einer pragmatischen Implikation, noch explizit b e s t ä t i g t werden, und zwar mit *non senza.*

Diese drei Möglichkeiten sollen nun an einem Beispiel vorgeführt werden:

(a) Pragmatische Implikation, positiv formuliert:
Normalmente Franco arrossisce quando parla.
Pragmatische Implikation, negativ formuliert:
Normalmente Franco non parla senza arrossire.

(b) Widerspruch gegen die pragmatische Implikation:
Ieri sera Franco parlava senza arrossire.

(c) Bestätigung der pragmatischen Implikation:
Ieri sera Franco parlava, non senza arrossire, naturalmente.

Für die *senza*-Negation von *gerundio*-Konstruktionen folgt aus diesen Beobachtungen:

(a) Alle negierten konditionalen *gerundio*-Konstruktionen, die Teil einer negativ formulierten Implikation sind, sind durch einen *senza*-Nebensatz paraphrasierbar:

(Solo) sbagliando s'impara ≡ se non si sbaglia, non s'impara ≡ non sbagliando, non s'impara ≡ senza sbagliare non s'impara.

(b) Die Tatsache, daß kausale und temporale *gerundio*-Konstruktionen plötzlich eine "konzessive Färbung" bekommen, wenn sie durch *senza* negiert werden - vgl.:

(69.1) Essendo raffreddato, ha preferito restare a casa.
2) (Pur) senza essere raffreddato, ha preferito restare a casa.

(70.1) Passeggiando, ha incontrato Mario.
2) (Pur) senza passeggiare, ha incontrato Mario.

- erklärt sich nun sehr leicht.[7] Die *senza*-Sätze negieren eben n i c h t eine kausale oder temporale *gerundio*-Konstruktion, sondern (69.2) und (70.2) sind Widersprüche gegen die Erwartungen:

(71) Normalmente, quando uno è raffreddato, preferisce restare a casa.

(72) Normalmente, Franco incontra Mario quando passeggia.

Konzessivsätze haben eine ganz ähnliche Funktion wie die meisten *senza*-Gefüge: Sie widersprechen ebenfalls pragmatischen Implikationen, genau wie gewisse Adversativsätze, für die R. Lakoff (1971) den Begriff 'denial of expectation' eingeführt hat. Die folgenden expliziten Konzessiv- und Adversativsätze widersprechen also denselben pragmatischen Implikationen, denen die *senza*-Gefüge (69.2) und (70.2) widersprechen:

(73) Ha preferito restare a casa, ma/pur non era raffreddato.

(74) Ha incontrato Mario, ma/pur non ha passeggiato.

(c) Sämtliche von P&C angeführten *senza*-Beispiele lassen sich gut durch *ma-non*-Sätze paraphrasieren. Neben (73) haben wir dann:

(75.1) L'uomo camminava, ma non trascinava i piedi.
2) L'uomo camminava senza trascinare i piedi.

(76.1) Lo ha ucciso, ma non gli ha dato un pugno.
2) Lo ha ucciso senza dargli un pugno.

(77.1) Ha cenato con gli amici, ma poi non è andato al cinema.
2) Ha cenato con gli amici, senza andare poi al cinema.

Es wäre also theoretisch möglich und aus semantischen Gründen durchaus plausibel, alle *senza*-Gefüge aus koordinativ-adversativen Strukturen abzuleiten. Damit würden zugleich auch diejenigen *senza*-Gefüge erfaßt, deren positives Pendant unmöglich eine *gerundio*-Konstruktion sein kann; vgl.:

---

7 Diese Tatsache scheint PARISI und CASTELFRANCHI nicht gestört zu haben, zumindest nicht die konzessive Verfärbung der kausalen *gerundio*-Konstruktionen, vielleicht deshalb, weil Kausalität und Konzessivität ohnehin semantisch nahe verwandt sind und weil man Konzessivität häufig als eine Art "negative Kausalität" auffaßt: Ein konzessiver Satz, so heißt es oft, beschreibt einen "Gegengrund"; vgl. die *Dudengrammatik* (1973: 579): "Der Konzessivsatz nennt einen Gegengrund zu dem im Trägersatz genannten Sachverhalt. Dieser Grund reicht jedoch nicht aus, um den im übergeordneten Satz genannten Sachverhalt zu beeinflussen oder zu verhindern." Aber es wird P&C doch gestört haben, daß temporale und einige konditionale *gerundio*-Gefüge durch die *senza*-Negation ebenfalls eine Art konzessiver Bedeutung bekommen, denn zwischen Temporalität und Konditionalität auf der einen und Konzessivität auf der anderen Seite haben die Grammatiker bisher keine "innere Verwandtschaft" postuliert. Also wurden diese verstörenden Befunde nicht erwähnt.

(78.1) Franco mi ha tradito senza che lo sapessi.
2) Franco mi ha tradito, ma non lo sapevo.

(79.1) La casa è bella senza essere cara.
2) La casa è bella, ma non è cara.
3) +La casa è bella essendo cara.

Ob man dabei wirklich ein *ma* oder - wie P&C es tun - nur ein *e* als zugrundeliegende Koordination ansetzen sollte, das dann via "MEC" "adversativ eingefärbt" wird, ist natürlich wieder eine empirische Frage. Solange keine Gegenargumente angeführt werden, ist *e* (und damit AGGIUNTA[8]) genauso plausibel wie *ma*.

(d) Ich sehe also die Beziehung zwischen *senza*-Nebensätzen und *gerundio*-Konstruktionen folgendermaßen:

(d.1) Einige *gerundio*-Gefüge gehen auf *e*-Koordinationen zurück; z.B. (80):

(80) Franco ha cenato con gli amici, andando poi al cinema. <--- Franco ha cenato con gli amici, e poi è andato al cinema.

Es sind dies diejenigen *gerundio*-Gefüge, für die P&C die Bezeichnung "koordinativ" eingeführt haben. Untrügliches äußeres Kennzeichen für das Vorliegen eines solchen "koordinativen" *gerundio*-Gefüges ist das Vorhandensein von Pronominaladverbien bzw. Quasi-Nominalisierungen des Bezugssatzes (vgl. HARTUNG 1964: 64) in der *gerundio*-Konstruktion, wie *poi* oder *così*. Dieses äußere Kennzeichen kann aber auch fehlen, und dann ist die *gerundio*-Konstruktion oft ambig, d.h. sie kann entweder eine adverbiale oder eine koordinative *gerundio*-Konstruktion sein. Nicht-ambige, rein koordinative *gerundio*-Konstruktionen, also solche mit *poi*, *così*, etc., können nicht in mit *ma non* eingeleitete *gerundio*-Konstruktionen umgewandelt werden (vgl. dazu oben die Beispiele (67) und (68)):

(81) +Ha cenato con gli amici, ma non andando poi al cinema.

Dies liegt vermutlich daran, daß mit *ma non* nur tatsächliche Satzglieder aus einem Satzverbund ausgegliedert werden können.

---

8 Was AGGIUNTA eigentlich bedeuten soll, wie sein formaler Status ist, bleibt aber bei P&C ziemlich unklar. Warum z.B. ist es als Prädikat konzipiert und nicht als Junktor? Vielleicht damit es negierbar und somit als *senza* "projektierbar", d.h. oberflächenrealisierbar, ist? Dies alles erfährt man nicht, und so bleibt die P&Csche Theorie in ihrem zentralen Punkt eigentlich "unbegreiflich". Deshalb sind auch meine weniger kritischen und meine positiven Bezugnahmen auf diese Theorie und besonders auf AGGIUNTA immer unter Voraussetzung dieses Vorbehalts zu verstehen.

(d.2) Einige negierte *e*-Konjunkte - speziell solche, die entweder einer pragmatischen Implikation oder einer in der Sprechsituation geäußerten Behauptung widersprechen und durch *ma* paraphrasierbar sind - können in *senza*-Nebensätze transformiert werden:

(82) Franco ha cenato con gli amici, e/ma poi non è andato al cinema.
 ---→ Franco ha cenato con gli amici, senza poi andare al cinema.

(d.3) Sämtliche *senza*-Nebensätze außer den konditionalen (s.o. unter (d.1)) gehen auf solche negierten *e/ma*-Konjunkte zurück, aber nicht nur auf "gerundiable"; vgl. die Beispiele (78) und (79).

(d.4) Nicht alle negierten *e/ma*-Konjunkte können in *senza*-Nebensätze transformiert werden, und nicht alle theoretisch gerundiablen *e*-Konjunkte können wirklich in *gerundio*-Konstruktionen umgeformt werden; vgl.:

(83) A: "Sto cercando un ragazzo che si chiama Gianni ed è malato."

B: " Io mi chiamo Gianni, ma non sono malato."
 +Io mi chiamo Gianni, senza essere malato.
 Io mi chiamo Gianni e sono malato.
 +Io mi chiamo Gianni essendo malato.

Dieses Beispiel legt die Vermutung nahe, daß man zwischen verschiedenen Typen von *e*-Koordinationen unterscheiden sollte. Zum Beispiel könnten einige auf den Junktor ∧ zurückgeführt werden und andere auf diesen Junktor p l u s ein Prädikat wie AGGIUNTA oder ZUSAMMENHANG, das zum Ausdruck eines höheren Kohärenzgrades zwischen den Konjunkten dient. "Gerundiabel" und "*senza*ierbar" wären dann nur solche Konjunkte, die auf Strukturen mit einem stärkeren Kohärenzgrad zurückgehen. Damit wäre eine wichtige Gemeinsamkeit zwischen *senza*- und bestimmten *gerundio*-Konstruktionen erfaßt.

(d.5) Nach dieser Theorie erklärt sich die von P&C konstatierte Verwandtschaft zwischen Sätzen wie *Franco camminava trascinando i piedi* und *Franco camminava senza trascinare i piedi* dadurch, daß *Franco camminava trascinando i piedi* ambig ist und (u.a.) sowohl auf ein Modalsatzgefüge als auch auf zwei koordinierte Sätze zurückgeführt werden kann. Mit dem Modalsatzgefüge hat - im Rahmen dieser Theorie - die *senza*-Konstruktion zunächst nichts zu tun, wohl aber mit der Koordination *Franco camminava e trascinava i piedi*.

Die Tatsache, daß das Modalsatzgefüge *Franco camminava trascinando i piedi* und die Koordination *Franco camminava e trascinava i piedi* sehr ähnliche Bedeutungen haben, kann in meinem Modell dadurch abgebildet werden, daß alle adverbialen *gerundio*-Gefüge, mit Ausnahme der konditionalen, eine entsprechende Koordination implizieren (aber nicht umgekehrt). Solche Implikationsbeziehungen können in einer der eigentlichen Semantiksprache angegliederten

"Semantik der Sinnrelationen" (vgl. dazu PUSCH & SCHWARZE (1975)) dargestellt werden. Daß es aber nicht nur unpraktisch, sondern in vieler Hinsicht sogar falsch ist, aufgrund dieser auch von mir nicht bestrittenen Bedeutungsähnlichkeiten alle *gerundio*-Konstruktionen transformationell auf (eine Art von) *e*-Koordinationen zurückzuführen, glaube ich in diesem Abschnitt und in den vorangegangenen Abschnitten *I.2.1-8* mit zahlreichen voneinander unabhängigen Argumenten klar nachgewiesen zu haben.

I.3 Das italienische *gerundio*: vage und ambig zugleich

Aus meiner Argumentation im vorangehenden Kapitel *I.2* ist wohl deutlich genug hervorgegangen, wie das *gerundio* im Rahmen unserer Mehrsprachengrammatik zu behandeln wäre: als ambige Konstruktion, der sowohl die unterschiedlichsten Adverbialsätze als auch *e*-Koordinationen zugrundeliegen können. Diese Entscheidung habe ich ausschließlich mit praktisch-empirischen Argumenten begründet. Eine andere Art der Begründung, wie ich sie zum Beispiel in meinem Aufsatz "Ambiguity and vagueness again Or Is the Italian *gerundio* ambiguous?" (PUSCH, im Druck) gegeben habe, und zwar für die entgegengesetzte Entscheidung, erscheint mir inzwischen auch sinnlos. In jenem Aufsatz habe ich gezeigt, daß man die Begriffe 'ambig' und 'vage' operational definieren kann, und bin außerdem zu dem Schluß gekommen, daß - nach den dort entwickelten Definitionskriterien - das *gerundio* vage ist. Inzwischen meine ich, daß Fragen, wie ich sie in der Überschrift jenes Aufsatzes und dieses Kapitels gestellt habe - "Sind *gerundio*-Gefüge ambig oder vage?" -, falsch gestellt sind. Statt sich mit dem Problem zu plagen, was denn "Ambiguität" und was "Vagheit an sich" sei, und nach dem Herausarbeiten der Definitionskriterien ein sprachliches Phänomen dem einen oder dem anderen Begriff zuzuordnen, ist es besser, nur zu fragen: "Sollte der Satz x oder die grammatische Erscheinung y in der (Teil)Grammatik, die ich darüber zu schreiben gedenke, als ambig oder als vage behandelt werden?

Genauso haben es auch PARISI & CASTELFRANCHI (1976) gemacht: Sie haben nicht lange über Ambiguität und Vagheit an sich nachgegrübelt, sondern sie haben ihre drei empirischen Beobachtungen zum *gerundio* gemacht und die ihnen gut dünkende Theorie dazu konstruiert. Eine solche Theorie ist genau so lange ausreichend und akzeptabel, wie nicht andere empirische Beobachtungen sie widerlegen oder sie unpraktisch erscheinen lassen.

FORNACIARI und die anderen traditionell orientierten Grammatiker haben ebenfalls ihre Beobachtungen zum *gerundio* gemacht und sind zu einer gegensätzlichen Theorie gekommen (sofern man das eine Theorie nennen kann). Wie P&C haben sie festgestellt, daß *gerundio*-Konstruktionen "dasselbe bedeuten" können wie Adverbialsätze, und deswegen haben sie *gerundio*-Konstruktionen als "eine Art Adverbialsätze" eingeordnet. Nicht genügend berücksichtigt haben sie allerdings dabei die Tatsache, daß manche *gerundio*-Konstruktionen nichts mit Adverbialsätzen, dafür aber um so mehr mit *e*-Koordinationen gemeinsam haben; vgl. *I.2.9.2 sub (d.1)*.

Der Bedeutungsbegriff der traditionellen Grammatiker ist (bestenfalls) unklar. PARISI & CASTELFRANCHI (1976) haben dagegen einen Bedeutungsbegriff entwickelt, der deswegen interessant ist, weil er differenzierter ist als derjenige der traditionellen Grammatik. P&Cs Unterscheidung zwischen einer Ebene der semantischen Repräsentationen und einem "MEC" halte ich grundsätzlich für sehr sinnvoll, aber ihr Vorgehen, diesem "MEC" fast alles, was an *gerundio*-Konstruktionen linguistisch interessant ist (vgl. meine Argumentation in den Unterkapiteln *I.2.1-9*), zur Erklärung zu überlassen, halte ich für verfehlt. Wieder einmal muß man allerdings einräumen, daß P&C es vermutlich "nicht so gemeint haben", da sie andere linguistisch interessante Regularitäten als eben ihre drei wohl nicht gefunden haben.

Wenn man als Linguist grundsätzlich die drei Komponenten "Ebene der semantischen Repräsentation", "MEC" und "Syntax" akzeptiert, sollte man m.E. bei der Beschreibung eines grammatischen Phänomens folgendermaßen vorgehen: Man analysiert die Sätze, in denen sich das Phänomen manifestiert, so gründlich wie möglich - mit allen heuristischen Methoden, die einem zur Verfügung stehen. Zu den Bedeutungen der Sätze hat man einen intuitiven Zugang; sie sind das empirisch gegebene Explanandum. Man "weiß" also zum Beispiel "intuitiv", daß das *passeggiando* in *Passeggiando, ha incontrato Mario* eine "temporale Bedeutung" hat. Ob man dieses intuitive Wissen nun von der "Grammatik" (d.h. der semantischen und der syntaktischen Komponente) oder von der Pragmatik (d.h. vom "MEC") erklären läßt, hängt davon ab, wie viele und wie wichtige Übereinstimmungen mit anderen Bereichen der Grammatik und anderen wohlbegründeten Grammatikregeln man entdeckt. Entdeckt man, wie es mir ergangen ist, sehr viele und (wie mir scheint) wichtige Übereinstimmungen, so ist es nur nützlich und praktisch, die für andere Phänomene entwickelten Regeln der Grammatik einfach "mitzubenutzen" und sie das neu hinzugenommene Phänomen gleich "miterklären" zu lassen. Entdeckt man keine oder nur wenige und unwichtige Übereinstimmungen, so kann man das intuitive Wissen der Pragmatik zur Erklärung überlassen. Mit einem solchen Schritt ist dann ausgesagt: "Ich habe kaum/keine Übereinstimmungen gefunden - entweder, weil es gar keine gibt, oder weil mir eben keine eingefallen sind."

Ich gebe also in meiner Behandlung des italienischen *gerundio* sowohl FORNACIARI als auch PARISI und CASTELFRANCHI sowohl Recht als auch Unrecht, weil ich grammatische Übereinstimmungen sowohl mit den Adverbialsätzen als auch mit den *e*-Koordinationen entdeckt habe.

In unserer Mehrsprachengrammatik sind, aus den erwähnten Gründen, *gerundio*-Konstruktionen also ambig und nicht vage. In der Überschrift dieses Unterkapitels heißt es aber, sie seien ambig und vage zugleich. Dazu ist zunächst zu sagen, daß man jeden beliebigen Satz als vage bezeichnen kann, wenn er zufällig eine bestimmte Information nicht gibt, die man aber von ihm erwartet hat; vgl. dazu SCHWARZE (1975b: 94) und PUSCH (im Druck). Diese Auffassung von 'Vagheit' ist aber sehr generell, und sie habe ich hier auch nicht gemeint.

In einem spezielleren Sinne vage sind diejenigen *gerundio*-Gefüge, die auf *e*-Koordinationen zurückzuführen sind. *E*- (oder *und*-) Koordinationen können bekanntlich sehr unterschiedliche Relationen zwischen Sachverhalten "ausdrücken" - was ja auch P&C betont haben. Zum Beispiel "wissen wir intuitiv", daß zwischen den beiden in (84) bis (86) genannten Ereignissen die Relation der zeitlichen Aufeinanderfolge besteht, die in (85) überdies noch "final" und in (86) "kausal gefärbt" ist:

(84) Er bekam einen Apfel und verspeiste ihn.

(85) Sie stand auf und öffnete das Fenster.
(Vgl. die "pragmatische Paraphrase":
Sie stand auf, um das Fenster zu öffnen.)

(86) Er schlief am Steuer ein und fuhr gegen einen Baum.
(Vgl. die "pragmatischen Paraphrasen":
Er schlief am Steuer ein und fuhr deshalb gegen einen Baum
und
Weil er am Steuer einschlief, fuhr er gegen einen Baum.)

Diese Art von intuitivem Wissen möchte ich wie P&C dem "MEC" zur Erklärung überlassen - aus dem oben erwähnten Grund: Mir sind bisher keine grammatischen Übereinstimmungen zwischen z.B. expliziten Final- und Kausalsätzen und *und*-Koordinationen eingefallen (womit natürlich nichts zu der Frage ausgesagt ist, ob es solche Übereinstimmungen nun gibt oder nicht).

I.4 Semantische Ökonomie der *gerundio*-Gefüge vs. Pleonastizität der Adverbialparaphrasen und -übersetzungen

Ich nehme an, daß den adverbial interpretierten italienischen *gerundio*-Konstruktionen dieselben Strukturen zugrundeliegen wie adverbialen Nebensätzen mit *quando*, *mentre*, *perché*, *se* etc. und daß es eine Transformationsregel gibt, die diese Konjunktionen tilgen kann. Nun ist es ein empirisch wohlbegründetes Gesetz innerhalb der transformationell-generativen Grammatik, daß Information nur denn getilgt werden kann, wenn sie restituierbar ("recoverable") ist.

Diesem Gesetz entsprechen zum Beispiel die Transformationsregeln "Equi-NP-Deletion", "Gapping" und "Konjunktreduktion"; vgl.:

(87) Peter$_i$ behauptet, er$_i$ sei krank.
---→ Peter behauptet, krank zu sein.

(88) Peter behauptet, Otto sei krank.
-/-→ Peter behauptet, krank zu sein.

(89) Otto aß Äpfel, und Eva aß Bananen.
---→ Otto aß Äpfel und Eva Bananen.

(90) Otto aß Äpfel, und Eva schälte Bananen.
-/-→ Otto aß Äpfel und Eva Bananen.

(91) Otto aß eine Birne, und ich schälte eine Birne.
---→ Otto aß eine Birne, und ich schälte eine.

(92) Otto aß eine Birne, und ich schälte eine Banane.
-/-→ Otto aß eine Birne, und ich schälte eine.

Eine Theorie, die *gerundio*-Konstruktionen auf Adverbialsätze zurückführt, sollte also erklären, wieso die ursprünglich vorhandenen Konjunktionen verschwinden können, das heißt, sie sollte angeben, inwiefern sie restituierbar sind.

In (87) ist Referenzidentität die Voraussetzung für die Tilgung, in (89) und (91) ist es morphologische Identität, verbunden mit referentieller Ähnlichkeit. Die beiden Vorkommen von *aß* in (89) referieren auf ähnliche Aktionen, und die beiden Vorkommen von *Birne* in (91) referieren auf zwei ähnliche Gegenstände, nämlich auf zwei Elemente der Klasse der Birnen. Daß morphologische Identität allein keine hinreichende Bedingung für Tilgbarkeit ist, zeigen Kalauer wie

(93) Peter baut Häuser und Otto auf seine Intelligenz. -,

bei denen der "Witz" auf einem Verstoß gegen die Tilgungsregel beruht.

Die Voraussetzungen für die Tilgung der Konjunktionen bei *gerundio*-Gefügen müssen aber von anderer Art sein als die eben genannten, denn in den Adverbialsätzen, die ich den *gerundio*-Gefügen zugrundelegen will, ist noch nicht einmal die Minimalforderung der morphologischen Identität erfüllt, da die zu tilgende Konjunktion ja nur ein einziges Mal auftritt:

(94) Mentre passeggiava, Paolo ha incontrato Mario.
---→ Passeggiando, Paolo ha incontrato Mario.

Die Restituierbarkeit zu tilgender Elemente ist aber nicht nur dann gesichert, wenn im Transformat ein referentiell und/oder morphologisch identisches Pendant übrigbleibt, sondern auch dann, wenn das zu tilgende Element durch den Kontext vollständig determiniert ist - wenn der Kontext nur dieses und kein anderes Element erlaubt. Typische Anwendungsgebiete für Tilgungsoperationen dieser Art sind Ellipsen von Sprichwörtern und Zitaten, Abkürzungen, der Telegrammstil und die Sprache des Tagebuchs und der Schlagzeilen; vgl.:

(95) *Sprichwörter und Zitate:*
Wer andern eine Grube gräbt ... / ... denn sie wissen nicht was sie tun.

(96) *Abkürzungen:*
Eva u. Erna v. Zitzewitz haben s. e. Hund gekauft.

(97) *Telegrammstil:*
Kann nicht kommen, da krank.

(98) *Tagebuch:*
Heute den ganzen Tag Kopfschmerzen. Nichts geschafft.

(99) *Schlagzeilen:*
Berufsaussichten für Jugendliche miserabel. / Heute frische Leber.

Die Sondersprachen des Telegramms, des Tagebuchs und der Schlagzeilen arbeiten nach dem Ökonomie-Prinzip: "Was sich von selbst versteht, kann auch weggelassen werden." So könnte zum Beispiel der elliptische Tagebuchsatz *Heute den ganzen Tag Kopfschmerzen* theoretisch durchaus wie folgt vervollständigt werden: *Er wird heute den ganzen Tag Kopfschmerzen haben*, aber ein solcher Satz wäre in einem Tagebuch nicht zur Ellipse verkürzt worden. Im Tagebuch redet der Schreiber hauptsächlich von s i c h und von den Dingen, die er erlebt h a t . Berichtet er von a n d e r e n und/oder von Dingen, die er erleben w i r d , so wird er normalerweise die explizite Form wählen.

Das Ökonomieprinzip ist aber nicht nur in diesen Sondersprachen wirksam, sondern auch in der ganz normalen Sprache. So kann zum Beispiel die Konjunktion *daß* nach einigen "verbs of propositional attitude" weggelassen werden:

(100) Ich glaube, (daß) du spinnst.

(101) Ich hoffe, (daß) er kommt.

Syntaktisch sind solche Sätze von asyndetischen Sätzen nicht zu unterscheiden, wie folgende Beispiele zeigen:

(102) Ich bleibe, du gehst.

(103) Ich weine, er lacht.

Aber die Gefahr, daß (100) und (101) als Asyndesen mißinterpretiert werden, ist so gering (weil *glauben* und *hoffen* selten absolut gebraucht werden und fast immer mit einem Satzkomplement vorkommen), daß die Konjunktion *daß* weggelassen werden kann, ohne daß die Verständlichkeit solcher Sätze darunter leidet.

Tilgung von Konjunktionen kommt also auch im Deutschen vor - allerdings, so könnte man einwenden, ist *daß* ja ein rein grammatisches Morphem ohne eigene Bedeutung, das in den meisten linguistischen Beschreibungen auch transformationell eingeführt wird und nicht etwa als Bestandteil der Tiefenstruktur vorkommt. Konjunktionen wie *mentre* und *perché* dagegen haben eine eigene, temporale bzw. kausale, Bedeutung, sind deshalb in irgendeiner Form als Elemente der Tiefenstruktur zu behandeln und sollten nur unter Wahrung des oben genannten generellen Tilgungsprinzips getilgt werden dürfen.

Es gibt aber auch Fälle von Tilgungen bedeutungstragender Konjunktionen; vgl. die folgenden Paraphrasen:

(104) Hat man eine Sechs gewürfelt, darf man noch einmal würfeln.

(105) Wenn man eine Sechs gewürfelt hat, darf man noch einmal würfeln.

Hier erfolgte die Tilgung jedoch nicht spurlos wie in (100) und (101), sondern sie hinterließ eine Spur in Form der Spitzenstellung des finiten Verbs in (104).

Andere Fälle von Tilgungen bedeutungstragender Konjunktionen, bei denen eine vergleichbare Spur hinterlassen wird, habe ich schon in *I.2.3* kurz gestreift, ohne jedoch dort die Argumentation zu vertiefen. Ich habe dort zum Beispiel die Temporalangabe *am Abend* erwähnt mit dem Hinweis, daß sie derzeit meist direkt generiert und nicht aus einem temporalen Nebensatz abgeleitet wird. *Am Abend* bedeutet aber je nach Kontext durchaus Verschiedenes:

(106.1) Otto starb am Abend.
2) Otto starb, als/+wenn es Abend war.

(107.1) Ab Januar bekam Otto am Abend nichts zu essen.
2) Ab Januar bekam Otto nichts zu essen, wenn/+als es Abend war.

Otto starb bezeichnet ein nicht wiederholbares Ereignis; deshalb k a n n die zugehörige Temporalangabe sich nur auf e i n e n Zeitraum und nicht auf eine Wiederholung von Zeiträumen beziehen. Daher ist von den temporalen Konjunktionen in (106.2) nur *als* akzeptabel. In (107) ist es umgekehrt: *Ab Januar bekam Otto am Abend nichts zu essen* bezeichnet eine Wiederholung des Ereignisses 'Essensentzug', die logischerweise auch nur in wiederholten Zeiträumen stattfinden kann. Daher ist von den temporalen Konjunktionen in (107.2) nur *wenn* akzeptabel.

Ich meine, daß man Temporalangaben wie *am Abend* nicht direkt generieren, sondern aus Temporalsätzen ableiten sollte. Die Tilgung der Konjunktion ist dadurch zu rechtfertigen, daß sie kontextuell vollständig determiniert und aufgrund dieser Tatsache auch restituierbar ist.

Eine Konjunktions-Tilgungsregel ist m.E. auch für die in *I.2.3* diskutierten *als*-Phrasen anzusetzen. Wenn man zum Beispiel versucht, in den Kontext *Erfreulicherweise ist Otto gesund, aber --- er krank wäre, wäre er vermutlich weniger frech* Konjunktionen einzusetzen, stellt man fest, daß nur eine hineinpaßt:

(108) Erfreulicherweise ist Otto gesund, aber

+dadurch daß
+als
+da
+weil
+obwohl
+indem
+nachdem
+während
+solange
+bis
+bevor
+damit
wenn

] — er krank wäre, wäre er vermutlich weniger frech.

Da die Konjunktion also kontextuell vollständig determiniert und somit restituierbar ist, ist es vom grammatiktheoretischen Gesichtspunkt her gerechtfertigt und vom sprachökonomischen Gesichtspunkt her nur einleuchtend, daß sie getilgt und der gesamte Nebensatz in eine *als*-Phrase umgewandelt werden kann - in eine Phrase, die losgelöst vom Kontext (wie wir in *I.2.3* gesehen haben) alles mögliche bedeuten kann:

(109) Otto ist erfreulicherweise gesund, aber als Kranker wäre er vermutlich weniger frech.

Ohne den Kontext *Otto ist erfreulicherweise gesund* wären noch folgende Konjunktionen möglich:

(110) Dadurch daß
Da
Weil
Obwohl
Wenn

] — er krank wäre, wäre er vermutlich weniger frech.

Aber auch hierfür lassen sich Kontexte finden, die alle Möglichkeiten bis auf eine ausschließen und damit wieder die Tilgung rechtfertigen.

Mit der vorangegangenen Diskussion über Tilgungsregularitäten in verschiedenen grammatischen Bereichen wollte ich zeigen, daß die von mir postulierte Konjunktions-Tilgungsregel für *gerundio*-Gefüge mit dem allgemeinen Tilgungsgesetz der Transformationsgrammatik "Nur restituierbare Information kann getilgt werden" durchaus im Einklang ist, wenn man das, was die Restituierbarkeit gewährleistet, weiter faßt als bisher üblich, das heißt, wenn man die gesamte Ko- und Kontextinformation mit einbezieht. Dieses Vorgehen scheint auch unabhängig von der *gerundio*-Problematik erforderlich, wenn man zum Beispiel die Regularitäten der oben genannten hochgradig elliptischen Sondersprachen des Telegramms, des Tagebuchs und der Schlagzeilen linguistisch erklären will.

Einen ähnlichen, aber nicht ganz so weitgehenden Vorstoß in der Richtung, den Bereich der theoretisch zugelassenen Restituierbarkeitsgaranten über die bisher etablierten (Referenz- und morphologische Identität) hinaus auszudehnen, hat schon LANG (1977) unternommen. Ihm ging es darum, die Asyndese als eine "hochkonditionierte elliptische Variante der jeweiligen syndetischen Verknüpfung" (p. 73) darzustellen, und er meint, daß bei den akzeptablen Fällen von Asyndese

> der sachliche bzw. aufgrund der allgemeinen Welterfahrung nächstliegende Zusammenhang zwischen den durch die Konjunktbedeutungen repräsentierten Sachverhalten so eindeutig ist, daß seine explizite Postulierung durch eine Konjunktion verzichtbar ist [und daß] im Verständnis die entsprechende Konjunktionsbedeutung suppliert wird und daß sie in linguistischer Hinsicht als restituierbar ('recoverable') gelten muß. (p. 73f)

Mit anderen Worten: LANG behauptet über koordinierende Konjunktionen wie *und*, *aber*, *denn*, daß sie transformationell getilgt werden können, wenn sie kontextuell (das heißt bei ihm: durch die Bedeutungen der beiden in der Oberflächenstruktur asyndetisch verknüpften Konjunkte) vollständig determiniert sind; genau dasselbe möchte ich hier über subordinierende Konjunktionen des Italienischen behaupten, wobei ich allerdings noch einen Schritt weitergehe und nicht nur die subordinierend zusammengefügten Sätze und deren Bedeutungen, sondern auch den Kontext dieser Sätze für die Restituierbarkeit verantwortlich mache.

Nach meiner Auffassung sind also nicht die meisten *gerundio*-Gefüge semantisch vage, sondern die meisten italienischen Adverbialparaphrasen und deutschen Adverbialübersetzungen pleonastisch insofern, als die Konjunktionen dieser Adverbialsätze, um mit LANG zu reden, "explizit Zusammenhänge postulieren", die das jeweilige Satzgefüge durch interne semantische Relationen (vgl. oben *I.2.4*), syntaktische (vgl. *I.2.5*) und lexematische (vgl. *I.2.7*) Indikatoren sowie Gebundenheit an den jeweiligen Kontext (vgl. *I.2.8*) ohnehin schon postuliert. Da sie redundant sind, können also diese Konjunktionen im Italienischen ohne Informationsverlust getilgt werden. Theoretisch könnten sie auch im Deutschen getilgt werden; die Tilgungsoperationen werden hier jedoch durch s y n t a k t i s c h e Zwänge (n i c h t semantische) des deutschen Grammatiksystems verhindert: Partizipialkonstruktionen sind im heutigen Deutsch ab einer gewissen Länge und internen Komplexität eben einfach nicht mehr geläufig; sie wirken zwar nicht direkt ungrammatisch, aber wenig akzeptabel, weil stilistisch entweder holprig oder "literarisch"; vgl. hierzu auch FILIPOVIĆ (1977) und BUNGARTEN (1976).

Die damit entworfene Sicht des Phänomens ist also eine grundsätzlich andere als bei PARISI & CASTELFRANCHI (1976): Die *gerundio*-Gefüge drücken nicht "zu wenig" aus im Vergleich zu ihren kausalen, temporalen und sonstigen Paraphrasen, sondern diese Paraphrasen drücken "zu viel" aus im Vergleich zu den semantisch ökonomischer organisierten *gerundio*-Gefügen. Es ist ja eine bekannte Tatsache, daß das Deutsche ohnehin zu grammatischer Überdeterminiertheit neigt, und dies besonders im Vergleich zum Italienischen. Wir drücken zum Beispiel die Person der Verben immer doppelt aus: durch das Personalpronomen und die Verbendung, wie in *ich singe*, *du singst*, etc.. Das Italienische begnügt sich hier in der Regel mit der Verbendung: *canto*, *canti*. Das Englische und (noch konsequenter) das Dänische begnügen sich mit dem Personalpronomen: *I sing*, *you sing*; *jeg singer*, *du singer*.

Es ließen sich noch viele weitere grammatische Bereiche anführen, wo das Deutsche überdeterminiert ist und andere Sprachen im Vergleich dazu "ökonomischer" sind (Kasusendungen und Lexikon; vgl. MALBLANC (1944)).

Ich sehe also die Beziehung zwischen *gerundio*-Gefügen und Adverbialsätzen ganz ähnlich wie die zwischen dem italienischen *canti* und dem deutschen *du singst*, und die Behauptung, *gerundio*-Gefüge seien vage im Vergleich zu ihren Adverbialparaphrasen, sehe ich ähnlich wie die Behauptung, in dem Satz *Otto hat e. Hund* sei das *e.* vage, weil es ja *ein*, *eine*, *einen*, *einem* oder *eines* bedeuten könne.

Die von mir für *gerundio*-Gefüge postulierte Konjunktions-Tilgunsregel operiert also über Texten und nicht nur über Satzgefügen. Dies allein ist für eine Transformationsregel noch nichts Ungewöhnliches. Auch Pronominalisierungsregeln und die diesen entsprechenden Tilgungsregeln des Italienischen operieren über Texten; vgl.:

(111) /Adesso vi racconto una storia su Mario./$_{S_1}$
... /Leggeva un libro./$_{S_n}$

Die Konjunktions-Tilgungsregel ist jedoch wesentlich komplexer, weil sie sich auf die verschiedensten semantischen und syntaktischen Zusammenhänge bezieht, wie sie zwischen Sätzen in einem Text nun einmal bestehen können, und nicht bloß auf eine so relativ einfach zu isolierende Eigenschaft wie Referenzidentität. Diese semantischen und syntaktischen Zusammenhänge sind darüber hinaus heute noch weitgehend unerforscht. Wahrscheinlich wird man meine Regel niemals in ähnlich stringenter und expliziter Weise formulieren können, wie wir das für die bisher bekannten Tilgungsregeln fordern. Da es sich aber um eine fakultative und nicht um eine obligatorische Tilgungsregel handelt (im Gegensatz etwa zur Tilgung referenzidentischer Nominalphrasen im Italienischen - vgl. oben Beispiel (111) -, ist diese theoretische Einschränkung für den

Output unserer Mehrsprachengrammatik (also für ihre Beschreibungsadäquatheit) unerheblich. Die Regel läßt sich also wie folgt charakterisieren:

In "gerundiablen" adverbialen Satzgefügen (und *e*-Koordinationen) darf die Konjunktions-Tilgungsregel (als Hauptbestandteil der "Transformationsfamilie", deren Output *gerundio*-Konstruktionen sind) immer dann operieren, wenn die Konjunktion semantisch voll determiniert ist.

Erzeugt nun unsere Grammatik ein *gerundio*-Gefüge, also einen Satz mit getilgter Konjunktion, so bedeutet das nichts weiter, als daß er nur in einem Kontext vorkommen kann, der genau die getilgte Konjunktion und keine andere erlaubt. Herauszufinden, w i e dieser Kontext genau zu spezifizieren ist, kann nicht meine Aufgabe sein und ist, wie gesagt, wahrscheinlich grundsätzlich unmöglich. Trotzdem verbleiben für meine Analyse noch mehr als genug interne und "externe" Eigenschaften von *gerundio*-Gefügen, die ihren Teil zu der Überspezifikation beitragen und die zu beschreiben sich lohnt.

Die Annahme einer solchen Regel erklärt auch, wieso die intralinguale Paraphrasierung und die Übersetzung der *gerundio*-Konstruktionen kaum praktische Schwierigkeiten macht und sozusagen mit schlafwandlerischer Sicherheit erfolgt, wenn ein Kontext vorliegt, jedoch bisweilen nicht ganz eindeutig determiniert ist, wenn das *gerundio*-Gefüge aus dem Kontext gerissen wird (allerdings sind solche Fälle gar nicht einmal besonders zahlreich; vielmehr bereitet es Schwierigkeiten, für linguistische Argumentationszwecke losgelöste *gerundio*-Gefüge zu finden, die echt mehrdeutig sind).

TEIL B: EMPIRISCHE ANALYSEN

KAPITEL II: ABSICHT UND MATERIALBASIS DES TEILS B

II.1 Absicht

Im Teil B sollen die definierenden Eigenschaften der instrumtentalen und der modalen *gerundio*-Konstruktionen und ihrer deutschen Entsprechungen herausgearbeitet werden. Es werden also Fragen gestellt wie: Welche semantischen, syntaktischen und pragmatischen Eigenschaften haben instrumentale *gerundio*-Konstruktionen und ihre deutschen Entsprechungen? - Durch welche semantischen, syntaktischen und pragmatischen Eigenschaften unterscheiden sich instrumentale *gerundio*-Konstruktionen und ihre deutschen Entsprechungen von modalen, temporalen, kausalen (etc.) *gerundio*-Konstruktionen und ihren deutschen Entsprechungen? - Gibt es verschiedene Typen von instrumentalen und modalen *gerundio*-Konstruktionen und korrespondierend verschiedene Typen deutscher Entsprechungen? - Die Beantwortung solcher und ähnlicher Fragen ist die Voraussetzung für die Integration italienischer *gerundio*-Gefüge und ihrer deutschen Entsprechungen in unsere Mehrsprachengrammatik.

Diese Mehrsprachengrammatik soll, weil ihre einzelsprachlichen (d.h. deutschen und italienischen) Lexika aus arbeitsökonomischen Gründen nur mit den notwendigsten Lexemen bestückt werden, nur wenige Mustersätze erzeugen können, mindestens aber für jeden *gerundio*-Konstruktionstyp (und Sub-Typ; vgl. oben die letzte Frage) samt einer "idealen" Übersetzung ins Deutsche je ein Beispiel. Es geht im Teil B also unter anderem auch darum, die konstituierenden Merkmale der beiden zunächst ausgewählten *gerundio*-Konstruktionstypen und ihrer deutschen Entsprechungen von den mehr akzessorischen Merkmalen zu trennen, damit es überhaupt möglich wird, bei vertretbarem Arbeitsaufwand schließlich eine komplette und explizite Teilgrammatik für das italienische *gerundio* und seine deutschen Entsprechungen zu erstellen, die immerhin nahezu sämtliche Adverbialsatztypen und dazu noch *und*-Koordinationen, Partizipialkonstruktionen, relative Anschlüsse und nichtrestriktive Relativsätze umfassen muß. Die beiden Anforderungen der Vollständigkeit und Explizitheit bedingen also eine starke Idealisierung und Konzentration der Befunde der empirischen Analyse.

Es ist daher eine weitere wichtige Absicht dieses Kapitels, schon hier ein Gegengewicht zu schaffen für die später vorzunehmende Abstraktion und notwendige Reduktion der sprachlichen Realität. Beobachtungen über interessante, aber nicht unbedingt konstituierende Merkmale der zur Diskussion stehenden Konstruktionen sollen ausführlich besprochen werden. Diese Beobachtungen betreffen vor allem die stilistisch und kontextuell determinierten deutschen Übersetzungsvarianten, also intralinguale deutsche Paraphrasen der "idealen" Übersetzungen für die einzelnen *gerundio*-Konstruktionstypen.

II.2 Materialbasis

II.2.1 Art und Umfang des Belegmaterials

Die Antworten auf die soeben erwähnten Fragen können nur durch eine genaue empirische Analyse einer hinreichend umfassenden Belegsammlung italienischer *gerundio*-Gefüge mitsamt ihren "praktischen" oder selbst angefertigten deutschen Übersetzungen gewonnen werden. "Praktische" Übersetzungen[1] sind konkret vorgefundene, meist von Berufsübersetzern angefertigte Übersetzungen, die selbstverständlich - vom linguistischen Standpunkt aus gesehen - alle möglichen Mängel aufweisen können; zum Beispiel können sie ungenau, holprig oder gar falsch sein. Ähnliche Einschränkungen gelten natürlich für die direkte Verwertbarkeit sowohl der italienischen Originalbelege als auch für die von mir selbst angefertigten Übersetzungen. Ich habe mich für die jeweiligen Übersetzungen, die ja in der Regel Explizierungen der italienischen Originale sind (vgl. oben Kapitel *0.1*), spontan entschieden, sozusagen nur von meinem Sprachgefühl geleitet; der Leser dieser Arbeit wird darauf vertrauen müssen, daß ich meine Sache im großen und ganzen "richtig" gemacht habe - und von "Richtigkeit" kann man bei Übersetzungen ja sowieso nur in einem begrenzten Rahmen sprechen, weil bei der Beurteilung von Übersetzungen das bekanntlich bei verschiedenen Beurteilern oft sehr verschiedene Stilempfinden eine entscheidende Rolle spielt. Es werden in dieser Untersuchung zahlreiche Belege aus meiner Sammlung mitsamt der von mir gewählten Übersetzung vorgestellt, so daß der Leser immerhin Gelegenheit hat, meine Übersetzungsentscheidungen kritisch zu überprüfen.

---

1 Der Begriff 'praktische Übersetzung' stammt von SCHWARZE (1975a). Weitere Erläuterungen über die Bedeutung praktischer Übersetzungen für sprachvergleichende Untersuchungen siehe dort.

Ich habe für meine Zwecke eine Sammlung von 400 *gerundio*-Gefüge-Belegen mitsamt ihren praktischen und/oder selbst angefertigten Übersetzungen zusammengestellt und nach semantischen, syntaktischen und pragmatischen Gesichtspunkten systematisch ausgewertet. Diese 400 Belege, die überwiegend aus zeitgenössischen - sowohl literarischen als auch trivial-literarischen - Prosatexten und aus Zeitungen stammen, stellen den "harten Kern" meines Belegmaterials dar. Um diesen Kern herum bilden ca. 8000 nicht systematisch analysierte, sondern nur in meiner die Arbeit begleitenden Freizeitlektüre jeweils im Text angestrichene Belege eine Art diffuser Randzone, auf die ich hin und wieder zurückgreife. Aus diesem Bereich stammende Belege sind in dieser Arbeit nicht mit Siglen versehen.

Zur Anzahl der Belege: Meine Belegsammlung diente nur rein heuristischen Zwecken: sie sollte mir helfen, mir über meinen Gegenstand besser klar zu werden. Ich sammelte und analysierte (beides gleichzeitig) also genau so lange, bis ich den Eindruck hatte, daß mir die Sache nun einigermaßen klar sei. Das war der Fall, als ich mich der Zahl 400 näherte. Auch rückblickend kann ich jetzt sagen, daß dieser Umfang recht praktisch war: einerseits umfassend genug, daß die wichtigsten Hypothesen sich statistisch erhärten ließen und daß auch "entlegenere", aber mir doch interessant und wichtig erscheinende Beobachtungen gemacht werden konnten, andererseits doch überschaubar genug, daß ich mit der Gesamtheit der Belege durch ständigen Umgang allmählich vertraut werden und sie in ihren wichtigsten Eigenschaften in meinem Gedächtnis speichern konnte, was natürlich die Chance, spontan brauchbare Hypothesen zu bilden, erheblich erhöht.

Andere Autoren mit ähnlicher Thematik sind, was die Belegsammlungen betrifft, sehr unterschiedlich vorgegangen, und ich liege mit meinem Vorgehen etwa in der Mitte. PARISI & CASTELFRANCHI (1976) zum Beispiel haben rein introspektiv gearbeitet und benutzen überhaupt keine Belegsammlung. Die Arbeit von BUNGARTEN (1976) über deutsche Partizipalkonstruktionen stützt sich auf eine Sammlung von 216 Belegen, die statistisch sehr gründlich ausgewertet wurden - m.E. mit großem Gewinn für die verschiedensten Fragestellungen. RATHs Arbeit über deutsche Partizipialkonstruktionen (1971) dagegen stützt sich auf nur 106 Belege - eine Zahl, die zum Beispiel BUNGARTEN (1976: 341f) zu niedrig erscheint; und wenn ich den so viel größeren Erkenntnisgewinn, den die Lektüre von BUNGARTEN (1976) im Vergleich zu der Lektüre von RATH (1971) vermittelt, in Betracht ziehe, neige ich dazu, BUNGARTENs Urteil zuzustimmen. Daß aber eine große Anzahl von verarbeiteten Belegen noch keine Garantie für die Gewinnung linguistischer Einsichten ist, zeigt deutlich die Arbeit von

FILIPOVIĆ (1977), der 5.583 Belege zugrundeliegen und die trotz solider statistischer Bearbeitung dem Vergleich mit BUNGARTEN in keiner Hinsicht standhält (vgl. hierzu unten *III.5*).

II.2.2 Auswertung des Belegmaterials

Die Analyse meiner 400 italienischen Beispielsätze wurde zu einem Zeitpunkt durchgeführt, als ich noch völlig unter dem Einfluß der von P&C inspirierten Arbeitshypothese stand, daß das *gerundio* vage sei. Meine spontanen Entscheidungen, die jeweiligen *gerundio*-Konstruktionen einmal mit einem *und*-Konjunkt, dann wieder mit einem *indem*- oder *während*-Satz etc. zu übersetzen, hielt ich für die empirisch faßbaren Beweise für die Existenz einer Übersetzerkompetenz im Sinne des von P&C angenommenen "MEC", deren Arbeitsweise es zu erforschen galt. Da sowohl P&C als auch die meisten italienischen Grammatiken - für den muttersprachlichen wie für den Fremdsprachenunterricht - die verschiedenen Bedeutungen des *gerundio* erwähnen, ohne anzugeben, wann ein *gerundio* nun welche Bedeutung hat bzw. wann es wie zu paraphrasieren oder zu übersetzen ist, machte ich mich selbst an die Aufgabe, aus meinem Belegmaterial die linguistisch faßbaren Korrelate für meine jeweiligen intuitiven Übersetzungsentscheidungen herauszupräparieren. Dabei bin ich folgendermaßen vorgegangen:

(A) Vorarbeiten/Einzelanalyse

(a) Übertragung des Beispiels auf eine Randlochkarte, gegebenenfalls mit der zugehörigen praktischen Übersetzung

(b) Übersetzung des Beispiels ins Deutsche und Ablochen des gewählten eigenen und gegebenenfalls des praktischen Übersetzungstyps unter Berücksichtigung von Übersetzungsvarianten. Es kam also durchaus vor, daß bei einem Beispiel mehr als ein Übersetzungstyp abgelocht wurde. Dabei ist 'Übersetzungstyp' noch ganz oberflächensyntaktisch definiert: Ein italienisches *gerundio*-Gefüge gehört dann zum Übersetzungstyp "indem" bzw. "während" bzw. "und", wenn seine *gerundio*-Konstruktion durch eine mit *indem/während/und* eingeleitete Konstruktion ins Deutsche übersetzt wurde.

(c) Ablochen aller "relevanten" syntaktischen, semantischen und pragmatischen Eigenschaften des Beispiels

(d) Anlegen einer Sichtlochkarte für jede als relevant befundene und abgelochte Eigenschaft. Auf den Sichtlochkarten Ablochung aller Beispiele, die die jeweilige Eigenschaft besaßen (die Belege wurde zu diesem Zweck durchnumeriert).

(B) Statistische Analyse

Nach Abschluß der Einzelanalyse konnten mit Hilfe der Sichtlochkarten die Kombinationshäufigkeiten der Merkmale ermittelt werden. Dabei interessierten mich, entsprechend meiner Arbeitshypothese zum Zeitpunkt der

Durchführung der Analyse (s.o.), vor allem zwei Fragen:

(a) Welche syntaktischen, semantischen oder pragmatischen Eigenschaften begünstigen einen bestimmten Übersetzungstyp?

(b) Welche syntaktischen, semantischen oder pragmatischen Eigenschaften beeinträchtigen oder blockieren die Wahl eines bestimmten Übersetzungstyps?

Auf diese beiden Fragen ergaben sich zum Teil sehr interessante Antworten, wie etwa:

> "1333% der statistisch erwartbaren Relativsatzübersetzungen wurden realisiert, wenn das *gerundio* zwischen Subjekt und finitem Verb stand."
>
> "Nur 14% der statistisch erwartbaren Übersetzungen mit *indem* wurden realisiert, wenn das *gerundio* vor dem Subjekt und dem finiten Verb stand."
>
> "Nur 30% der statistisch erwartbaren Übersetzungen mit *wobei* wurden realisiert, wenn das Bezugssatzverb im Präsens stand."

Wie gesagt, wurde die gesamte Analyse unter dem Einfluß einer inzwischen als falsch erkannten Arbeitshypothese durchgeführt. Das macht die Analyse aber keineswegs unbrauchbar: Immerhin haben die auf ihr basierenden Beobachtungen, von denen einige im Kapitel *I* vorgeführt wurden, auch zur Korrektur der falschen Ausgangshypothese beigetragen, und die weiteren auf ihr basierenden Beobachtungen werden die gesamte Argumentation dieses Teils B stützen. (Welche Eigenschaften der Belege ich wie und warum als relevant ermittelt habe, will ich aber nicht hier *en bloc* vorführen, sondern an den Stellen dieses Kapitels, wo es sich durch den jeweiligen Diskussionszusammenhang als notwendig oder passend erweist.) Die neu erarbeitete Sicht des Phänomens *gerundio* hat für die Interpretation der Analyseresultate lediglich folgende zwei Konsequenzen:

(1) Die Statistik spielt jetzt nur noch eine geringe Rolle. Sie dient nicht mehr vorrangig dem Auffinden von Regularitäten, sondern fast ausschließlich zur Bestätigung von Gesetzmäßigkeiten, die mit anderen als statistischen Mitteln, nämlich mit den Mitteln spezifisch linguistischer Interpretation, aufgedeckt wurden. Dazu nur ein Beispiel: Die in *I.2.7* diskutierten *gerundio*-Konstruktionen mit *come* fallen statistisch nicht ins Gewicht. Unter den 400 Belegen traten nur 2 mit *come* auf. Für die spezifisch linguistische Beweisführung sind sie aber, wie wir gesehen haben, außerordentlich relevant.

(2) Die verschiedenen Übersetzungstypen werden nicht mehr alle als isoliert und gleichrangig nebeneinanderstehend betrachtet, sondern einige von ihnen werden als Realisierungen "idealer Übersetzungen" behandelt werden, andere als deren kontextuell oder stilistisch determinierte Varianten. Zum Beisiel hatte ich beim Ablochen einen Übersetzungstyp "Partizipialkonstruktion" vorgesehen und hatte ursprünglich vor, alle Merkmale (statistisch untermauert) aufzuzählen, die diesen Übersetzungstyp begünstigen bzw. die seine Wahl beeinträchtigen oder verhindern, und damit sollte die linguistische Erklärung dieser Über-

setzungsrelation im wesentlichen abgeschlossen sein. Für eine grammatische Darstellung, die alle *gerundio*-Gefüge auf zwei durch AGGIUNTA (oder ein ähnliches Prädikat) verbundene Sätze zurückführt, kann es auch kaum einen anderen Weg zur Erklärung der verschiedenen Übersetzungstypen geben.
Nun aber werden deutsche Partizipialkonstruktionen als "ideale Übersetzungen" modaler *gerundio*-Konstruktionen erscheinen (vgl. *Franco geht schleppend*). Eine häufige, stilistisch bedingte Variante für diese ideale Übersetzung sind *und*-Koordinationen, die selbst wieder die ideale Übersetzung für koordinative *gerundio*-Konstruktionen sind. Außerdem können Partizipialkonstruktionen aber auch Übersetzungsvarianten der idealen Übersetzungen temporaler *gerundio*-Konstruktionen sein; vgl.:

(1) Morendo mi diede un bicchiere di vino.

Ideale Übersetzung:
Als er starb, gab er mir einen Becher Wein.

Variante der idealen Übersetzung:
Er gab mir sterbend einen Becher Wein.

Aus vielen unverbunden nebeneinander stehenden Übersetzungstypen, die nur mittels statistischer Wahrscheinlichkeiten erklärt werden können, wurden also dank der neu gewonnenen Perspektive eines ambigen *gerundio* wenige Hierarchien "ausgezeichneter", "idealer" Übersetzungen mit ihren zugehörigen stilistisch und kontextuell bedingten Varianten. So entstand ein, wie ich meine, viel weniger oberflächenorientiertes und insgesamt eindeutig erklärungsadäquateres System - nicht nur für die Verhältnisse im Italienischen, die wir ja bisher fast ausschließlich betrachtet haben, sondern vor allem auch für das Deutsche und damit für die Übersetzungsrelationen zwischen den beiden hier behandelten Grammatikausschnitten.

KAPITEL III: DIE BEGRIFFE 'INSTRUMENTAL' UND 'MODAL' UND IHRE VERFILZUNG

III.1 Vorbemerkung

In diesem Kapitel werde ich instrumentale und modale *gerundio*-Konstruktionen gemeinsam behandeln. Ich halte sie auch für begrifflich zusammengehörig, obwohl sich eindeutige Unterschiede zwischen den beiden Konstruktionstypen feststellen lassen. Hier geht es mir zunächst darum, die begriffliche Verwirrung darzustellen, die in den grammatischen Beschreibungen vor allem der deutschen Entsprechungen dieser beiden Konstruktionstypen herrscht, und zwar um indirekt zu zeigen, daß eine Begriffsklärung sowohl dringend notwendig als auch schwierig ist. Darüber hinaus gebe ich anhand einiger Beispiele vorläufige Hinweise auf die wesentlichsten Unterschiede und Übereinstimmungen zwischen instrumentalen und modalen "Angaben" (ich wähle hier den allgemeinen Terminus *Angabe*, weil ich mich in der folgenden Diskussion nicht nur auf instrumentale und modale *gerundio*-Konstruktionen und ihre deutschen Entsprechungen beschränken kann, wenn eine linguistisch brauchbare Erklärung zustandekommen soll). Das Kapitel schließt mit einer kritischen Analyse der Behandlung der sogenannten "modalen" Partizipialkonstruktionen bei FILIPOVIĆ (1977).

III.2 Unterschiede zwischen instrumentalen und modalen *gerundio*-Konstruktionen

Zur Einführung in die Problematik möchte ich wieder auf PARISI & CASTELFRANCHI (1976) zurückgreifen. Sie sprechen frischweg von "instrumentalen" und "modalen" *gerundio*-Konstruktionen - woraus man schließen kann, daß sie keinen Zweifel darüber hegen und einfach voraussetzen, daß es sich dabei auch wirklich um zwei verschiedene Dinge handelt. Ihre beiden Beispiele sind:

(2) instrumental: Lo ha ucciso dandogli un pugno.

(3) modal: Franco camminava trascinando i piedi.

Ich stimme P&C in der Beurteilung und Einordnung dieser beiden Beispiele völlig zu: Auch ich meine, daß instrumentale und modale *gerundio*-Konstruktionen "verschiedene Dinge" sind, und ich meine wie P&C, daß (2) ein typisches Beispiel für ein instrumentales und (3) ein typisches Beispiel für ein modales *gerundio*-Gefüge ist. Aber diese intuitive Zuordnung sollte auch begründet werden, wozu ich im folgenden einige Ansätze vorführen werden, die in *IV* und *V* vertieft werden sollen.

Wenn (2) und (3) nicht "irgendwie verschieden" wären, dann müßten sie gleiche Resultate zeitigen, wenn man sie den gleichen Tests unterzieht. Das ist aber nicht der Fall. (Unter 'Test' verstehe ich dabei die Umwandlung in bedeutungsähnliche, aber nicht unbedingt bedeutungsgleiche Sätze - also Transformationen im Sinne von HARRIS; vgl. dazu auch die Testbatterien in BARTSCH (1972) und BRENNENSTUHL (1975).)

Einen wichtigen Test kennen wir schon von P&C: die Umwandlung des *gerundio*-Gefüges in eine Koordination mit *e*. P&C führen diesen Test mit folgendem Ergebnis durch:

(2.1) Gli ha dato un pugno e lo ha ucciso.

(3.1) Franco camminava e trascinava i piedi.

Den auffälligen Umstand, daß sie bei der Umwandlung von (2) in (2.1) die ursprüngliche Reihenfolge der beiden in dem *gerundio*-Gefüge enthaltenen Propositionen vertauschen mußten, um ein akzeptables Resultat zu bekommen, kommentieren P&C mit keinem Wort. Hätten sie, wie bei der Umwandlung von (3) in (3.1), die ursprüngliche Reihenfolge der Propositionen beibehalten, so wäre ein Satz entstanden, der ausgesprochen eigenartig wirkt, weil er die Wirkung vor der Ursache nennt (was bei *e*-Koordinationen eben ganz unnormal ist):

(2.2) ??Lo ha ucciso e gli ha dato un pugno.

Während also P&C dem offenbar wichtigen Kriterium der Umkehrbarkeit keine Beachtung schenken, macht zum Beispiel FRANÇOIS dieses Kriterium in seiner Untersuchung "Französische Gerundialkonstruktionen und deutsche 'biprädikative Verben'" (1974) zum Ausgangs- und Angelpunkt seiner Analyse. Zwar bin ich mit FRANÇOIS' Konklusionen nicht ganz einverstanden (darüber mehr auf S. 158), aber ich meine wie er, daß die Umkehrbarkeit ein wichtiges Kriterium bei der Klassifikation von Gerundialkonstruktionen ist, über das man nicht einfach wortlos hinweggehen sollte.

Auch bei der Umwandlung in Finalsatzgefüge zeigen (2) und (3) ein verschiedenes Verhalten:

(2.3) Gli ha dato un pugno per ucciderlo.

(3.2) ??Franco trascinava i piedi per camminare.

Satz (2.3) ist vollkommen akzeptabel; Satz (3.2) ist kaum akzeptabel.

Die beiden Tests (Umwandlung in eine Koordination mit *e* und Umwandlung in ein Finalsatzgefüge) haben also unserer Intuition, daß es sich bei Instrumental- und Modalsätzen um zwei verschiedene Dinge handelt, vorläufig recht gegeben. Nun sollen demgegenüber die Gemeinsamkeiten der beiden Konstruktionen besprochen werden, die zu der oben erwähnten Begriffsverwirrung geführt haben.

III.3 Übereinstimmungen zwischen Instrumental- und Modalangaben

1) Sowohl instrumentale als auch modale *gerundio*-Konstruktionen werden, genau wie ihre deutschen Entsprechungen, durch *come* bzw. *wie* erfragt:

(4.1) Come lo ha ucciso?
Lo ha ucciso dandogli un pugno.

(5.1) Come camminava Franco?
Franco camminava trascinando i piedi.

(4.2) Wie hat er ihn getötet?
Er hat ihn getötet, indem er ihm einen Faustschlag versetzte.

(5.2) Wie ging Franco?
Franco ging schleppend.

Leider hat aber das Interrogativpronomen *wie* (*come*) überhaupt die Eigenschaft, auf grammatisch durchaus heterogene Elemente anwendbar zu sein, die man als Linguist sicher nur ungern in einen Topf werfen möchte. Daß man im Deutschen mit *Wie?* sowohl nach der Uhrzeit als auch nach dem Namen oder dem Befinden fragen kann (*Wie spät ist es?*, *Wie heißt du?*, *Wie geht es dir?*), wollen wir hier einmal außer acht lassen, aber auch die anderen Antworten auf eine mit *wie* eingeleitete Frage werden in traditionellen und modernen linguistischen Arbeiten meist sehr verschiedenen syntaktischen und semantischen Klassen zugeordnet; vgl.:

(6) Wie sind sie nach Hause gefahren? —
- Gemeinsam.
- Mit dem Auto.
- Mit Vollgas und Donnergetöse.
- Volltrunken.
- Über Pinneberg.
- Ohne haltzumachen.
- Obszöne Lieder singend.
- Sehr schnell.

(7) Wie hat sie geantwortet? —
- Ohne mich anzusehen.
- Prompt.
- Falsch.
- Negativ.
- Hastig.
- Mit einem Kopfnicken.
- Indem sie mit dem Kopf nickte.
- Mit leiser Stimme.
- Mit abgewandtem Gesicht.
- Beleidigend.
- Außerordentlich niedergeschlagen.

Mit dem Auto wird traditionell als Umstandsbestimmung des Mittels bezeichnet und von der Kasustheorie dem Instrumentalkasus zugeordnet. Ausdrücke wie *volltrunken* und *außerordentlich niedergeschlagen* sind laut RATH (1972) in der bisherigen Forschung stiefmütterlich behandelt worden; er selbst nennt sie "temporalisierte Adjektive" und führt sie auf Temporalsatzgefüge zurück (*Sie waren volltrunken, als sie nach Hause fuhren.*). In der lateinischen Schulgrammatik gelten sie als "prädikative Adjektive" (*Caesar maestus/*$^+$*maeste in litore sedebat*). P&C rücken solche "aggettivi in funzione avverbiale" in die Nähe des *gerundio*. *Über Pinneberg* realisiert laut BENNET (1970) den Kasus "Path". *Obszöne Lieder singend, ohne haltzumachen* und *ohne mich anzusehen* beschreiben Begleithandlungen bzw. Begleitumstände der Haupthandlung. *Falsch* ist eine Bewertung des Resultates der Handlung 'antworten'; *beleidigend* beschreibt eine Wirkung dieser Handlung; *mit einem Kopfnicken* kann entweder eine Begleithandlung oder eine Realisation der Haupthandlung bezeichnen (vgl. *Ihre Antwort war ein Kopfnicken.*). *Indem sie mit dem Kopf nickte* kann - zumindest für mein Sprachgefühl (doch vgl. unten die Kritik an STOJANOVA-JOVČEVA und FILIPOVIĆ) - nur letztere Bedeutung haben. Modale Adverbien im strengen Sinn sind wahrscheinlich nur *sehr schnell* und *hastig*, die den V o r g a n g des Fahrens bzw. Antwortens selbst charakterisieren (vgl. BARTSCH 1970) und die auch prädikativ/attributiv auf diesen angewendet werden können (*schnelles Fahren, hastiges Antworten*).

Weitere mögliche syntaktische und semantische Charakterisierungen der obigen Beispiele will ich hier nicht vorbringen. Der skizzenhafte Überblick zeigt m.E. deutlich genug, daß das "modale" Interrogativpronomen *wie* sehr unterschiedliche Dinge unter einen Nenner bringt - Dinge, die sicher auch etwas gemeinsam haben: All diese "modalen Ergänzungen" sind "Charakterisierungen" des Vorgangs (oder Zustands), den der Hauptsatz beschreibt, allerdings bezogen auf sehr unterschiedliche Aspekte (Resultat, Durchführung, Begleitumstände und anderes mehr).

Ich vermute, daß die "Verfilzung der Begriffe 'instrumental' und 'modal'", die ich gleich genauer darstellen will, eng damit zusammenhängt, daß instrumentale wie modale Angaben beide durch *wie* erfragt werden können, weshalb man sie beide in das große und unklar definierte Sammelbecken der "Umstandsbestimmungen der Art und Weise" zu werfen pflegt. Ich werde in *IV.3.1* zu zeigen versuchen, daß man die beiden Begriffe auf demselben Wege, auf dem sie verfilzt wurden, auch wieder entfilzen kann, nämlich auf dem Wege über das Interrogativpronomen *wie*.

2) Auf eine weitere Ähnlichkeit zwischen instrumentalen und modalen *gerundio*-Konstruktionen habe ich bereits in *I.2.6* hingewiesen: Beide erlauben keine Negation des Bezugssatzes, im Gegensatz zu allen anderen Typen von *gerundio*-Konstruktionen.

3) Die deutsche Konjunktion *indem* kann sowohl Instrumental- als auch Modalsätze einleiten. Für mein Sprachgefühl ist der modale Gebrauch von *indem* zwar im Gegensatz zu dem instrumentalen sehr restringiert, aber es gibt doch etliche Belege dafür (vgl. STOJANOVA-JOVČEVA 1976), und einige Modalsätze mit *indem* sind für mich auch voll akzeptabel:

(8) instrumental: Er beleidigte sie, indem er ihr den Rücken zukehrte.

(9) modal: Sie erklomm, indem sie beständig ächzte und fürchterlich stöhnte,/ beständig ächzend und fürchterlich stöhnend / unter beständigem Ächzen und fürchterlichem Stöhnen die steile Treppe des Glockenturms.

4) Einige deutsche *mit*- und einige italienische *con*-Phrasen können sowohl instrumental als auch modal interpretiert werden:

(10) Mi rispose con un sorriso.

(11) Er antwortete mir mit einem Lächeln.

Die Lesart 'Seine Antwort bestand in einem Lächeln' halte ich für instrumental, die Lesart 'Er antwortete mir (mit irgendwelchen Worten) und lächelte außerdem' halte ich für "modal".

III.4 Die Behandlung instrumentaler und modaler Konstruktionen in deutschen Grammatiken

Zur Einführung in die Begriffsverfilzung möchte ich zwei Definitionen aus der 3. Auflage der Dudengrammatik zitieren und kritisieren. Über Modalsätze heißt es dort (Dudengrammatik 1973: 754):

> Der Modalsatz gibt an, w i e sich der im Hauptsatz genannte Sachverhalt, das dort genannte Geschehen oder Sein, vollzieht. (Er verabschiedete sich von mir, indem er mir freundlich zunickte. [...]) [meine Hervorhebung]

Über Instrumentalsätze heißt es (p. 751):

> Der Instrumentalsatz gibt das Mittel an, durch das der im Hauptsatz genannte Sachverhalt eintritt, sich vollzieht. (Er verdiente seinen Lebensunterhalt damit, daß er in den Hinterhöfen musizierte.)

Nach diesen Definitionen sind also Instrumentalsätze eine Unterklasse der Modalsätze, denn wenn man "das Mittel angibt, durch das der im Hauptsatz genannte Sachverhalt sich vollzieht" (= Instrumentalsatz), so gibt man damit doch wohl zweifellos zugleich an, " w i e sich der im Hauptsatz genannte Sachverhalt vollzieht" (= Modalsatz). Eine solche Auffassung ist, wie ich noch zeigen werde, auch durchaus plausibel; nur wird sie erstens in der Dudengrammatik nicht explizit gemacht (man bekommt vielmehr den Eindruck, es handle sich um zwei völlig distinkte Nebensatzklassen), zweitens wird als Beispiel für einen Modalsatz ein Satz angeführt (*Er verabschiedete sich von mir, indem er mir freundlich zunickte.*), der ebensogut als ein Beispiel für einen Instrumentalsatz hätte stehen können (denn war nicht das freundliche Zunicken das Mittel, mit dem die Verabschiedung vollzogen wurde?), und drittens wird als Beispiel für einen Instrumentalsatz ein Satz angeführt (*Er verdiente seinen Lebensunterhalt damit, daß er in den Hinterhöfen musizierte.*), der ebensogut (jedenfalls nach der unklaren Definition der Dudengrammatik) als ein Beispiel für einen Modalsatz hätte stehen können (denn ist nicht das Musizieren in den Hinterhöfen die Art und Weise, w i e sich das Verdienen des Lebensunterhalts vollzieht?).

Eine sehr eindrucksvolle (um nicht zu sagen: entmutigende) Schilderung der Verfilzung liefert die Einleitung des Aufsatzes "Der *indem*-Satz in der deutschen Gegenwartssprache" von STOJANOVA-JOVČEVA (1976), die ich hier in voller Länge zitieren möchte, einmal um zu demonstrieren, daß die von mir angestrebte Begriffsklärung wirklich ein großes Desiderat ist, zum andern, um den "grammatiktheoretischen" Hintergrund darzustellen, der m.E. mitverantwortlich ist für die unzulängliche Darstellung sogenannter "modaler" Partizipialkonstruktionen des Deutschen in der (allerdings überhaupt schwachen) Arbeit von FILIPOVIĆ (1977), die ich in *III.5* besprechen will.

STOJANOVA-JOVČEVA schreibt also:

> Über die *indem*-Sätze ist in den Grammatiken auffallend wenig enthalten. Schulz/Griesbach zum Beispiel, die sich ausführlich mit fast allen anderen Konjunktionen beschäftigen, bestimmen die *indem*-Sätze als "modale Gliedsätze"[2] mit der einzigen näheren Erläuterung, daß sie erklären, "auf welche Art und Weise der Sachverhalt im Hauptsatz zustandekommt"[3]. Erben bemerkt in einem einzigen Satz, daß die *indem*-Sätze solche Sätze sind, "die Mittel und Begleitumstände des Hauptsatzgeschehens charakterisieren"[4]. Flämig ordnet die *indem*-Sätze in die Gruppe der Modalsätze ein, die jedoch bei ihm

Fußnoten siehe S.70

in einige Untergruppen gegliedert ist, so daß die *indem*-Sätze in der Untergruppe der "Modalsätze im engeren Sinne"[5] zu finden sind. Unter "Modalsatz im engeren Sinne" versteht Flämig Nebensätze "mit dem Wert einer Modalbestimmung", die angeben, "in welcher Weise, durch welche Mittel, unter welchen Begleitumständen sich das Geschehen des tragenden Satzes vollzieht"[6]. Wenn eine Betonung des Mittels mit dem Nebensatz bezweckt wird, so spricht Flämig von Instrumentalsätzen, die auch durch die Konjunktion *indem* eingeleitet werden können.[7] Ähnlich wie in der Kleinen Enzyklopädie werden die *indem*-Sätze von Helbig/Buscha[8] bestimmt. Unter "Instrumentalsatz" verstehen die Autoren solche Nebensätze, die das Mittel angeben, "mit dem ein bestimmter Erfolg erzielt wird"[9]. Korrelate zu *indem* seien "unüblich"[10]. Jung stellt fest, daß durch *indem* "rein modale und instrumentale Verhältnisse"[11] ausgedrückt werden können. Die Konjunktion sei auch als Einleitung für solche Nebensätze gebräuchlich, die einen begleitenden "Umstand"[12] ausdrücken. In der Duden-Grammatik wird *indem* unter zwei Gruppen aufgeführt: einmal als Konjunktion, die "modal im engeren Sinne"[13] sei, und zum zweiten unter "Instrumental (Kennzeichnung des Mittels)"[14]. In der zweiten Auflage der Duden-Grammatik wurde die Konjunktion auch noch als Temporalsätze einleitende Konjunktion genannt, und zwar unter "Gleichzeitigkeit"[15]. Bedeutend ausführlicher beschäftigt sich mit dem *indem*-Satz Behaghel. Als einziger weist er darauf hin, daß bei gleichem Subjekt im Haupt- und Nebensatz die beiden Sätze in einem zeitlichen Verhältnis oder in zeitlichem und sachlichem Verhältnis zueinander stehen; "dadurch, daß das eine geschieht, geschieht zugleich das andere"[16]. Behaghel weist auch auf eine Überschneidung zwischen Instrumentalsätzen und Kausalsätzen hin.[17] Dies wird später in der Duden-Grammatik wieder aufgenommen.[18]
Alle diese Hinweise zum *indem*-Satz sind jedoch allgemeinen Charakters und werden nicht anhand konkreten Belegmaterials bewiesen.

Immer wieder tauchen in diesen Definitionen die Ausdrücke *Art und Weise*, *Mittel/Instrument* und *Begleitumstand* auf, und ich bin auch der Meinung, daß man mit diesen Wörtern durchaus die drei wichtigsten Unterscheidungen bezeichnen kann, die im Bereich des hier zur Diskussion stehenden Grammatikausschnitts, sowohl für das Deutsche wie für das Italienische, zu treffen

---

2 D. Schulz/H. Griesbach, Grammatik der deutschen Sprache, München 1962, S.273
3 D. Schulz/H. Griesbach, ebenda.
4 J. Erben, Deutsche Grammatik. Ein Abriß, München 1972, S. 210.
5 Kleine Enzyklopädie. Die deutsche Sprache, Bd. 2, Leipzig 1970, S. 970.
6 Kleine Enzyklopädie, ebenda.
7 Kleine Enzyklopädie, ebenda.
8 G. Helbig/J. Buscha, Deutsche Grammatik, Leipzig 1972, S. 417.
9 G. Helbig/J. Buscha, ebenda, S. 585.
10 G. Helbig/J. Buscha, ebenda.
11 W. Jung, Grammatik der deutschen Sprache, Leipzig 1971, S. 69.
12 W. Jung, ebenda, S. 70.
13 P. Grebe, Der Große Duden, Bd. 4, Grammatik der deutschen Gegenwartssprache, Mannheim/Wien/Zürich 1973, S. 321.
14 P. Grebe, ebenda, S. 322.
15 P. Grebe, Mannheim 1966, S. 335.
16 O. Behaghel, Deutsche Syntax, Bd. 1-4, Heidelberg 1923 bis 1932, Bd. III, S. 191.
17 O. Behaghel, ebenda, S. 191 f.
18 P. Grebe, Mannheim 1966.

sind. Was jetzt "nur" noch fehlt, ist die sinnvolle Ordnung dieser Begriffe zu einem System, das geeignet ist, unsere intuitiven Einsichten sowohl über die Unterschiede als auch über die Übereinstimmungen zwischen den besprochenen (und den noch zu besprechenden) Sätzen widerzuspiegeln. Ich werde im folgenden für ein System plädieren, wie es unter (12) dargestellt ist, und werde meine Auffassung in den Kapiteln *IV* und *V* ausführlich begründen.

(Das System dient einzig und allein dem Zweck, die Beziehungen zwischen instrumentalen und modalen *gerundio*-Konstruktionen und ihren deutschen Entsprechungen zu klären. Über sonstige sogenannte "Umstandsbestimmungen der Art und Weise" - zum Beispiel Vergleichssätze (*Sie ist so schön, wie es ihre Mutter im gleichen Alter war*; Dudengrammatik 1973: 754 s.v. *Modalsatz*) - will ich damit grundsätzlich keine Aussagen machen, obwohl sie sich vielleicht gut einfügen lassen.)

(12)

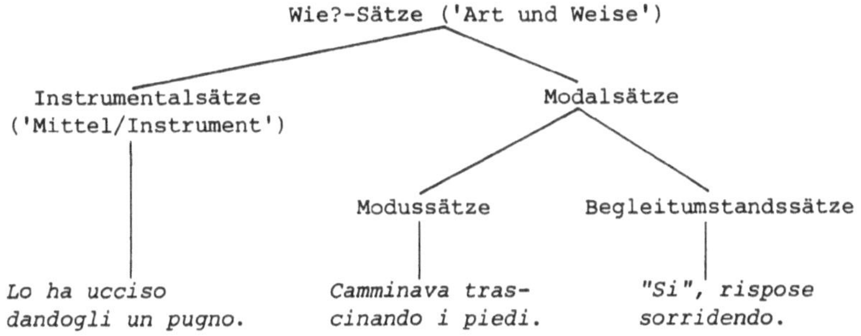

Die Benennungen in diesem hierarchischen System sind vielleicht nicht immer ganz glücklich gewählt (zum Beispiel bin ich mit den Termini *Modussatz* und *Modalsatz* auch nicht besonders zufrieden; die anderen scheinen mir aber das Gemeinte einigermaßen klar zu bezeichnen), aber es kommt auch nicht so sehr auf die Namen an. Wichtig sind mir vor allem die Beziehungen in diesem System. Die Begriffsverwirrung in den Grammatiken ist zum Teil darauf zurückzuführen, daß diese Hierarchie nicht durchschaut oder zumindest nicht explizit gemacht wurde. Für *Wie*?-Sätze finden wir die Bezeichnungen *Umstandssatz der Art und Weise* und *Modalsatz*, für Instrumentalsätze die Bezeichnungen *Umstandssatz der Art und Weise*, *Modalsatz* und *Instrumentalsatz*, für die Modalsätze die Bezeichnungen *Umstandssatz der Art und Weise*, *Modalsatz (im engeren Sinne)* sowie *Modalsatz, der einen Begleitumstand bezeichnet*, usw. ... Überspitzt formuliert, ist dieses Vorgehen einer Kategorisierung vergleichbar, in der Katzen wahllos einmal als Säugetiere, einmal als Hunde und schließlich auch noch als Katzen bezeichnet werden, wobei jedoch nicht klar gemacht wird, daß die Begriffe 'Katze' und 'Säugetier' verschiedene In- und Extensionen haben.

III.5 Die Darstellung modaler Partizipialkonstruktionen des Deutschen bei FILIPOVIĆ (1977)

Der Gegenstand von FILIPOVIĆs Arbeit *Die Partizipialkonstruktionen in der deutschen dichterischen Prosa von heute* (1977) ist für mich aus zweierlei Gründen interessant: Erstens sind die deutschen Partizipialkonstruktionen als grammatisches Phänomen wegen ihrer Inexplizitheit genau so vertrackt wie italienische *gerundio*-Konstruktionen - ich hätte also die ganze Diskussion des Kapitels I über die Frage der Ambiguität oder Vagheit genausogut anhand deutscher Partizipialkonstruktionen führen können. Zweitens sind einige deutsche Partizipialkonstruktionen akzeptable Übersetzungen für italienische *gerundio*-Konstruktionen. In unserem derzeitigen Zusammenhang interessiert mich vor allem die Frage, welche Kriterien FILIPOVIĆ dafür anführt, daß sie bestimmte deutsche Partizipialkonstruktionen als "modal" klassifiziert. Ihre Definitionskriterien lauten:

> [...] werden wir jene Fügungen in die modalen Konstruktionen einordnen, die sich auf das Verb beziehen, d.h. die die Art und Weise kennzeichnen, wie die Handlung verläuft. (p. 188)
>
> Die Fragen für die modalen Konstruktionen sind:
>
> Wie tat es das Substantiv?
> Wie war die Handlung?
> Wie geschah das? (p. 189)
>
> Die Konjunktion bei der Umformung ist *indem*. (p.189)

Mehr Kriterien werden nicht genannt, und kein weiteres präzisierendes Wort findet sich über diese Kriterien. Sie sind zum Teil von Definitionen des Begriffs 'modal' in deutschen Grammatiken (*Duden* 1959, JUNG 1971) inspiriert - und nach der obigen Diskussion über die Beiträge der Grammatiken zu unserer Frage verwundert nun FILIPOVIĆs Mangel an Präzision auch nicht weiter. Das dritte Kriterium (Umformbarkeit in einen *indem*-Satz) ist von RATH (1971) entlehnt und, wie wir gleich sehen werden und wie ich bereits oben unter *III.3.3*) festgestellt habe, mehr als fragwürdig insofern, als nur ganz wenige deutsche Partizipialkonstruktionen in wirklich geläufige *indem*-Sätze umgeformt werden können.

Leider stimmen FILIPOVIĆs drei Kriterien nicht mit ihren Daten überein. Sie scheint ja überhaupt nur Handlungs- und Ereignissätze als Bezugssätze vorzusehen (vgl. oben "die Art und Weise, wie die H a n d l u n g verläuft", "Wie t a t es das Substantiv?", etc.). Vier ihrer insgesamt 22 Beispielsätze beschreiben aber weder Handlungen noch Geschehnisse, und deren Partizipialkonstruktionen sind auch unmöglich in *indem*-Sätze umformbar; vgl. etwa:

(13) In einem flachen Trichter, zur Seite gesackt, lag qualmend der Panzer.

(14) +In einem flachen Trichter, indem er zur Seite gesackt war, lag qualmend der Panzer.

FILIPOVIĆ geht es bei diesem Beispiel nur um die perfektivische Partizipialkonstruktion *zur Seite gesackt*. Aber auch die präsentische modale Partizipialkonstruktion *qualmend* kann nicht in einen *indem*-Satz umgeformt werden:

(15) +In einem flachen Trichter lag, indem er qualmte, der Panzer.

Auf andere von FILIPOVIĆs Beispielen trifft wohl zu, daß von der Partizipialkonstruktion "gekennzeichnet wird, wie die Handlung verläuft", aber sie sind nicht durch *indem*-Sätze paraphrasierbar:

(16) Jeder von uns wird sich daran erinnern, wie sie den glatten, unverzierten Deckel abhoben, *zaudernd*, umständlich, so als fürchteten sie selbst, etwas anderes in dem Sarg zu finden als ihren Toten.

(17) +Jeder von uns wird sich daran erinnern, wie sie den glatten, unverzierten Deckel abhoben, *indem sie zauderten*, umständlich, so als fürchteten sie selbst, etwas anderes in dem Sarg zu finden als ihren Toten.

(18) Er unterbrach sich, starrte sie jetzt an, *hilfesuchend*, aber selbstverständlich, ein graziöser, schüchterner Bettler.

(19) +Er unterbrach sich, starrte sie jetzt an, *indem er Hilfe suchte*, aber selbstverständlich, ein graziöser, schüchterner Bettler.

Fazit: Die Kriterien von FILIPOVIĆ (1977) sind viel zu allgemein und ungenau und decken sich überdies nicht mit ihren Daten. Trotzdem halte ich ihre Zuordnungen für plausibel, das heißt, ich meine auch, daß sämtliche von ihr angeführten Beispiele "modal" sind. Ich würde sie nach meinem obigen Schema (*III.4*) als Modalsätze klassifizieren, die meisten als Modussätze und einige als Begleitumstandssätze. Die Zuordnungen von PARISI & CASTELFRANCHI (1976) fand ich auch plausibel; es fehlte nur deren Begründung. Hier bei FILIPOVIC gibt es zwar Begründungen, aber sie sind entweder unzureichend oder falsch.

KAPITEL IV: INSTRUMENTALE *gerundio*-KONSTRUKTIONEN UND IHRE DEUTSCHEN ENTSPRECHUNGEN

IV.1 Einführende Charakterisierung instrumentaler Satzgefüge

Empirischer Ausgangspunkt dieses Kapitels sind diejenigen Belege aus meiner Sammlung, die ich spontan dem Übersetzungstyp "indem" zugeordnet habe und die ich als spezifisch "instrumental" auffasse. Hier zunächst einige Beispiele mit ihren deutschen Übersetzungen:

(1) Mi risollevai penosamente aggrappandomi al muro, ma ricaddi in ginocchio. - ca 127

Ich zog mich mühsam hoch, indem ich mich an der Mauer festkrallte, aber ich fiel wieder zurück auf die Knie.

(2) Tortura se stessa guardando gli oggetti che appartennero a Odette. - ca 61

Sie quält sich selbst, indem sie die Gegenstände betrachtet, die Odette gehörten.

(3) La signora stava per scoppiare in lacrime, ma il marito la interruppe rivolgendosi a Bencolin: - ca 84

Die Frau war kurz davor, in Tränen auszubrechen, aber ihr Mann unterbrach sie, indem er sich an Bencolin wandte:

(4) Le diedi una prova di fiducia raccontandole quello che avevo udito. - ca 133

Ich gab ihr einen Beweis meines Vertrauens, indem ich ihr erzählte, was ich gehört hatte.

(5) Alcuni calciatori del Lecco hanno sciolto un voto [...] percorrendo a piedi gli ultimi quindici chilometri. - cl 16

Einige Spieler der Fußballmannschaft Lecco haben ein Gelübde erfüllt [...], indem sie die letzten fünfzehn Kilometer des Weges zu Fuß gingen. - cl 17

(6) E voi gli avete offerto la possibilità di mettersi in salvo telefonandogli. - ca 161

Und ihr habt ihm die Möglichkeit gegeben, sich in Sicherheit zu bringen, indem ihr ihn anrieft.

(7) La signora adesso aveva una sigaretta in bocca e gli faceva cenno indicandola. - rim 68

Die Frau hatte jetzt eine Zigarette im Mund und machte ihm, indem sie darauf deutete, ein Zeichen. - rim 69

Wie wir in *III. 3.3* gesehen haben, ist die Tatsache, daß diese Beispiele zum Übersetzungstyp "indem" gehören, allein noch nicht ausreichend, um sie den instrumentalen *gerundio*-Gefügen zuzuordnen, denn unter bestimmten Bedingungen können ja auch modale *gerundio*-Konstruktionen mit *indem*-Sätzen übersetzt werden. Zu explizieren bleibt jetzt also, warum ich diese Beispiele "als spezifisch instrumental auffasse". Da sind zum Beispiel die in *III.2* vorgestellten Diagnosetests der Umformung in *e*-Koordinationen und Finalsatzgefüge. Beide zeitigen, auf unsere jetzige Beispielserie angewandt, die für instrumentale *gerundio*-Gefüge typischen Resultate: Bei der *e*-Koordination erscheint die ursprüngliche *gerundio*-Konstruktion als erstes Konjunkt, und das Finalsatzgefüge ist akzeptabel; vgl.:

(1.1) Mi aggrappai al muro e mi risollevai.
2) Mi aggrappai al muro per risollevarmi.

(3.1) Il marito si rivolse a Bencolin e la interruppe.
2) Il marito si rivolse a Bencolin per interromperla.

(4.1) Le raccontai quello che avevo udito e le diedi una prova di fiducia.
2) Le raccontai quello che avevo udito per darle una prova di fiducia.

Zugegebenermaßen erbringen diese beiden Tests nicht für alle Beispiele gleich akzeptable Resultate. Wandelt man zum Beispiel (2) in ein Finalsatzgefüge um, so attestiert man der vom Subjekt bezeichneten Person einen bewußten Masochismus, der im zugehörigen *gerundio*-Gefüge gar nicht intendiert sein muß:

(2.1) Guarda gli oggetti che appartennero a Odette per torturare se stessa.

Andere Beispiele wiederum wie z.B. (4) vertragen die Umwandlung in eine *e*-Koordination weniger gut: im zweiten Konjunkt fehlt eigentlich ein *così*, das die Umwandlung erst vollständig akzeptabel machen würde; vgl.:

(4.1.1) Le raccontai quello che avevo udito e così le diedi una prova di fiducia.

Ähnlich auch (5):

(5.1) Alcuni calciatori hanno percorso a piedi gli ultimi quindici chilometri e così hanno sciolto un voto.

Diese Befunde kommen nicht von ungefähr. Sie zeigen, daß die Klasse der instrumentalen *gerundio*-Konstruktionen und ihrer deutschen Entsprechungen durchaus noch weiter untergliedert werden kann, wenn es einem auf die genaue Beschreibung so subtiler Unterschiede ankommt. Ich zähle diese Unterscheidungen zu den mehr akzessorischen Eigenschaften instrumentaler *gerundio*-Konstruktionen, die ich in diesem Kapitel zwar zu erläutern versuchen will, die jedoch nicht in die spätere Formalisierung mit eingehen sollen. Es gilt also zunächst herauszufinden, welches die konstituierenden Eigenschaften solcher Sätze sind, wie sie unter (1) bis (7) aufgeführt wurden, um die Wohlgeformtheitsbedingungen für die ihnen zugrundeliegenden semantischen Strukturen formulieren zu können. Dabei sind vor allem zwei Fragen zu beantworten:

(a) Welche Eigenschaft muß eine Proposition haben, um als zugrundeliegende Struktur eines Instrumentalsatzes in Frage zu kommen?

(b) Welche Eigenschaften muß eine Proposition haben, damit sie durch einen Instrumentalsatz "modifiziert"/"ergänzt" werden kann?

Die zweite Frage ist, wie sich im Laufe meiner Voruntersuchungen herausgestellt hat, wesentlich schwieriger zu beantworten als die erste. Ihre Beantwortung liefert auch den Schlüssel für die Entwirrung der in *III* dargestellten Begriffsverfilzung.

Ich untersuche zuerst die zweite Frage. In *I.2.4* habe ich folgende Behauptung aufgestellt: "Nur Handlungssätze erlauben Instrumentalangaben." Diese Behauptung halte ich auch weiterhin für im wesentlichen zutreffend, aber sie muß differenziert werden; denn wie ich gleich zeigen werde, können bei weitem nicht alle Handlungssätze Instrumentalangaben bei sich haben.[19] Immerhin aber liefert diese noch so pauschale Regel bereits einen wichtigen Hinweis für die Entfilzung der Begriffe 'instrumental' und 'modal': Modalsätze (in meiner neuen Terminologie ebenfalls Modalsätze) können alle möglichen Sätze einschließlich der Handlungssätze modifizieren, aber Instrumentalsätze sind auf Handlungssätze beschränkt. Wenn zum Beispiel ein Hauptsatz einen Zustand beschreibt und einen "Umstandssatz" (eine *gerundio*-Konstruktion) bei sich hat, so kann es sich dabei nicht um eine instrumentale Konstruktion handeln; vgl.:

(8) Giace in letto sorridendo pacificamente.

Er liegt friedlich lächelnd im Bett. /
+Er liegt im Bett, indem er friedlich lächelt.

Wie aber kann der Begriff 'Handlungssatz' für unsere Zwecke klar definiert werden? Und dann: Welche Subklasse der Handlungssätze erlaubt Instrumentalangaben? Unterlassungen zum Beispiel werden heute - aus sowohl handlungstheoretischen wie linguistischen Gründen - von vielen Autoren zu den Handlungen gerechnet, aber sie erlauben keine Instrumentalangaben:

---

19 Der Leser mag sich selbst überzeugen, daß die Behauptung auf die oben als instrumental eingestuften Satzgefüge (1) bis (7) zutrifft.

(9) +Peter unterließ es mit dem Hammer, das Sparschwein kaputtzumachen.

(10) +Peter unterließ es, das Sparschwein kaputtzumachen, indem er es nicht auf den Fußboden warf.

Man braucht aber gar nicht die handlungstheoretisch immerhin komplizierten Unterlassungen heranzuziehen, um festzustellen, daß beileibe nicht alle Handlungssätze Instrumentalangaben erlauben (im Gegensatz zu dem, was meine Kollegen und ich in MANZOTTI & PUSCH & SCHWARZE (1975: 26-9) ausführen). So wird wohl nicht bestritten werden, daß Ausdrücke wie *ein Brot kaufen, ein Lied singen, einen Strumpf stricken, etwas erlauben, einen Schmetterling betrachten* Handlungen bezeichnen; aber die folgenden Sätze sind trotzdem für mich nur schwer mit *indem*-Ergänzungen vorstellbar:

(11) ??Fritz kaufte ein Brot, indem ...

(12) ??Erna sang ein Lied, indem ...

(13) ??Fritz strickte einen Strumpf, indem ...

(14) ??Erna erlaubte Fritz, ihren Sportwagen zu benutzen, indem ...

(15) ??Fritz betrachtete den Schmetterling, indem ...

Was unterscheidet Handlungen wie die eben genannten von den folgenden, die in meinem Belegmaterial in den Bezugssätzen instrumentaler *gerundio*-Konstruktionen genannt wurden? (Die Prädikate der *gerundio*-Konstruktionen stehen rechts vom Doppelpunkt):

(16)	offendere i miei amici:	servire quelle porcherie moderne
	precedermi:	andare a casa della cantante
	difendere il proprio comportamento:	affermare che ...
	risolvere il problema:	mettersi a correre
	passare il tempo:	giocare partite a domino
	spiegare qc.:	dire che ...
	cambiare posizione:	mettersi di fronte alla ragazza
	risolvere ogni cosa:	buttarsi da una finestra
	rendere onore alla vergine:	fare capriole
	difendersi:	barricarsi
	vendicare la morte di qc.:	uccidere qc.
	varcare il Rubicone:	seguire Mariano
	salutare:	alzare il braccio
	aiutare:	dire la verità
	rispondere ad un saluto:	chinare il capo / toccare la visiera del berretto

riparare qualche peccato d'omissione:	dedicare a ogni autore un solo brano e sostituire quelli aboliti con altri
scacciare qc.:	agitare delle foglie di banano
trattenere qc.:	dire "..."
distrarsi:	osservare una medusa
identificare qc.:	guardarlo da vicino
guadagnare danaro:	accompagnare nuovi membri

Um herauszufinden, wie diejenigen Handlungssätze, die instrumentale *indem*-Sätze zulassen, und wie die instrumentalen *indem*-Sätze selbst zu charakterisieren sind, habe ich zusätzlich zur Analyse meiner Beispiele die Literatur zur Handlungstheorie konsultiert, vor allem die gründliche und ideenreiche Arbeit von BRENNENSTUHL (1975) *Handlungstheorie und Handlungslogik: Vorbereitungen zur Entwicklung einer sprachadäquaten Handlungslogik* - m.W. diejenige handlungstheoretische Untersuchung, die für speziell linguistische Fragestellungen die ergiebigste ist, da sie ihre Begriffe konsequent aus Unterscheidungen ableitet, die s p r a c h l i c h gemacht werden, und entsprechend ein umfangreiches sprachliches Material zugrundelegt.

IV.2 Versuch einer handlungstheoretischen Explikation instrumentaler Satzgefüge

IV.2.1 Handlungstheoretische und linguistische Beiträge zum Problem der "Individuierung von Handlungen"

In der Handlungstheorie sind instrumentale Satzgefüge m.W. bisher nicht explizit zum Untersuchungsgegenstand erhoben worden, aber es fällt auf, daß die verschiedenen Überlegungen zum Thema "Individuierung von Handlungen" in der Regel mit instrumentalen Satzgefügen illustriert werden. So schreibt etwa BRENNENSTUHL (1975: 5):

> Wenn ich z.B. i n d e m ich meinen Namen schreibe einen Vertrag unterzeichne, so gibt es vier Auffassungen: (1) Ich vollbringe zwei verschiedene Handlungen (2) ich vollbringe zwei identische Handlungen (3) ich vollbringe eine Handlung, die in etwas anderem resultiert (4) ich vollbringe eine Handlung, die auf mindestens zwei Weisen beschrieben werden kann. Ich persönlich neige zur 4. Auffassung. [meine Hervorhebung]

BRENNENSTUHL sagt dann selbst, daß das Problem noch offen sei und einer Klärung bedürfe. Ähnlich äußert sich auch WHITE in seiner Einleitung zu dem Sammelband *The Philosophy of Action* (1968: 10) im Abschnitt über "Descriptions of Action":

> *in* doing one thing, e.g. signing my name, or *by* doing one thing, e.g. making a noise, I may do another, e.g. issue a proclamation or annoy my neighbour. [...] Here we can say *either* that there is only one act, e.g. signing my name or making a noise, which amounts to or results in something else, e.g. the issue of a proclamation or the annoyance of my neighbour, and which can, therefore, have two descriptions, *or* that there are two acts, e.g. signing my name (making a noise) and issuing a proclamation (annoying my neighbour). The reasons for saying that there are two acts are that I could both intend to do and do one without the other, and that there are features present in the second act which are absent from the first. On the other hand there are not two acts in the way that there are two acts when e.g. I sign my name and shake hands. For I can say that in or by signing my name, I thereby issue a proclamation, whereas I cannot say that in or by signing my name, I thereby shake hands. Although 'signing my name' is no more synonymous with 'issuing a proclamation' than with 'shaking hands', I can say that signing *is*, in these circumstances, issuing a proclamation whereas signing ist not, in any circumstances, shaking hands.

Einige Grammatiker und Linguisten sind nun bei der Untersuchung von *indem*-Sätzen und verwandten Konstruktionen anderer Sprachen zu ganz ähnlichen Ergebnissen gekommen wie die Handlungstheoretiker bei ihrer Untersuchung der "Individuierung von Handlungen" und der "Handlungsbeschreibungen". BEHAGHELs (1923-32 2: 191) schon von STOJANEVA-JOVČEVA (1976: 112) lobend zitierte Erkenntnis "dadurch, daß das eine geschieht, geschieht zugleich das andere" wird auch von RATH (1971: 153-6) in einem Exkurs über *indem* wieder aufgegriffen und weiter präzisiert. RATH schreibt (p. 154):

> Zwei Grundfunktionen der Konjunktion *indem* lassen sich unterscheiden:
>
> 1. Die Konjunktion zerlegt e i n e n Vorgang in zwei verschiedene Aspekte, unter denen der Vorgang gesehen wird: einen allgemeinen und einen speziellen.
> 2. Die Konjunktion verbindet z w e i verschiedene Vorgangskomplexe.

Die zweite "Grundfunktion" ist hier für uns uninteressant; überdies ist dies wohl die "Grundfunktion" der meisten Konjunktionen. RATH schreibt weiter über die erste Grundfunktion (p. 155):

> Der *indem*-Satz wiederholt den Hauptsatzvorgang unter einem anderen Gesichtspunkt. [...] Daß nun darüberhinaus mit der Wiederholung des Hauptsatzvorgangs in dem *indem*-Satz zugleich der Hauptsatzvorgang erklärt wird, indem er konkretisiert wird (die Art und Weise sowie das Mittel angebend, wie es in den [...] Grammatiken heißt), ist m.E. eine sekundäre Information.

Anders als etwa WHITE bezieht also RATH in der Frage, ob bestimmte *indem*-Satzgefüge nun einen oder zwei Akte/Vorgänge beschreiben, sehr entschieden Stellung: Für ihn fällt der WHITEsche Satz *Ich ärgerte meinen Nachbarn, indem ich Lärm machte* wohl klar unter seinen Begriff 'Vorgangszerlegung': ein und dieselbe Handlung wird auf zwei verschiedene Weisen beschrieben. Und zu dieser Auffassung neigt ja auch BRENNENSTUHL. STOJANOVA-JOVČEVA erwähnt auch RATHs Lösungsansatz lobend, und dasselbe tut HAUSMANN (1975) in seiner Analyse französischer Gerundial- und Partizipialkonstruktionen. Über RATH hinausgehend bringt er noch folgende nützlich Präzisierung:

> Eine wichtige Domäne des Ger.[ondif] ist die "Vorgangszerlegung" (vgl. RATH [...]), die wir im Dt. mit *indem* oder *dadurch daß* ausdrücken, während im Französischen kein adäquater Nebensatz zur Verfügung steht: *remédier à cet état de choses en expulsant les Juifs du territoire.* Ein und derselbe Vorgang wird unter einem konkreten und einem abstrakten Aspekt gesehen, wobei nur das Verhältnis entscheidend ist; das oben abstrakte Verb übernimmt den konkreten Part im Satz: *En remédiant à cet état de choses il a mérité le ciel.* (p. 123)

Wichtig in diesem Zitat ist auch der Hinweis auf die Konkurrenz zwischen *indem* und *dadurch daß* im Deutschen. HAUSMANNs erstes Beispiel kann sowohl mit *dadurch daß* als auch mit *indem* übersetzt werden, das zweite jedoch (für mein Sprachgefühl) nur mit *dadurch daß*, und zwar deshalb, weil *mériter le ciel* keine Handlung beschreibt. Ich komme darauf zurück.

Ich werde mich der Auffassung von BRENNENSTUHL, RATH und HAUSMANN anschließen, daß wir es bei instrumentalen Satzgefügen mit zwei verschiedenen Beschreibungen ein und derselben Handlung zu tun haben. Mit dieser Festlegung (Einsicht kann man es wohl noch nicht nennen, da das Problem zumindest philosophisch weiterhin unentschieden ist; vgl. WHITE 1968) ist aber bei weitem noch nicht alles geklärt, denn unter den Begriff 'Vorgangszerlegung' fallen ja auch die modalen Satzgefüge. Wenn von jemandem gesagt wird, daß er schleppend geht oder trällernd ein Liedchen singt, so sind das Schleppen und das Gehen sowie das Trällern und das Singen ja auch nicht zwei verschiedene Handlungen, sondern die jeweils e i n e Handlung wird einmal "abstrakter" und einmal "konkreter" beschrieben.

Offenbar gibt es unterschiedliche Relationen zwischen je zwei Beschreibungen für ein und dieselbe Handlung, und die Unterschiede zwischen diesen Relationen können vom Sprecher durch die Wahl entweder einer instrumentalen oder einer modalen Konstruktion zum Ausdruck gebracht werden. Unterschiedliche Relationen zwischen jeweils zwei Beschreibungen für ein und dieselbe Sache sind eigentlich in der Logik und Linguistik nichts Unbekanntes, nur hat man solche Relationen bisher vorwiegend an Beschreibungen konkreter Entitäten (wie etwa Personen) studiert; vgl.:

(17) *Hans ist Vater und Großvater.*
(Die beiden "Beschreibungen" *Vater* und *Großvater* sind voneinander abhängig: 'Großvater' impliziert 'Vater'.)

(18) *Hans ist Vater und Bankkaufmann.*
(Die beiden "Beschreibungen" sind voneinander unabhängig.)

(19) *Hans ist leitender Angestellter und Bankkaufmann.*
(Die beiden "Beschreibungen" sind voneinander abhängig, jedoch in anderer Weise als 'Vater' und 'Großvater'.)

Für Handlungen sieht die Sprache - anders als für Personen - in der Regel keine Namen, sondern nur Beschreibungen vor. Statt "Die Handlung a_1 von Hans war eine Schimpf- und eine Beleidigungshandlung" sagt man eben etwa *Hans hat mich beleidigt, indem er mich beschimpfte*, und statt "Die Handlung a_2 von Hans war eine Sing- und eine Trällerhandlung" sagt man *Hans hat trällernd eine Melodie gesungen* oder eher noch *Hans hat eine Melodie geträllert.*

Es bleibt also die Relation zu klären, die zwischen zwei in einem instrumentalen Satzgefüge für ein und dieselbe Handlung verwendeten Beschreibungen besteht.

Das Ergebnis dieses Subkapitels (instrumentale und modale Satzgefüge so aufzufassen, daß sie zwei Beschreibungen für ein und dieselbe Sache enthalten) ist übrigens die versprochene Präzision für die in *I.2.6* aufgestellte und noch ziemlich vage Behauptung, instrumentale und modale *gerundio*-Konstruktionen hätten mit dem Bezugssatzverb eine viel engere semantische Verbindung als die anderen *gerundio*-Konstruktionen.

IV.2.2 Untersuchung einiger problemrelevanter Begriffe der Handlungstheorie

IV.2.2.1 Handlungen und Handlungssätze

In der Handlungstheorie, speziell in ihrer von BRENNENSTUHL (1975) nach gründlicher kritischer Sichtung der handlungstheoretischen Literatur erarbeiteten Fassung, werden aufgrund sprachlicher Tests sehr viele verschiedene Typen von Handlungen unterschieden. Ich will hier zunächst einmal (nicht systematisch) untersuchen, ob irgendeine dieser Unterscheidungen - oder eine Gruppe dieser Unterscheidungen - für unsere Fragestellung relevant ist. Ich werde dies testen, indem ich

(a) versuche, BRENNENSTUHLs Beispielsätze durch einen *indem*-Satz zu ergänzen,

(b) BRENNENSTUHLs Beispielsätze in *indem*-Sätze umforme.

BRENNENSTUHL unterscheidet also unter anderem:

Akte des Zustandebringens (p. 104)

(20) Fritz hat die Vase zerschlagen.
(20.1) Fritz hat die Vase zerschlagen, indem er sie auf den Fußboden warf.
2) Fritz erschreckte mich, indem er die Vase zerschlug.

(21) Herr E. hat ein Brot gekauft.
(21.1) ?Herr E. hat ein Brot gekauft, indem ...
2) Herr E. nützte die Zeit aus, indem er ein Brot kaufte.

Akte des Zulassens (p. 104)

(22) Der Lehrer ließ die Kinder weiterspielen.
(22.1) +Der Lehrer ließ die Kinder weiterspielen, indem ...
2) Der Lehrer machte sich beliebt, indem er die Kinder weiterspielen ließ.

Akte des Zerstörens (p. 106)

(23) Der Polizist stoppte den Verkehr.
(23.1) Der Polizist stoppte den Verkehr, indem er beide Arme seitlich ausstreckte.
2) Der Polizist tat seine Pflicht, indem er den Verkehr stoppte.

(24) Der Lehrer ließ die Kinder nicht weiterspielen.
(24.1) +Der Lehrer ließ die Kinder nicht weiterspielen, indem ...
2) Der Lehrer machte sich unbeliebt, indem er die Kinder nicht weiterspielen ließ.

Akte des Verhinderns (p. 105)

(25) Bohumil verhinderte einen Zusammenstoß zwischen Studenten und dem Militär.
(25.1) Bohumil verhinderte einen Zusammenstoß zwischen Studenten und dem Militär, indem er die Demonstration abblies.
2) Bohumil bewies seinen Mut, indem er einen Zusammenstoß zwischen Studenten und dem Militär verhinderte.

(26) Die Regierung ließ es nicht zu einem Aufstand kommen.
(26.1) +Die Regierung ließ es nicht zu einem Aufstand kommen, indem ...
2) Die Regierung bewies ihre Funktionsfähigkeit, indem sie es nicht zu einem Aufstand kommen ließ.

Akte des Unterlassens (p. 106)

(27) Thomas hat sich geweigert, das Telefonamt anzurufen.
(27.1) ?Thomas hat sich geweigert, das Telefonamt anzurufen, indem ...
2) Thomas zerstörte die gute Stimmung, indem er sich weigerte, das Telefonamt anzurufen.

(28) Thomas vergaß, das Telefonamt anzurufen.
(28.1) +Thomas vergaß, das Telefonamt anzurufen, indem ...
2) Thomas bewies wieder einmal seine Zerstreutheit, indem er vergaß, das Telefonamt anzurufen.

Akte des Versuchens (p. 108)

(29) Klaus probiert, ob die Frucht eßbar ist.
(29.1) Klaus probiert, ob die Frucht eßbar ist, indem er sie der Oma zu essen gibt.
2) Klaus bringt uns zum Lachen, indem er probiert, ob die Frucht eßbar ist.

(30) Herr N. hat sich bei Springer beworben.
(30.1) ?Herr N. hat sich bei Springer beworben, indem ...
2) Herr N. machte sich unmöglich, indem er sich bei Springer bewarb.

Illokutive Akte (p. 108)

(31) Ihr habt behauptet, ihr hättet keine Zeit.
(31.1) ?Ihr habt behauptet, ihr hättet keine Zeit, indem ...
2) Ihr beleidigt sie, indem ihr behauptet, ihr hättet keine Zeit.

(32) Ihr Freund erklärte Eva die Mathematikaufgabe.
(32.1) Ihr Freund erklärte Eva die Mathematikaufgabe, indem er eine sinnreiche Skizze anfertigte.
2) Ihr Freund schmeichelte sich bei der Familie ein, indem er Eva die Mathematikaufgabe erklärte.

Perlokutive Akte (p. 111)

(33) Klaus hat uns davon überzeugt, ihr hättet keine Zeit.
(33.1) Klaus hat uns davon überzeugt, ihr hättet keine Zeit, indem er von euren tausend Verpflichtungen redete.
2) Klaus tat euch einen guten Dienst, indem er uns überzeugte, ihr hättet keine Zeit.

Denkakte (p. 112)

(34) Herr O. hat erwogen, nach Spanien zu fahren.
(34.1) ?Herr O. hat erwogen, nach Spanien zu fahren, indem ...
2) Herr O. enttäuschte mich, indem er erwog, nach Spanien zu fahren.

Gefühlsakte (p. 115)

(35) Thomas hat sich über den Brief gefreut.
(35.1) +Thomas hat sich über den Brief gefreut, indem ...
2) Thomas bewies seine Naivität, indem er sich über den Brief freute.

Das Ergebnis dieses Tests (den ich hier abbreche, ohne alle Klassen durchprobiert zu haben, weil das Fazit wohl auch so klar geworden ist) bestätigt vorläufig meine obige Aussage, daß es bei weitem komplizierter ist, die Hauptsätze zu charakterisieren, die *indem*-Sätze zulassen, als diese *indem*-Sätze selbst: Sämtliche getesteten Handlungssatztypen können in *indem*-Sätzen (bzw. in instrumentalen *gerundio*-Konstruktionen) vorkommen, aber nur sehr wenige können als Hauptsätze für *indem*-Sätze fungieren. Außerdem fällt auf, daß die BRENNENSTUHLsche Klassenbildung offenbar mit meinem Problem kaum etwas zu tun hat insofern, als oftmals zwei Beispiele für ein und denselben Handlungstyp bezüglich der Ergänzungsfähigkeit durch einen *indem*-Satz ganz unterschiedliche Resultate zeigen (vgl. die Beispiele für Akte des Zustandebringens, des Verhinderns, des Zerstörens und für illokutive Akte). Nur die acht Beispiele für perlokutive Akte (BRENNENSTUHL 1975: 111) sind samt und sonders durch *indem*-Sätze modifizierbar; zu diesen Beispielen bemerkt BRENNENSTUHL: "Im Unterschied zu Illokutiva sind Perlokutiva immer resultativ." Ist also vielleicht Resultativität die gesuchte definierende Eigenschaft? Daß dem nicht so ist, zeigen Beispiele mit anderen resultativen Verben als perlokutiven:

(36) ??Fritz hat einen Topflappen gehäkelt, indem ...

(37) ??Ruth hat ins Bett gemacht, indem ...

(38) ??Erwin hat das Gemüsebeet zertrampelt, indem ...

Ein weiteres interessantes Ergebnis unseres BRENNENSTUHL-Tests ist, daß die "*indem*-Ergänzbarkeit" eines Hauptsatzes offenbar nicht so sehr von der Art der Handlung abhängt, die er beschreibt, sondern von der Art und Weise, wie diese Handlung beschrieben wird. Zum Beispiel sollte man meinen, daß die beiden Sätze *Die Regierung ließ es nicht zu einem Aufstand kommen* und *Die Regierung verhinderte einen Aufstand* wohl ein und denselben (laut BRENNENSTUHL: "Verhinderungs-") Akt beschreiben, aber nur die letztere Beschreibung ist *indem*-ergänzbar (weil *indem*-Sätze keine Bezugssatznegation erlauben). Dasselbe gilt für die beiden Beschreibungen des "Zustandebringungs-Aktes" 'ein Brot kaufen': *Herr E. kaufte ein Brot* und *Herr E. brachte es fertig, ein Brot zu kaufen.* Nur die letztere Beschreibung ist *indem*-ergänzbar. Der zweite Befund wird im übernächsten Subkapitel (*IV.3*) erläutert.

Weitere für uns relevante Begriffe der Handlungstheorie sind die der 'komplexen Handlung', der 'Hilfshandlung' und der 'Basishandlung'. Über komplexe Handlungen, die sie allerdings nur am Rande interessieren, schreibt BRENNENSTUHL (p. 187):

> Zur Durchführung komplexer Handlungen ist eine Hierarchie von Hilfshandlungen notwendig, die in einer bestimmten Reihenfolge durchgeführt werden müssen.

Als Beispiele nennt sie 'Auto fahren', 'Geige spielen', 'jemanden fesseln' und andere mehr.

Wieder zeigt sich, daß BRENNENSTUHLs Klassenbildung nicht mit der von mir anvisierten zusammenfällt. Ein Satz wie *Erika spielt Geige* ist für mich nicht *indem*-ergänzbar, wohl aber der dieselbe komplexe Handlung beschreibende Satz *Erika bringt auf der Geige Töne hervor* (z.B.: *indem sie den Bogen über die Saiten führt*).

Trotzdem ist der Begriff 'komplexe Handlung' für uns wichtig, weil er geeignet ist, die Unakzeptabilität von (39) gegenüber der Akzeptabilität von (40) zu erklären; vgl.:

(39) ??Sie durchstöberten das Haus, indem sie eine Matratze aufschlitzten.

(40) Sie durchstöberten das Haus, indem sie die Matratzen aufschlitzten und die Schubladen, Schränke und Regale durchwühlten.

Zwar ist zum Durchstöbern eines Hauses sicher keine "Hierarchie von Hilfshandlungen" notwendig, die in einer bestimmten Reihenfolge durchgeführt werden müssen, wohl aber sind dazu mehrere Einzelhandlungen erforderlich. Wenn nun - wie in (39) - nur eine einzige der Hilfshandlungen erwähnt wird, ist die Gesamtbeschreibung unakzeptabel weil unvollständig, während doch durch *indem* Vollständigkeit suggeriert wird. Die Suggestion der Vollständigkeit durch *indem* wiederum läßt sich unter der oben begründeten Annahme erklären, daß durch *indem* zwei Beschreibungen ein und derselben Handlung verbunden werden. Diese Beschreibungen müssen zwar verschieden sein, aber sie müssen sich immerhin grundsätzlich auf dieselbe Sache beziehen können. Zum Vergleich könnte man mathematische Gleichungen heranziehen: $8 = 3 + 5$ ist eine korrekte Gleichung, aber $8 = 3$ ist falsch, und diese Falschheit kann man wie die Falschheit von (39) als Unvollständigkeit interpretieren.

Basishandlungen schließlich sind laut DANTO (1965) und VON WRIGHT (1971) solche, die nicht mittels anderer Handlungen durchgeführt werden können. VON WRIGHT schreibt:

> The distinction between result and consequences is in an important sense *relative*. When I say that I ventilate the room by opening the window, the result of action here is that the window opens (is open). When I say that I open the window by turning the handle, *etc.*, the change in position of the handle, *etc.*, is the result, the change in position of the window the consequence. Such chains always and necessarily terminate in something I do, not *by doing* something else, but *simpliciter*. Actions of which it would not be true that they are performed by doing something else, I shall call *basic actions*. (p. 68)

Für unsere Fragestellung können wir daraus (Ergebnisse des übernächsten Subkapitels vorwegnehmend) folgern: Beschreibungen von Basishandlungen können *per definitionem* nicht durch instrumentale *indem*-Sätze (und *dadurch daß*-Sätze) modifiziert werden. Allerdings schwanken in den handlungstheoretischen Untersuchungen die Meinungen darüber, ob zum Beispiel mein Heben meines Armes eine Basishandlung sei oder eher die dazu notwendige Muskelkontraktion. Deshalb bringt dieses Ergebnis uns linguistisch doch nicht viel weiter.

IV.2.2.2 Nichthandlungen und Nichthandlungssätze

Der Entwicklung eines adäquaten Konzepts der Nichthandlungen widmet BRENNENSTUHL einen erheblichen Teil ihrer Arbeit. Ihre Erkenntnisse hierüber sind für die Charakterisierung instrumentaler Satzgefüge direkter und besser verwertbar als ihre Erkenntnisse über die verschiedenen Typen von Handlungen und Handlungssätzen. BRENNENSTUHLs Ausgangsmaterial sind sämtliche Sätze mit personalem oder institutionellem Subjekt, also Sätze, deren Subjekt einen potentiellen Agenten bezeichnet (im handlungstheoretischen, nicht im kasustheoretischen Sinne!). Diese Sätze werden zunächst mittels des sogenannten

PASSIEREN-Tests (p. 92-9) in zwei Klassen eingeordnet: "das Subjekt charakterisierende Sätze" und "Agentereignisverursachungssätze". Diese Unterscheidung ist für unsere Fragestellung nicht brauchbar, denn *indem*-Satzgefüge können sowohl "das Subjekt charakterisierende Sätze" bzw. "statisch" als auch "Agentereignisverursachungssätze" bzw. "ereignisbeschreibend" sein; vgl.:

(41) "ereignisbeschreibend":
Frank löste das Problem, indem er es ignorierte.
(PASSIEREN-Test positiv: *Es passierte, daß Frank das Problem löste, indem er es ignorierte.*)

(42) "statisch":
Gewöhnlich löst Frank seine Probleme, indem er sie ignoriert.
(PASSIEREN-Test negativ: +*Es passiert, daß Frank gewöhnlich seine Probleme löst, indem er sie ignoriert.*)

BRENNENSTUHL (1975: 92-4) wendet sich nachdrücklich gegen die traditionelle Einteilung der Verben in Zustands- und Vorgangsverben, und zwar mit folgendem Argument:

> Sog. Vorgangsverben, ja sogar typische sog. Handlungsverben, können sowohl in Agentereignisverursachungssätzen als auch in charakterisierenden Sätzen die ja keine Ereignisverursachung geschweige denn eine Handlung beschreiben, als Prädikat gebraucht werden. Umgekehrt können sog. Zustandsverben als Prädikat von Agentereignisverursachungssätzen gebraucht werden. (p. 93)

Als bessere Lösung schlägt sie dann vor, man solle nur noch von "ereignisbeschreibenden" und "zustandsbeschreibenden" Sätzen (statt: Verben) sprechen. Diese Lösung mag für ihr Anliegen sinnvoll sein; für meine Fragestellung hingegen ist es wichtig, feststellen zu können, daß ein "statischer", "das Subjekt charakterisierender Satz" wie (42) zwei Prädikate enthält (*Probleme lösen* und *Probleme ignorieren*), die normalerweise Handlungen beschreiben.
In unserer Mehrsprachengrammatik (vgl. SCHWARZE 1978) haben wir für die Erfassung der Beziehungen zwischen Sätzen wie (41) und (42) eine sogenannte "Habit-Funktion" vorgesehen, die (grob gesprochen) Aktions- und Prozeßprädikate in Eigenschaftsprädikate verwandeln kann. Diese Lösung ist für mich, wie gesagt, praktischer als BRENNENSTUHLs pauschaler Verzicht auf die Feststellung der semantischen Grundfunktion bestimmter Prädikate. Ich gehe also davon aus, daß es Aktions-, Prozeß-, Zustands- und Eigenschaftsprädikate gibt - wie zum Beispiel SINGEN (Aktion), ZUNEHMEN (Prozeß), KOPFSCHMERZEN HABEN (Zustand) und LINKSHÄNDER SEIN (Eigenschaft). Aufbauend auf dieser Klassifikation läßt sich vorläufig folgende Regel für instrumentale Satzgefüge formulieren:

Sätze, die Eigenschaften und Zustände beschreiben, sei es mittels "origi-naler" (d.h. nicht aus Aktions- und Prozeßprädikaten abgeleiteter), sei es mittels abgeleiteter Prädikate, sind weder als Bezugs-, noch als Nebensätze instrumentaler Satzgefüge brauchbar; vgl.:

(43) +Frank ist Linkshänder / hat Kopfschmerzen, indem ...

(44) +Frank löst das Problem, indem er Linkshänder ist / Kopfschmerzen hat.

(45) +Frank löste seine Probleme, indem er sie gewöhnlich ignorierte.

Als Ganzes aber können instrumentale Satzgefüge auch habitualisierte Aktionen, d.h. Eigenschaften, beschreiben; vgl. (42).

Sätze, die Prozesse beschreiben, sind weniger leicht zu beurteilen. Sie fallen zum Teil unter die gleich zu diskutierenden "Nichthandlung$_1$-Sätze" von BRENNENSTUHL.

Die Agentereignisverursachungssätze (s.o.) unterteilt BRENNENSTUHL dann in Handlungssätze und Nichthandlungssätze, letztere wiederum in Nichthandlung$_1$- und Nichthandlung$_2$-Sätze, die folgendermaßen definiert sind:

> Nichthandlung$_1$-Sätze beschreiben Geschehnisse, die einem potentiellen Handelnden widerfahren, oder Reaktionen, die ihm unwillkürlich unterlaufen, ohne daß er sie kontrollieren könnte. Nichthandlung$_2$-Sätze beschreiben unwillkürliches Verhalten, das der Handelnde aber prinzipiell unter Kontrolle haben könnte. (p. VII)

BRENNENSTUHL ermittelte diese Klassen durch eine Reihe von sogenannten TUN- und ABSICHTLICH-Tests. Beispiele für Nichthandlung$_1$-Sätze sind:

(46) Karl geriet in einen Schneesturm.

(47) Karl wuchs heran.

(48) Karl fiel ein, daß er etwas vergessen hatte.

Beispiele für Nichthandlung$_2$-Sätze sind:

(49) Karl beleidigte den Gast, ohne sich dessen bewußt zu sein.

(50) Erna beantwortete meine Frage, ohne sich dessen bewußt zu sein.

Nichthandlung$_2$-Sätze können in einem instrumentalen *indem*-Satzgefüge sowohl als Haupt- als auch als Nebensatz vorkommen:

(51) Karl beleidigte den Gast, ohne sich dessen bewußt zu sein, indem er sich für ein Spülmittel der Konkurrenz begeisterte.

(52) Karl trat mal wieder ins Fettnäpfchen, indem er den Gast beleidigte, ohne sich dessen bewußt zu sein.

Für instrumentale Satzgefüge mit Nichthandlung$_2$-Sätzen gilt übrigens nicht, daß sie sich in Finalsatzgefüge umformen lassen; vgl.:

(53) +Um den Gast zu beleidigen, ohne sich dessen bewußt zu sein, begeisterte sich Karl für ein Spülmittel der Konkurrenz.

Damit ist bewiesen, daß die Umformbarkeit in ein Finalsatzgefüge keine konstitutive, sondern lediglich eine (allerdings ziemlich häufige) akzessorische Eigenschaft instrumentaler Satzgefüge ist.

Hier noch ein Beispiel für eine Nichthandlung$_2$ in einer italienischen *gerundio*-Konstruktion:

(54) Così, rispondendo rapidamente e senza riflettere, avete descritto un'altra persona che era nella vostra mente. - ca 31

Die Regularitäten für Beschreibungen von Nichthandlungen$_1$ in Instrumentalsatzgefügen sind weniger einfach zu erfassen, weil der Sprachgebrauch im Deutschen hier offenbar nicht ganz festgelegt ist. Es geht um die Frage der Konkurrenz zwischen *indem* und *dadurch daß* - eine Frage, die sich für das Italienische nicht in entsprechender Weise stellt. Ich werde diesem ziemlich schwierigen Problem, das sowohl semantische als auch stilistische Faktoren involviert, ein eigenes Subkapitel (vgl. *IV.5*) widmen und hier einfach normativ (jedoch unter Verweis auf die notwendigen Einschränkungen und Differenzierungen dieser Regel in *IV.5*) folgendes als für die kommende Formalisierung verbindlich festsetzen: Nichthandlung$_1$-Sätze kommen weder als Bezugs- noch als Nebensätze instrumentaler Satzgefüge in Frage; vgl.:

(55) $^+$Indem/Dadurch daß er mich zu retten versuchte, geriet Karl in einen Schneesturm.

(56) $^+$Indem/Dadurch daß er in einen Schneesturm geriet, veranlaßte Karl eine dreitägige Suchaktion.

IV.2.3 Zusammenfassung der wichtigsten Ergebnisse

1 Instrumentale Satzgefüge können aufgefaßt werden als bestehend aus zwei verschiedenen Beschreibungen für ein und dieselbe Handlung. Modale *gerundio*-Gefüge, die Handlungen beschreiben, und ihre deutschen Entsprechungen können jedoch genau so aufgefaßt werden. Daher ist der Unterschied zwischen instrumentalen und modalen *gerundio*-Gefügen in den verschiedenen möglichen R e l a t i o n e n zwischen zwei verschiedenen Beschreibungen ein und derselben Handlung zu suchen. Dieses Problem ist Gegenstand des folgenden Subkapitels *IV.3*.

2 Bei weitem nicht alle Handlungssätze können als Bezugssätze instrumentaler Satzgefüge fungieren, aber alle Handlungssätze können als Nebensätze bzw. *gerundio*-Konstruktionen instrumentaler Satzgefüge fungieren

3 Sätze, die Eigenschaften und Zustände beschreiben, sind weder als Bezugs-, noch als Nebensätze instrumentaler Satzgefüge brauchbar.

4 Nichthandlung$_1$-Sätze (beschreiben inhärent unbeabsichtigte Geschehnisse) sind weder als Bezugs-, noch als Nebensätze instrumentaler Satzgefüge brauchbar.

5 Nichthandlung$_2$-Sätze (beschreiben Handlungen, für die der Handelnde nicht verantwortlich gemacht werden kann, da er sich ihrer nicht bewußt ist) können sowohl als Bezugs- als auch als Nebensätze instrumentaler Satzgefüge fungieren.

IV.3 Instrument- und Methodenneutralität vs. Instrument- und Methodendeterminiertheit bei Handlungsprädikaten

IV.3.1 Einleitung

Ich habe einen linguistisch ganz unverbildeten Bekannten gefragt: "Wann kann man einen Satz mit einem *indem*-Satz ergänzen?" Nach kurzem Nachdenken über einige grammatische und ungrammatische Beispiele, die ich ihm präsentiert hatte, antwortete er: "Wenn von etwas die Rede ist, was man auf verschiedene Weisen schaffen kann, zum Beispiel jemandem eine Freude machen oder auch jemanden enttäuschen." Diese Antwort enthält im Kern genau die gesuchte definierende Eigenschaft der möglichen Bezugssätze für Instrumentalsätze - sie muß nur linguistisch etwas aufbereitet werden.

Die Grammatiken stellen ja immer nur fest, daß "Umstandssätze der Art und Weise" die Art und Weise beschreiben, in der sich etwas (eine Handlung, ein Vorgang oder "ein Sein") vollzieht, aber nirgendwo habe ich eine Charakterisierung des zugehörigen Hauptsatzes gefunden, wie sie dieser Bekannte da so schlicht und treffend für Instrumentalsatzgefüge formuliert hat: "etwas, was man auf verschiedene Weise schaffen kann". Ich nenne diese Eigenschaft des Bezugssatzes instrumentaler Satzgefüge im folgenden "Methodenneutralität".

Wenn mich jemand fragt: "Wie hat Lisa heute gesungen?", so werde ich normalerweise mit einer Modalangabe antworten: "Wunderbar!", oder "Miserabel!", oder "Zu laut!". Mit einer Instrumentalangabe zu antworten, würde mir gar nicht erst in den Sinn kommen, denn "womit man singt", nämlich mit der Stimme, ist ja sowieso klar; das gehört zur Bedeutung des Verbs *singen*, und infolgedessen weiß ich automatisch, daß die Frage meines Gegenübers nicht auf die Angabe des Instruments abzielte. Wenn mich hingegen jemand fragt: "Wie hat Franz die Tür geöffnet?", werde ich genauso automatisch mit einer Instrumentalangabe antworten und etwa sagen "Mit einem Dietrich", oder "Indem er mit dem Fuß dagegen stieß". In diesem Fall würde es mir spontan nicht in den Sinn kommen, mit einer Modalangabe (etwa "Langsam" oder "Schnell") zu antworten.

Es ist also eine empirische Tatsache, daß man meist ganz intuitiv weiß, ob eine mit *Wie*? eingeleitete Frage auf eine Modal- oder auf eine Instrumentalangabe abzielt, und zwar erschließt man das aus der Semantik des in dem Fragesatz vorkommenden Prädikats. Genauso haben wir ja als Deutsche, wenn wir Englisch bzw. Italienisch verstehen, auch keinerlei Schwierigkeiten mit der Übersetzung der Fragepronomina *Where*?/*Dove*?; je nach der Semantik des Prädikats in dem zugehörigen Fragesatz übersetzen wir sie einmal mit *wo*, ein andermal mit *wohin*:

(57) Where do you go? / Dove vai? = Wohin gehst du?

(58) Where do you live? / Dove abiti? = Wo wohnst du?

Die Unterscheidung zwischen Orts- und Richtungsangaben ist den deutschen Grammatiken nie schwergefallen, da sie äußerlich an ihren verschiedenen Kasus erkennbar sind; vgl. *in die Badewanne* vs. *in der Badewanne*. Als Korrelat dazu etablierte man die Bewegungsverben (die Richtungsangaben erfordern) und die statischen Verben (die Ortsangaben erfordern); vgl. *in die Badewanne steigen* vs. *in der Badewanne sitzen*. Nur wenige Verben erlauben beide Arten von Ergänzungen: *Otto erbrach sich in der/die Badewanne*.

Für einen Italiener, Engländer oder Dänen ist die von uns Deutschen automatisch beherrschte Unterscheidung zwischen Orts- und Richtungsangaben zwar schwierig zu erlernen[20], aber doch immerhin erlern- und nachvollziehbar. Bezüglich der gesuchten Unterscheidung zwischen Instrumental- und Modalangaben befinden wir uns als Linguisten, so scheint es mir, in einer ganz ähnlichen Lage wie diese Ausländer, wenn sie den Unterschied zwischen Richtungs- und Ortsangaben verstehen lernen sollen. Und entsprechend den Konzepten der 'Ruhe/Statik' und 'Bewegung', die zur Erklärung der Orts- und Richtungsangaben herangezogen werden, schlage ich nun zur Erklärung der Instrumental- und Modalangaben die Konzepte der 'Instrument- und/oder Methodenneutralität' und der 'Instrument- und/oder Methodendeterminiertheit' vor. Sie sollen zur Unterscheidung zwischen zwei verschiedenen Klassen von Handlungsbeschreibungen dienen - zwei Klassen, die m.W. bisher noch nicht "gesehen" worden sind[21], jedenfalls nicht in der Analyse von BRENNENSTUHLs Handlungstypen und auch nicht in MANZOTTI & PUSCH & SCHWARZE (1975), wo von mir und meinen Kollegen vor eilig die Behauptung aufgestellt wurde, alle Aktionsverben erlaubten Instrumentalangaben.

IV.3.2 Die Begriffe 'Instrumentdeterminiertheit' und 'Methodendeterminiertheit'

Wie gesagt, bezieht sich das Verb *singen* auf Tätigkeiten, bei denen als Instrument die Stimme bzw. der Stimmapparat beteiligt ist. Man könnte auch sagen, die Instrumentangabe "mit der Stimme" gehöre zur Bedeutung des Verbs *singen*. Sätze wie *Er singt mit der Stimme* sind daher pleonastisch; Sätze wie

---

20 Das weiß ich aus eigener Erfahrung als Deutschlehrer für diese Ausländergruppen. Außerdem wurde es mir von italienischen, englischen und dänischen Deutschlehrern bestätigt.

21 FILLMORE (1971: 48f) bringt allerdings einige Überlegungen, die in eine ähnliche Richtung gehen wie meine.

Er singt mit der Geige sind "poetisch": in ihnen wird *singen* metaphorisch verwendet. Ich nenne Verben wie *singen* 'total instrumentdeterminiert'. Sätze mit total instrumentdeterminierten Verben, die das jeweils inkorporierte Instrument ohne spezifizierendes Attribut explizit nennen, sind pleonastisch:

(59) ??Er sah/glotzte/starrte mich mit den Augen an.
??Er trat mich mit dem Bein.
??Er biß mich mit den Zähnen.
??Er ohrfeigte mich mit der Hand.

Die Sätze sind nicht mehr pleonastisch, wenn das inkorporierte Instrument mit einem Attribut oder einer sonstigen Spezifikation erscheint. Oft erfüllt dann die scheinbare Instrumentangabe die Funktion einer Modalangabe (ein weiteres Beispiel für die Ähnlichkeit der Begriffe 'instrumental' und 'modal'):

(60) Er glotzte mich mit starren Augen an. (modal)
Er sang mit lauter Stimme. (modal)
Er biß mich mit den Schneidezähnen. (instrumental)

Sätze mit total instrumentdeterminierten Verben erlauben das Fragepronomen *womit* nicht (genau wie Sätze mit statischen Verben das Fragepronomen *wohin* nicht erlauben: +*Wohin wohnt Erna?*):

(61) +Womit hat Franz gesungen?
+Womit hat sie dich angestarrt/angeglotzt/angesehen?
+Womit hat sie dich geohrfeigt/getreten?
+Womit hat dich der Hund gebissen?

Weitere total instrumentdeterminierte Verben sind: *harken* (Harke), *stempeln* (Stempel), *grillen* (Grill), *sägen* (Säge), *kauen* (Zähne).

Neben den total instrumentdeterminierten gibt es die partiell instrumentdeterminierten Verben. Für sie ist nicht ein ganz bestimmtes Instrument festgelegt, aber eine bestimmte Klasse von Instrumenten. Infolgedessen sind Sätze mit partiell instrumentdeterminierten Verben, die eine Instrumentangabe ohne Attribut enthalten, nicht pleonastisch, aber das Instrument muß zu der festgelegten Klasse gehören, sonst wird der Satz abweichend; vgl.:

(62) Sie erschoß ihn mit einer Schrotflinte / +mit einem Messer.
Er erstach sie mit einem Küchenmesser / +mit einem Kopfkissen.
Sie flog mit einem Jumbo-Jet / +mit einem Intercity-Zug nach Mallorca.

Schließlich möchte ich noch die Mischklasse derjenigen Verben vorstellen, die bezüglich eines Instruments total und bezüglich anderer Instrumente partiell determiniert sind. So ißt man zum Beispiel immer "mit dem Mund", und man geht immer "mit den Beinen"[22], aber man kann auch "mit Messer und Gabel" essen und "mit einem Spazierstock" gehen. Diese letztgenannten Instrumentangaben bezeichnen Hilfsinstrumente, die entweder die Funktion der für die jeweilige Tätigkeit eigentlich üblichen Instrumente übernehmen oder diese stützen und verstärken, oder sie bezeichnen Instrumente, mit denen Teiltätigkeiten einer komplexen Handlung ausgeführt werden.

(63) Funktionsübernahme:
mit den Händen sprechen / *mit den Fingerspitzen lesen* /
mit dem Mund/Fuß malen/schreiben

Funktionsverstärkung/Funktionsstützung:
mit dem Mikroskop/Fernrohr beobachten / *mit dem (am) Stock gehen* /
mit der Brille lesen / *mit einem Taschenrechner rechnen*

Instrument für Teiltätigkeit:
mit Stäbchen essen (= die Speise mit Stäbchen zum Mund führen) /
mit einem Lexikon übersetzen

Übrigens beginnt sich meine Kompetenz angesichts dieser Mischklasse zu verwischen: Ich wüßte nicht anzugeben, ob das *mit Stäbchen* in dem Satz *Die Chinesen essen mit Stäbchen* eine Instrumental- oder eine Modalangabe ist, und ich weiß auch keine Kriterien für die eine oder andere Zuordnung. Ich überlasse das Problem dem Leser.

Nach dem zur Einführung diskutierten Konzept der Instrumentdeterminiertheit möchte ich nun das Konzept der Methodendeterminiertheit vorstellen, mit dessen Hilfe sich gut erklären läßt, warum bestimmte Sätze keine Ergänzung durch einen Instrumentalsatz erlauben, genauso wie sich mit Hilfe des Konzepts der Instrumentdeterminiertheit erklären ließ, warum bestimmte Verben keine oder nur ganz bestimmte Angaben über konkrete Instrumente erlauben.

Die Bedeutung sehr vieler Handlungsverben setzt sich aus zwei Komponenten zusammen: die erste zielt auf die Methode, die zweite auf das Ergebnis der jeweiligen Handlung. Man vergleiche dazu die folgenden Bedeutungsexplikationen (sie erheben keinen hohen Anspruch auf "Korrektheit" oder Vollständigkeit; es genügt mir, wenn sie einigermaßen überzeugend wirken):

(64) *trinken* = Flüssigkeit in den Mund nehmen und *durch Schluckbewegungen* in die Speiseröhre und damit in den Magen befördern

gehen = sich *durch bestimmte Beinbewegungen* (Schritte) vorwärtsbewegen

---

22 Daß man auch "auf den Händen" gehen kann, lasse ich hier außer acht. Man beachte aber, daß es *auf* und nicht *mit den Händen* heißt, daß es auch nicht *mit den Armen* heißt, was man eigentlich erwarten würde. Man geht aber (bei normalem Gehen) nicht "auf den Füßen".

singen = *durch Betätigung der Stimmwerkzeuge* bestimmte Töne produzieren
zertrampeln = etwas *durch bestimmte Beinbewegungen* (Stampfen und Treten) kaputtmachen

Daß diese Explikationen die Bedeutung der linksstehenden Verben in etwa wiedergeben, zeigen die folgenden widersprüchlichen Sätze:

(65) +Eva hat Bier getrunken, aber sie hat es nicht in den Mund genommen, und sie hat es nicht geschluckt, und das Bier gelangte auch nie in ihren Magen.

(66) +Eva ist zur Tür gegangen, aber sie hat ihre Beine dabei nicht bewegt, und sie ist auch nicht vorwärtsgekommen.

(67) +Eva hat gesungen, aber sie hat ihre Stimmwerkzeuge nicht betätigt und auch keine Töne produziert.

Handlungsverben mit derart "eingebauter Methode" nenne ich "methodendeterminiert". Es ergeben sich nun sehr interessante Parallelen zwischen Methodenangaben bei methodendeterminierten Verben und Instrumentangaben bei instrumentdeterminierten Verben: Schließt man bei einem methodendeterminierten Verb die Methode (ohne weitere Spezifikation) durch einen Instrumentalsatz an, so ergibt sich ein abweichender Satz:

(68) ??Eva trank das Bier, indem sie Schluckbewegungen machte.

(69) ??Eva ging zur Tür, indem sie Schritte machte.

Man könnte hier noch untersuchen, ob die Abweichung auf Redundanz (wie oben bei der totalen Instrumentdetermination) oder auf Unvollständigkeit beruht (vgl. dazu oben, gegen Ende von *IV.2.2.1*, die "unvollständige Gleichung" *8 = 3*).

Wenn aber bei einem methodendeterminierten Verb die Methode (mit zusätzlicher Spezifikation) in Form einer PP oder Partizipialkonstruktion genannt wird, so haben wir es mit einer typischen Modalangabe zu tun:

(70) Vorsichtig einen Fuß vor den anderen setzend ging Eva zur Tür.

(71) Eva ging mit Riesenschritten zur Tür.

(72) Hastig schluckend trank Frieda das Bier.

(73) Frieda trank das Bier mit hastigen Schlucken.

Mit dieser Beobachtung ist, wie ich meine, bereits eine sehr wichtige Regel für die in *V* zu diskutierenden Modalsatzgefüge gewonnen: Der Bezugssatz in einem Handlungs-Modalsatzgefüge beschreibt eine Handlung mittels eines methodendeterminierten Verbs, und der Modalsatz "spezifiziert" die vom Bezugssatzverb bereits implizierte Methode.

Für Instrumentalsatzgefüge dagegen ergibt sich aus dem bisher Diskutierten folgende Regel: Sätze mit methodendeterminierten Handlungsbeschreibungen erlauben nur unter sehr speziellen Bedingungen eine Ergänzung durch einen Instrumentalsatz. Diese Spezialbedingungen sind:

(a) Bedeutungsexplikationen, Lexikondefinitionen (Formulierungsvarianten für die unter (64) aufgeführten Definitionen):

(74) Man z e r t r a m p e l t etwas, indem man es durch Stampfen und Treten kaputtmacht.

(b) Gebrauchsanweisungen, Ratgeberbücher (die ja eben davon ausgehen, daß die jeweilige Methode dem Benutzer unbekannt ist):

(75) Man kocht ein Ei, indem man es für drei bis fünf Minuten in kochendes Wasser legt.

(c) Beschreibung von Ausnahmesituationen (vgl. (63): *mit dem Mund malen*):

(76) Erich ist gelähmt. Er legt sich zu Bett, indem er sich mit dem rechten Arm auf das Bett stützt, sich dann aus dem Rollstuhl auf das Bett schwingt und schließlich mit den Armen die Beine auf das Bett hochzieht.

Jeder Leser mag für sich selbst nachprüfen, daß die in *IV.2.2.1* als abweichend indizierten Instrumentalsatzgefüge im Bezugssatz allesamt ein methodendeterminiertes Verb enthalten.

Eine besondere Gruppe innerhalb der methodendeterminierten Verben bilden die Verben *unterlassen*, *zulassen* und Bezeichnungen für Fehlhandlungen wie *sich versprechen/vertippen*. Sie erlauben Instrumentalsätze nur unter der Spezialbedingung (a):

(77) Man u n t e r l ä ß t etwas, indem man es nicht tut.
Man l ä ß t etwas z u , indem man nichts dagegen unternimmt, daß es geschieht.
Man v e r t i p p t sich, indem man einen Fehler beim Tippen macht.

Für die Spezialbedingungen (b) und (c) sind mir zu diesen Verben keine Beispiele eingefallen - vermutlich weil sich die "Methodik" des Unterlassens, Zulassens und Fehlhandelns auch in Ausnahmesituationen nicht ändert und weil wohl niemand an einer Anleitung dafür interessiert ist.

IV.3.3 Die Begriffe 'Instrumentneutralität' und 'Methodenneutralität'

Der Begriff der Instrumentneutralität interessiert hier eigentlich nur noch aus Symmetriegründen, als Pendant zu dem soeben eingeführten Begriff 'Instrumentdeterminiertheit'. Beispiele für instrumentneutrale Verben sind etwa *spielen* und *verletzen*. Nur die eigene Phantasie setzt dem Spielenden Grenzen hinsichtlich der "Instrumente", mit denen er spielen kann; und womit man etwas oder jemanden verletzen kann, das hängt von der Beschaffenheit des zu verletzenden "Objekts" ab, die auf vielfältige Weise variieren kann und nicht von der Semantik des Verbs *verletzen* her festzulegen ist.

Methodenneutralität ist eine Eigenschaft von Handlungsbeschreibungen und Handlungsverben. Wenn zum Beispiel mein Freund Otto (um die Mittagszeit) singt, so kann ich seine Handlung auf ganz verschiedene Weisen beschreiben. Ich kann sagen:

(78) Otto produziert Töne.

(79) Otto betätigt seine Stimmwerkzeuge.

(80) Otto produziert Töne, indem er seine Stimmwerkzeuge betätigt.

(81) Otto singt.

(82) Otto übt (Singen).

(83) Otto stört die Mittagsruhe.

(84) Otto stört die Mittagsruhe, indem er singt/übt.

Keine dieser Handlungsbeschreibungen läßt sich von vornherein als falsch oder unzutreffend von der Hand weisen; vgl. hierzu auch WHITE (1968: 11). Wir wollen hier nur die Handlungsbeschreibungen (78) bis (81) betrachten. Sie erreichen unterschiedliche Grade der Vollständigkeit und beziehen sich auf verschiedene Aspekte der Handlung: (78) betont das Ergebnis der Handlung, (79) mehr die Durchführung/Methode; (80) gibt eine relativ vollständige "analytische" Beschreibung mit Angabe des Ergebnisses u n d der Methode; (81) ist genauso vollständig, aber "synthetisch".[23]

Man kann also einen Instrumentalsatz als denjenigen T e i l einer analytischen Handlungsbeschreibung auffassen, der die Methode der jeweiligen Handlung beschreibt, während der zugehörige Hauptsatz das Handlungsergebnis

---

23 Die Termini *analytisch* und *synthetisch* übernehme ich von FEFILOV (1976: 288), der sie von DIERSCH (1972: 48) übernommen hat. FEFILOV bezeichnet die Verben *reiten*, *stolzieren*, *watscheln*, *waten* als synthetisch, die Verben *fahren* und *gehen* im Vergleich zu jenen als analytisch. Ich würde zu diesen Termini noch weitere Spezifikationen vorschlagen: *reiten* ist synthetisch hinsichtlich des Instruments (Pferd), d.h. in meiner Terminologie: instrumentdeterminiert; *stolzieren* und *watscheln* sind synthetisch hinsichtlich des Modus u n d des Instruments (Beine). *Fahren* und *gehen* sind ebenfalls instrumentdeterminiert, und zwar *fahren* partiell (Fahrrad, Zug, +Lampe) und *gehen* gemischt (Beine/Stock); aber da sie nicht modusdeterminiert sind, kann man sie immerhin als weniger synthetisch als *watscheln* und *stolzieren* bezeichnen. Statt *fahren* und *gehen* analytisch zu nennen, sollte man besser sagen, daß diese beiden Verben eher in analytischen Handlungsbeschreibungen vorkommen als etwa *watscheln*, da sie weniger synthetisch sind.

beschreibt, das durch die Methode erreicht wurde.[24] Ist die Beschreibung der Methode in der Gesamtbeschreibung der Handlung bereits "synthetisch" enthalten, so ist ihre Explizierung natürlich überflüssig. Dies erklärt, warum methodendeterminierte Handlungsbeschreibungen keine Instrumentalsätze erlauben. Für unsere Mehrsprachengrammatik bedeutet dies, daß für den Bezugssatz nur methodenneutrale (d.h. hinsichtlich der Methode nicht synthetische) Handlungsverben in Frage kommen. Ob ein Handlungsverb methodenneutral oder methodendeterminiert ist, muß im Lexikon der Mehrsprachengrammatik verzeichnet werden.

Handlungsbeschreibungen wie (78), die nur das Ergebnis einer Handlung ins Auge fassen und daher *indem*-ergänzbar sind, lassen sich in der Regel durch explizit kausative Konstruktionen paraphrasieren; vgl.:

(85) Töne produzieren = verursachen, daß Töne erklingen
Flüssigkeiten in den Magen befördern = verursachen, daß Flüssigkeiten in den Magen kommen
sich vorwärtsbewegen = verursachen, daß man vorwärtskommt

Die sogenannten kausativen Verben sind ja in den letzten Jahren in der Linguistik eines der beliebtesten Themen geworden; meines Wissens aber ist bisher nicht zwischen methoden- und instrumentneutralen Kausativa auf der einen Seite und methoden- und instrumentdeterminierten auf der anderen Seite unterschieden worden. Und genau diese Unterscheidung braucht man, um die Klasse der durch Instrumentalangaben ergänzbaren Kausativa zu definieren.

In *IV.2.2.1* hatten wir festgestellt, daß kausative ("resultative") Handlungsbeschreibungen wie *ein Beet zertrampeln*, *ins Bett machen*, *einen Strumpf stricken* nicht *indem*-ergänzbar sind, während die obigen drei kausativen Handlungsbeschreibungen *Töne produzieren*, *Flüssigkeiten in den Magen befördern* und *sich vorwärtsbewegen* es zweifellos sind.

Der Unterschied zwischen diesen beiden Typen kausativer Handlungsbeschreibungen ist eben genau der, daß die ersteren methodendeterminiert und die letzteren methodenneutral sind. *Ein Beet zertrampeln* bedeutet zwar 'verursachen, daß ein Beet kaputt ist/kaputtgeht', aber die Methode ist exakt vorgegeben: 'durch Trampeln'.

---

24 Vgl. dazu BRENNENSTUHL (1975: 34); VON WRIGHT (1971: 70):
The connection between an action and its result is intrinsic, logical and not causal (extrinsic). If the result does not materialize, the action simply has not been performed. The result is an essential "part" of the action. It is a *bad* mistake to think of the act(ion) itself as a cause of its result. (p. 67f)

Untersucht man die Bedeutung der in *IV.1* zusammengestellten Handlungsbeschreibungen, die in Bezugssätzen instrumentaler *gerundio*-Konstruktionen vorkommen, so stellt man fest, daß sie allesamt in dem hier definierten Sinne methodenneutral sind.

Zwar sind die meisten methodenneutralen Handlungsbeschreibungen gleichzeitig kausativ (d.h. durch eine Konstruktion mit *verursachen, daß* ... paraphrasierbar), aber doch nicht alle. Für nicht kausativ halte ich zum Beispiel (*zurück-/wieder-*) *grüßen* vgl.:

(86) Er grüßte mich, indem er mit dem Kopf nickte. --→
??Er verursachte, daß ich gegrüßt wurde, indem er mit dem Kopf nickte.

Anders als ich in meinen Voruntersuchungen zu Instrumentalsatzgefügen zunächst angenommen hatte, ist also Kausativität/Resultativität des Hauptsatzverbs weder eine notwendige noch eine hinreichende Bedingung für die *indem*-Ergänzbarkeit des Hauptsatzes. Die einzig entscheidende Eigenschaft scheint demnach die Methodenneutralität zu sein.

Auch Finalität korreliert nicht i m m e r mit Instrumentalität. Wie wir schon in *IV.2.2* gesehen haben, können nicht alle Instrumentalsatzgefüge in ein Finalsatzgefüge umgeformt werden: zum Beispiel diejenigen nicht, deren Hauptsatz eine Nichthandlung_2 beschreibt, also eine Handlung, die der Handelnde ausführt, ohne sich dessen bewußt zu sein. (Mehr dazu im Abschnitt *IV.4*)

Außerdem können natürlich längst nicht alle Finalsätze in ein Instrumentalsatzgefüge umgewandelt werden; vgl.:

(87) Sie flog nach Amerika, um ihren Onkel im Krankenhaus zu besuchen.
+Sie besuchte ihren Onkel im Krankenhaus, indem sie nach Amerika flog.

Erstens ist *besuchen* ein methodendeterminiertes Verb und sowieso nicht *indem*-ergänzbar; zweitens handelt es sich bei dem Fliegen und dem Besuchen um zwei verschiedene Handlungen und nicht um ein und dieselbe, die bloß zweifach beschrieben wird, denn das Fliegen findet zu einem früheren Zeitpunkt statt als das Besuchen.

Genau wie bei den methodendeterminierten gibt es auch bei den methodenneutralen Verben eine "ausgezeichnete" Gruppe: *versuchen, fertigbringen, jemanden zu etwas bringen, zustandebringen, hinkriegen, schaffen, gelingen* und wahrscheinlich noch einige andere. Zusammen mit ihrem jeweiligen Satzkomplement bilden diese Verben i m m e r eine methodenneutrale Handlungsbeschreibung, der ein *indem*-Satz nachgeschaltet werden kann - auch dann, wenn das Satzkomplement seinerseits eine methodendeterminierte Handlungsbeschreibung oder gar die Beschreibung einer Nichthandlung_1 enthält; vgl.:

(88) ??Er kaufte ein Brot, indem ...
Er brachte es fertig, ein Brot zu kaufen, indem er seine Abneigung gegen den Bäcker überwand.

(89) +Er wurde krank, indem ...
Er schaffte es, krank zu werden, indem er sich der Kälte aussetzte.

(90) +Erich wurde freigesprochen, indem ...
Franz kriegte es hin, daß Erich freigesprochen wurde, indem er die Tatsachen völlig verdrehte.

Wenn nun ein Hauptsatz eine methodenneutrale Handlungsbeschreibung enthält, so bedeutet dies natürlich noch nicht, daß er mit jedem beliebigen *indem*-Satz kompatibel wäre; vgl.:

(91) +Sie schlug die Gegner in die Flucht, indem sie sie an einen Baum fesselte.

(92) +Sie weckte ihn, indem sie { eine Ausstellung besichtigte. / ihr Einkommen verbesserte. }

In Anlehnung an die in *IV.3.2* entwickelten Konzepte der "totalen", "partiellen" und "gemischten Instrumentdeterminiertheit" könnte man in Fällen wie (91) und (92) auch von partieller Methodendeterminiertheit sprechen: Eine ganze Reihe verschiedenster Methoden sind durchaus geeignet, jemanden zu wecken oder in die Flucht zu schlagen, aber es gibt eben auch Methoden, die kraß ungeeignet sind und niemals (vgl. (91)) oder kaum (vgl. (92)) zu dem im Hauptsatz beschriebenen Ergebnis führen können. Auf der Ebene der Methoden wären die Sätze (91) und (92) dann vergleichbar mit dem bereits vorgeführten Satz (62): +*Sie erschoß ihn mit einem Messer.*

IV.3.4 Zusammenfassung der wichtigsten Ergebnisse

Unter dieser leicht veränderten Perspektive könnte man folgende Regeln für Instrumentalsatzgefüge formulieren:

1 Sätze mit total methodendeterminierten ("synthetischen") Handlungsbeschreibungen erlauben einen Instrumentalsatz nur unter einer der drei Spezialbedingungen (a), (b) und (c) (vgl. oben *IV.3.2*).

1.1 Sätze mit Beschreibungen von Unterlassungs-, Zulassungs- und Fehlhandlungen erlauben einen Instrumentalsatz nur unter der Spezialbedingung (a).

2 Sätze mit partiell methodendeterminierten Handlungsbeschreibungen erlauben nur Instrumentalsätze, die eine jeweils "geeignete" Methode beschreiben. (Allerdings dürfte es nicht ganz einfach sein, die jeweils (un)geeignete Methode im Lexikoneintrag von partiell methodendeterminierten Handlungsverben festzulegen. Ich muß auf eine Ausarbeitung dieses Aspekts hier jedenfalls verzichten.)

3 Sätze mit methodenneutralen Handlungsbeschreibungen - wie zum Beispiel *Er half ihm, Sie beleidigte ihn* - sind hinsichtlich der Wahl des Instrumentalsatzes frei.

Diese Regel bedarf, da sie den Begriff 'methodenneutral' in einem engeren Sinne als bisher verwendet, noch eines Kommentars. Ich habe oben den Begriff 'instrumentneutral' mit Hilfe der beiden Verben *spielen* und *verletzen* illustriert. Meines Erachtens haben diese Verben in Verben wie *beleidigen/kränken* und *helfen/unterstützen* eine Entsprechung auf der Ebene der Methoden; denn die Handlungen, mit denen man jemanden beleidigen, kränken oder unterstützen bzw. jemanden helfen kann, hängen allein von der jeweils beim zu beleidigenden bzw. zu unterstützenden "Objekt" vorhandenen Empfindlichkeit bzw. Notlage ab und können nicht von der Semantik dieser Verben her festgelegt werden.

4 Die beiden in einem Instrumentalsatzgefüge verbundenen Handlungsbeschreibungen müssen konzeptuell verschieden sein; vgl.:

(93) +Er öffnete die Tür, indem er sie aufmachte.

(94) +Sie unterhielt sich blendend, indem sie sich köstlich amüsierte.

(Anmerkung: Regel 4 ist neu, faßt also kein Ergebnis der vorangegangenen Diskussion zusammen.)

IV.4 Beziehungen zwischen Instrumentalsatzgefügen und anderen Konstruktionen

Es gibt einige auffällige Verwandtschaftsbeziehungen zwischen Instrumentalsatzgefügen und bestimmten Temporal- und Komplementsatzgefügen. Ich werde diese Beziehungen hier nur kurz vorstellen, ohne jedoch tiefer in ihre Problematik eindringen zu wollen. Die folgenden Bemerkungen sind also lediglich als Anregungen für andere "Instrumentalforscher" gedacht sowie als Einstimmung in die beiden nächsten Subkapitel, in denen die kontextuell und stilistisch determinierten Varianten der "idealen Übersetzung" für instrumentale *gerundio*-Gefüge diskutiert werden.

IV.4.1 Beziehungen zwischen Instrumentalsatzgefügen und Temporalsatzgefügen

Man betrachte die beiden folgenden Sätze:

(95) Otto hat Vera beleidigt, indem er sich neben Ella setzte.

(96) Otto hat Vera beleidigt, als er sich neben Ella setzte.

Satz (96) hat mindestens zwei Lesarten. Die erste ist "rein temporal", läßt anstelle des *als* auch ein *während* zu und erlaubt eine Ergänzung durch einen Instrumentalsatz:

(97) Otto hat Vera beleidigt, während er sich neben Ella setzte (indem er ihr die Zunge herausstreckte).

Die zweite Lesart von (96) ist der Bedeutung des Instrumentalsatzgefüges (95) sehr ähnlich und läßt sich wie folgt paraphrasieren:

(98) Es war eine Beleidigung/beleidigend für Vera, als/daß Otto sich neben Ella setzte.

Hier wird die Handlung Ottos - nämlich die Tatsache, daß er sich neben Ella setzte - vom Sprecher als Beleidigungshandlung i n t e r p r e t i e r t. Ob man *als*-Sätze mit einer derartigen Lesart überhaupt als Temporalsätze einstufen sollte, erscheint mir fraglich. Ich würde sie als thematische Varianten der normalerweise rhematischen Intrumentalsätze behandeln, denn anders als (95) antwortet (96) nicht auf die Frage *Wie hat Otto Vera beleidigt?*, sondern auf die Frage *Was tat Otto dadurch, daß er sich neben Ella setzte?*.

IV.4.2 Beziehungen zwischen Instrumentalsatzgefügen, Sätzen mit Satzsubjekten, Sätzen mit Satzadverbien und ähnlichen Konstruktionen

Es ist soeben ein wichtiges Stichwort gefallen: "Interpretation" einer Handlung durch den Sprecher. Einige instrumentale Satzgefüge sind von der Art, daß der Sprecher im Hauptsatz eine "Bewertung" oder "Interpretation" oder "Kommentierung" der im Instrumentalsatz beschriebenen Handlung vornimmt. Für eine solche semantische Konstellation gibt es nun eine Reihe verschiedener Ausdrucksmöglichkeiten; vgl. die folgenden sinnverwandten Sätze:

(99) Hans bewies seine Naivität, indem/als er sich über den Brief freute.
Daß Hans sich über den Brief freute, beweist seine Naivität.
Daß Hans sich über den Brief freute, ist ein Zeichen/Beweis für seine Naivität.
Hans war so naiv, sich über den Brief zu freuen.
Naiverweise freute sich Hans über den Brief.
In seiner Naivität freute sich Hans über den Brief.
Naiv wie er war, freute sich Hans über den Brief.

Dieser Sondertyp instrumentaler Satzgefüge läßt sich schlecht in ein Finalsatzgefüge umwandeln:

(100) ??Hans freute sich über den Brief, um seine Naivität zu beweisen.

Bezugssätze instrumentaler Satzgefüge, die in der hier vorgeführten Weise die im Instrumentalsatz genannte Handlung "interpretieren" oder "kommentieren", könnten als eine Untergruppe der Nichthandlung$_2$-Sätze eingeordnet werden, also derjenigen Sätze, die Handlungen beschreiben, deren sich der Handelnde nicht bewußt ist. Er kann sich ihrer ja auch schwerlich bewußt sein, wenn es sich bei dieser Art von Handlungsbeschreibungen um eine "sekundäre" Interpretation seiner "Primärhandlung" (hier: Freude über den Brief) durch den Sprecher handelt. Ähnlich geartete Beispiele aus meinem italienischen Belegmaterial sind:

(101) Tortura se stessa *guardando* gli oggetti che appartennero a Odette. - ca 61
?Guarda gli oggetti che appartennero a Odette per torturare se stessa.

(102) Maria Antonia non trovò il coraggio di rincasare e varcò definitivamente il Rubicone *seguendo* Mariano nell'alloggio che questi si era trovato a Vimodrone
?Seguî Mariano per varcare definitivamente il Rubicone.

(103) Le dissi che i vini della nostra cantina non hanno rivali in tutta la Francia, e che non poteva offendere i miei vecchi amici, *servendo* quelle porcherie moderne. - ca 83
?Servî quelle porcherie moderne per offendere i miei vecchi amici.

(Die Fragezeichen vor den umgeformten Beispielen indizieren hier nicht eine verminderte Akzeptabilität an sich; sie deuten nur an, daß die umgeformten Beispiele jedenfalls eine ziemlich andere Bedeutung haben als die Originale - was sonst bei der Umwandlung eines Instrumentalsatzgefüges in ein Finalsatzgefüge nicht in der Form zu beobachten ist.)

Diese Variante von Nichthandlung$_2$-Sätzen wird bei BRENNENSTUHL (1975) nicht erörtert; sie ist zweifellos ein interessanter Forschungsgegenstand und verdient eigentlich mehr linguistische Sorgfalt als ich ihr hier mit diesen paar legeren Bemerkungen widmen konnte.

IV.5 Über den Unterschied zwischen *indem* und *dadurch daß*

Ich halte *dadurch daß* für eine kausale und *indem* für eine instrumentale Konjunktion; aber diese beiden "Hauptfunktionen" der beiden Konjunktionen sind nicht immer leicht auseinanderzuhalten - einmal, weil die Begriffe 'Instrumentalität' und 'Kausalität' im Bereich der Handlungssätze ohnehin schwer zu trennen sind, zum anderen, weil bisweilen aus stilistischen und mitteilungsperspektivischen Gründen *indem* für *dadurch daß* und *dadurch daß* für *indem* eingesetzt werden kann.

Dadurch daß hat als kausale Konjunktion natürlich einen viel weiteren Anwendungsbereich als *indem* insofern, als *dadurch daß*-Sätze im Gegensatz zu *indem*-Sätzen keineswegs nur Handlungen beschreiben:

(104) Prozeß:
Dadurch daß /Weil/$^+$Indem es regnet, wird die Straße naß.

(105) Zustand:
Dadurch daß /Weil/$^+$Indem er betrunken war, fiel er unangenehm auf.

(106) Eigenschaft:
Dadurch daß /Weil/$^+$Indem er Linkshänder ist, hat er es schwerer als andere.

Betrachten wir nun Sätze, die sich nur dadurch unterscheiden, daß in ihnen einmal *indem* , das andere Mal *dadurch daß* verwendet wird:

(107.1) Franz half Erna dadurch, daß er ihr zuhörte.
2) Franz half Erna, indem er ihr zuhörte.

(108.1) Dadurch, daß Franz Erna zuhörte, half er ihr.
2) Indem Franz Erna zuhörte, half er ihr.

Wie wir sehen, sind diese Sätze sowohl mit *indem* als auch mit *dadurch daß* akzeptabel. Mir scheint, daß am Satzanfang ein *dadurch-daß*-Satz stilistisch besser ist als ein *indem*-Satz; vgl. (108.1) und (108.2). Das mag mit der schon eben erwähnten Rhematizität von *indem*-Sätzen zusammenhängen.

Bei Sätzen, die sowohl eine 'absichtlich' - als auch eine 'unabsichtlich' -Lesart haben, selegiert (für mein Sprachgefühl) ein *dadurch-daß*-Satz die 'unabsichtlich'- und ein *indem*-Satz die 'absichtlich'-Lesart; vgl.:

(109) Otto hat mich dadurch beleidigt/gekränkt/verletzt, daß er die ganze Zeit nur von Franz sprach.

(110) Otto hat mich beleidigt/gekränkt/verletzt, indem er die ganze Zeit nur von Franz sprach.

Ich muß allerdings zugeben, daß die häufige Lektüre von Beispielen wie den folgenden, die - sozusagen als *constructiones ad sensum* - ziemlich verbreitet zu sein scheinen und die ich eigentlich für abweichend halte, nicht gerade dazu angetan ist, mich in meinem Sprachgefühl für die m.E. richtige Anwendung von *indem* und *dadurch daß* zu bestärken:

(111) Indem Ereignisse in den Aussagen verschiedener Figuren gespiegelt werden, gelingt dem Autor eine ironische Brechung der durch die bürgerliche Presse geprägten öffentlichen Meinung.
(STOJANOVA-JOVČEVA 1976: 113)

(112) Die zitierten Sätze sind oft frei erfunden (indem sich der Autor selbst als Sprecher der deutschen Sprache versteht) ...
(WUNDERLICH 1970: 14)

(113) Schließlich zeichnet sich eine Verallgemeinerung des Begriffs Zeitbestimmung ab, [...] indem Zeitbestimmungen als spezielle Maßangaben begriffen werden.
(WUNDERLICH 1970: 16)

In *IV.2.2.2* hatte ich festgesetzt, daß Nichthandlung$_1$-Sätze wie *Karl fiel etwas ein* weder als Bezugs- noch als Nebensätze instrumentaler Satzgefüge in Frage kommen sollten. Ich benutzte dabei den Begriff 'instrumentales Satzgefüge' in einem idealtypischen "tiefenstrukturellen" Sinn. Versteht man aber unter einem 'instrumentalen Satzgefüge' einfach ein Gefüge mit einem *indem*-Satz, so kann diese Regel nur noch bedingt gelten, weil nämlich die Konjunktion *indem* die kausale Konjunktion *dadurch daß* manchmal aus stilistischen Gründen ersetzen kann; vgl. die folgende Serie:

(114.1) ?Indem/Dadurch daß Franz an Ostern dachte, fiel ihm ein, daß er vergessen hatte, Eier zu kaufen.
2) Franz fiel dadurch, daß/?indem er an Ostern dachte, ein, daß er vergessen hatte, Eier zu kaufen.
3) Franz fiel ein, daß er vergessen hatte, Eier zu kaufen, indem/+ dadurch daß er an Ostern dachte.

Bei genauerer Betrachtung dieser Beispiele sieht man, warum der deutsche Sprachgebrauch hier so schwankend ist: Die Konjunktion *indem* ist syntaktisch "handlicher" als das schwerfällige *dadurch daß*. In einem Satz wie (114.2) ist *dadurch daß* zwar eigentlich aus semantischen Gründen die korrekte Wahl, aber es bewirkt eine derart verschachtelte Syntax, daß man stattdessen lieber auf eine Konstruktion wie (114.3) mit dem semantisch nahe verwandten *indem* ausweicht, das den Nebensatz problemlos auch an komplexe Hauptsätze anschließen kann, im Gegensatz zu *dadurch daß*, das in (114.3) aus rein syntaktischen Gründen ungrammatisch ist. Ähnliches wie *indem* leistet in solchen Fällen auch die Konjunktion *als:*

(115) Franz fiel ein, daß er vergessen hatte, Eier zu kaufen, als er an Ostern dachte.

IV.6 Die "ideale" Übersetzung instrumentaler *gerundio*-Gefüge und einige ihrer kontextuell und stilistisch determinierten Varianten

Für unsere Mehrsprachengrammatik haben, wie gesagt, die Erörterungen der beiden vorangehenden Subkapitel *IV.4* und *IV.5* keine Konsequenzen. Sie wird instrumentale Satzgefüge mit den hier allmählich herausgearbeiteten semantischen Eigenschaften erzeugen und sie mittels der italienischen Syntaxregeln in (instrumentale - aber das ist ja äußerlich nicht erkennbar) italienische *gerundio*-Gefüge und mittels der deutschen Syntaxregeln in deutsche *indem*-Satzgefüge überführen. Ich ernenne also deutsche *indem*-Satzgefüge zur "idealen" Übersetzung instrumentaler *gerundio*-Gefüge. Hier ein Musterbeispiel:

(116) Franco mi aiutava dicendo la verità.
Franco half mir, indem er die Wahrheit sagte.

Für die Erklärung der konkret zu beobachtenden Übersetzerstrategien spielen nun aber die obigen Erörterungen der Subkapitel *IV.4* und *IV.5* eine ganz wesentliche Rolle. So lassen sich zum Beispiel die folgenden übersetzungsstrategischen Tendenzen und Gesetzmäßigkeiten aus ihnen ableiten:

(a) Eine am Satzanfang stehende instrumentale *gerundio*-Konstruktion wird eher mit einem *dadurch daß*-Satz als mit einem *indem*-Satz übersetzt.

(b) Instrumentale *gerundio*-Gefüge, deren Bezugssatz eine Sprecherinterpretation/-kommentierung der in der *gerundio*-Konstruktion beschriebenen Handlung enthält, eröffnen eine Reihe oberflächenstrukturell recht unterschiedlicher Übersetzungsmöglichkeiten. Ein Satz wie *Tortura se stessa guardando gli oggetti che appartennero a Odette* kann daher unter Umständen auch wie folgt übersetzt werden:

   Es ist Selbstquälerei, daß/wie sie die Gegenstände betrachtet, die Odette gehörten.

   In selbstquälerischer Weise betrachtet sie die Gegenstände, die Odette gehörten.

   Selbstquälerischerweise betrachtet sie ...

   Selbstquälerisch wie sie ist, betrachtet sie ...

(c) Bei einem theoretisch hinsichtlich der Absichtlichkeit unbestimmten Bezugssatz wie *Mi ha offeso/irritato/fatto arrabbiare/svegliato* wird der Übersetzer die instrumentale *gerundio*-Konstruktion mit *dadurch daß* übersetzen, wenn er die Handlung als unbeabsichtigt einschätzt, und mit *indem*, wenn er sie als beabsichtigt einschätzt.

(d) Ist nicht die instrumentale *gerundio*-Konstruktion rhematisch, sondern der Bezugssatz, d.h. antwortet das *gerundio*-Gefüge auf eine Frage wie *Was tat x dadurch, daß sie y tat?*, so kann der Übersetzer die *gerundio*-Konstruktion mit einem *als*-Satz übersetzen.

Im folgenden will ich noch ein paar weitere Varianten der "idealen" Übersetzung und ihre kontextuellen und stilistischen Voraussetzungen/Bedingungen erörtern. Die Diskussion wird weder sehr systematisch sein, noch kann sie das Thema ausschöpfen. In dem hier zu behandelnden Fall der instrumentalen *gerundio*-Gefüge ist beides auch nicht erforderlich, denn die "ideale" Übersetzung ist tatsächlich auch die in der Übersetzungspraxis am häufigsten realisierte. Ihre Varianten und deren Bedingungen sind zwar linguistisch interessant, aber es handelt sich bei ihnen eben eher um Randerscheinungen. Ganz anders liegen die Verhältnisse bei modalen *gerundio*-Konstruktionen und ihren deutschen Entsprechungen. Zur "idealen" Übersetzung modaler *gerundio*-Konstruktionen werde ich deutsche Partizipialkonstruktionen ernennen; aber in der Praxis wird einer derartigen Übersetzung aus stilistischen Gründen fast regelmäßig ausgewichen, weshalb die Diskussion der Varianten einen zentralen Bestandteil des Kapitels über modale *gerundio*-Konstruktionen und ihre deutschen Entsprechungen bildet.

"Ideale Übersetzung" bedeutet also keineswegs 'in der Praxis überwiegend realisierte Übersetzung', sondern eher 'semantisch äquivalente Übersetzung'.

1. Variante: Nominalisierung eines *dadurch daß*-Satzes statt *indem*-Satz

Beispiele:

(117) E voi gli avete offerto la possibilità di mettersi in salvo telefonandogli. - 161

Und ihr habt ihm *durch einen Telefonanruf* die Gelegenheit gegeben, sich in Sicherheit zu bringen.

(118) era assurdo che [...] egli vietasse anche impulsi spontanei [...] come il distrarsi per pochi minuti *osservando* da vicino una medusa. - rim 62-3

es war unsinnig, daß er [...] spontane [...] Impulse unterdrückte wie das Bedürfnis, sich einige Minuten lang *durch die nähere Betrachtung* einer Qualle Ablenkung zu schaffen. - rim 64-5

(119) Maria Antonia ebbe un attimo di crisi e pensò di risolvere ogni cosa *buttandosi* da una finestra [...] - cl 54

[...] versuchte Maria Antonia in einem Augenblick der Verzweiflung, allem *durch einen Sprung* aus dem Fenster ein Ende zu machen. - cl 55

Bedingungen: Ich habe in *IV.5* einige Hinweise dafür gegeben, wann eine instrumentale *gerundio*-Konstruktion durch einen *dadurch daß*-Satz übersetzt werden kann, aber es ist hier nicht der Ort, um zu diskutieren, wann ein deutscher *dadurch daß*-Satz nominalisiert werden kann und wann nicht. Ich habe das Problem in PUSCH (1976b) ausführlich erörtert.

2. Variante: *und*-Konjunkt statt *indem*-Satz

Beispiele:

(120) Decisi di [...] darle una prova di fiducia *raccontandole* [...] quello che avevo udito [...]. - ca 133

Ich beschloß, ihr einen Beweis meines Vertrauens zu geben *und ihr zu erzählen*, was ich gehört hatte.

(121) [...] basta che uno [...] gli risponda con un minimo di urbanità, *chiamandolo* "dottore". - bo 55

es genügt, daß einer ihm mit einem Minimum an Höflichkeit antwortet *und ihn "Doktor" nennt.*

(122) Maria Antonia [...] pensò di risolvere ogni cosa *buttandosi* da una finestra [...]. - cl 54

Maria Antonia wollte allem ein Ende machen *und aus dem Fenster springen.*

Bedingungen: In diesen Beispielen ist der Bezugssatz nicht syntaktisch unabhängig, sondern ist Komplement eines übergeordneten Verbs (*decidere di*, *bastare che*, *pensare di*). Diese Voraussetzung scheint aber diese Variante nur zu begünstigen - sie ist weder eine notwendige noch eine hinreichende Bedingung dafür; vgl.:

(123) Unabhängiger Bezugssatz:

Le diedi una prova di fiducia *raccontandole* quello che avevo udito.

Ich gab ihr einen Beweis meines Vertrauens und erzählte ihr, was ich gehört hatte.

(Intendiert ist diejenige Lesart, in der e i n e Handlung auf zweierlei Weise beschrieben wird; vgl. auch Konstruktionen wie *Sei artig/lieb/nett und geh zu Bett*, mit denen ja auch nur e i n Befehl erteilt wird.)

(124) Bezugssatz ist seinerseits Satzkomplement:

Decise di ucciderlo *dandogli* un pugno.

?Er beschloß, ihn zu töten und ihm einen Faustschlag zu versetzen.

Die wesentliche Bedingung für diese Variante scheint das Vorliegen einer besonderen Relation zwischen der Handlungsbeschreibung des Bezugssatzes und der des Instrumentalsatzes zu sein. In Ahnlehnung an WHITE (1968: 10) könnte man diese Relation AMOUNTS TO (oder ZÄHLT ALS oder IST GLEICHBEDEUTEND MIT) nennen vgl.:

(125) 'raccontarle quello che avevo udito'
IST GLEICHBEDEUTEND MIT 'darle una prova di fiducia'

'chiamarlo "dottore"' IST GLEICHBEDEUTEND MIT 'rispondere con un minimo di urbanità'

'buttarsi da una finestra'
IST GLEICHBEDEUTEND MIT 'risolvere ogni cosa'

Damit vergleiche man:

(126) ?'dargli un pugno' IST GLEICHBEDEUTEND MIT 'ucciderlo'

Diese Bemerkungen werfen eine Reihe von Fragen auf, die ich hier nur anführen, aber nicht zu beantworten versuchen will:

(a) Was ist der Unterschied zwischen der schon mehrfach erwähnten Relation (ich habe sie bisher nur noch nicht ausdrücklich "Relation" genannt) IST SPRECHERKOMMENTAR ZU und der Relation IST GLEICHBEDEUTEND MIT? Gibt es überhaupt Unterschiede, oder sind die Relationen womöglich identisch, oder überschneiden sie sich?

(b) Wie läßt sich der Unterschied zwischen den Relationen SPRECHERKOMMENTAR und GLEICHBEDEUTEND auf der einen und derjenigen Relation auf der anderen Seite beschreiben, die zwischen den beiden Handlungsbeschreibungen *ucciderlo* und *dargli un pugno* besteht? (Nennen wir letztere Relation *F* (wie *faktisch*).)

(c) Ist es berechtigt, die drei (oder zwei?; s.o. Frage (a)) Relationen SPRECHERKOMMENTAR, GLEICHBEDEUTEND und F allesamt als "Instrumentalrelationen" zusammenzufassen?

3. Variante: Konstruktion mit *mit* statt *indem*-Satz

Beispiele:

(a) *gerundio* ist ein *verbum dicendi;*
Bezugssatz beschreibt einen perlokutiven Akt:

(127) Voi spiegate il furto della chiave *dicendo* che una donna se ne servì per entrare nel club ... - ca 149

Sie erklären den Diebstahl des Schlüssels *damit, daß* eine Frau ihn benutzt habe, um in den Club hereinzukommen.

(128) ha cercato di difendere il proprio comportamento *affermando* che la moglie [...] aveva paura di uscire di casa. - cl 82

[...] versuchte er, [...] sein Verhalten *mit der Behauptung* zu entschuldigen, daß seine Frau Angst habe, das Haus zu verlassen. - cl 83

versuchte er, sein Verhalten *damit* zu entschuldigen, *daß* seine Frau Angst habe ...

(129) lei però intuì il mio proposito e mi trattenne *dicendo*: "I miei occhi, li avete veduti? [...]" - rim 48

aber sie erriet meine Absicht und hielt mich zurück *mit den Worten*: "Meine Augen, hast du meine Augen gesehen? [...]"

(b) andere Konstruktionen:

(130) C'è una donna che guadagna danaro *accompagnando* nuovi membri. - ca 76

Es gibt eine Frau, die *damit* Geld verdient, *daß* sie neue Mitglieder einführt.

(131) Le dissi che i vini della nostra cantina non hanno rivali in tutta la Francia, e che non poteva offendere i miei vecchi amici, *servendo* quelle porcherie moderne. - ca 83

Ich sagte ihr, daß die Weine unseres Kellers von keinem in ganz Frankreich übertroffen würden und daß sie meine alten Freunde nicht *mit* diesen modernen Scheußlichkeiten beleidigen dürfte.

(132) Passano il loro tempo *giocando* interminabili partite a domino. - ca 80

Sie verbringen ihre Zeit *mit* endlosen Dominopartien.

Bei dieser Variante fällt auf, daß oftmals das *gerundio* unübersetzt bleibt, wenn es semantisch redundant ist; vgl. (127), (128), (131) und (132). Mehr weiß ich über die *mit*-Variante nicht zu sagen, denn ich habe sie nicht näher untersucht.

KAPITEL V: MODALE *gerundio*-KONSTRUKTIONEN UND IHRE DEUTSCHEN ENTSPRECHUNGEN

V.1 Einteilung der modalen *gerundio*-Konstruktionen in zwei Klassen: "Modus-Konstruktionen" und "Begleitumstands-Konstruktionen"

Wie bereits in *III.4* angekündigt, werde ich die Klasse der modalen *gerundio*-Konstruktionen in zwei Subklassen einteilen:

(a) *gerundio*-Konstruktionen, die den "Modus" des im Bezugssatz genannten Vorgangs (Handlung/Prozeß) oder Zustands spezifizieren (im folgenden: *Modus-Konstruktionen*)

(b) *gerundio*-Konstruktionen, die einen Begleitumstand (meistens eine Begleithandlung) des im Bezugssatz genannten Vorgangs (Handlung/Prozeß) oder Zustands beschreiben (im folgenden: *Begleitumstands-Konstruktionen*)

Zur Einführung je zwei typische Beispiele für die beiden Klassen:

ad (a): Modus-Konstruktionen

(1) *Cambiando* tono proseguí: "Voi avete scoperto il mio segreto, signore." - ca 131

Den Ton *wechselnd* / Mit/In *verändertem* Ton fuhr er fort: "Sie haben mein Geheimnis entdeckt, mein Herr."

(2) (Il tram) correva *sferragliando* [...] in direzione della barriera daziaria [...] - bo 45

(Die Straßenbahn) fuhr *rasselnd* / *rasselte* auf die Zollschranke zu.

ad (b): Begleitumstands-Konstruktionen

(3) Donne si buttavano a terra *gridando* e bambini piangevano disperatamente. - cl 16

Frauen warfen sich *schreiend* zu Boden, und Kinder weinten herzzerbrechend. - cl 17

(4) Camminava a fatica, *tenendo* il libro giallo sotto il braccio. - ba 92

Er ging mühselig, das gelbe Buch unter dem Arm (*haltend*).

(Auf die auffällige Tatsache, daß modale *gerundio*-Konstruktionen derartig verschieden ins Deutsche übersetzt werden, werde ich später, in *V.2* und *V.3*, ausführlicher eingehen.)

Ich möchte behaupten und im folgenden plausibel zu machen versuchen, daß in Modus-Satzgefügen (genau wie in Instrumentalsatzgefügen) e i n e Handlung auf zweierlei Weise beschrieben wird und daß in Begleitumstands-Satzgefügen zwei verschiedene Sachverhalte beschrieben werden, die allerdings für den Produzenten (Sprecher) des jeweiligen Satzes wahrnehmungs- oder vorstellungsmäßig eine Einheit bilden. Also: Modus-Satzgefüge bilden s a c h l i c h (und so auch vorstellungsmäßig) eine Einheit, da ihre beiden Bestandteile auf dieselbe Sache referieren; Begleitumstands-Satzgefüge bilden nur v o r s t e l l u n g s m ä ß i g eine Einheit, denn ihre beiden Bestandteile referieren auf zwei verschiedene Dinge.

Die Unterschiede und Übereinstimmungen zwischen den beiden Subklassen kann man sich recht gut an dem einfacheren Beispiel sogenannter attributiver *mit*-Phrasen des Deutschen klarmachen. Man vergleiche die beiden folgenden Ausdrücke:

(5) ein Haus mit Flachdach

(6) ein Haus mit Garten

Die Referenten beider Ausdrücke bilden für Sprecher des Deutschen sicher vorstellungsmäßig eine Einheit (ein linguistisches Indiz dafür - falls es eines solchen hier überhaupt bedarf und die Beispiele nicht für sich selbst sprechen - ist etwa der Wegfall des Artikels vor *Flachdach* und *Garten*). Aber nur der Referent von (5) bildet auch sachlich eine Einheit, weil das Flachdach ein T e i l des Hauses selbst ist (während der Garten dies nicht ist).

Ausdrücke wie *ein Haus mit Flachdach* sind Modus-Satzgefügen sehr ähnlich, und Ausdrücke wie *ein Haus mit Garten* ähneln Begleitumstands-Satzgefügen. Der Vergleich trägt, wie ich gleich zeigen werde, ziemlich weit - man könnte attributive *mit*-Phrasen als die (syntaktisch einfacheren) Pendants der Modalsätze bezeichnen. Hier treffe ich mich also wieder mit PARISI & CASTELFRANCHI (1976), die ja so sehr die Verwandtschaft zwischen dem *gerundio* und *con* betont haben. Ihre Feststellung trifft vor allem auf modale *gerundio*-Konstruktionen (beider Subklassen) zu, und da diese den weitaus größten Teil der *gerundio*-Konstruktionen ausmachen (bei mir 253 von 400 = 63,25 %), ist die m.E. vorschnelle Verallgemeinerung P&Cs, die Verwandtschaft mit *con* a l l e n *gerundio*-Konstruktionen zuzusprechen, immerhin verständlich.

Zurück zu meinem Vergleich: Um ihn weiter auszubauen, zähle ich die unterscheidenden und die gemeinsamen Eigenschaften der beiden Klassen von *mit*-Phrasen auf und vergleiche diese Eigenschaften mit den entsprechenden Eigenschaften der beiden Klassen modaler *gerundio*-Konstruktionen. Der Vergleich wird zahlreiche Begriffe enthalten, die hier zunächst nur unzureichend oder gar nicht definiert werden (z.B.: '(sachliche vs. kommunikative) Hauptsache', '(sachliche vs. kommunikative) Nebensache', 'Spezifikation', 'umkehrbar', 'vorstellungsmäßige vs. sachliche Einheit', u.a.m.). Es kommt mir in dieser Einführung in den riesigen Komplex der modalen *gerundio*-Konstruktionen auch nur auf eine gewisse Nachvollziehbarkeit und Plausibilität der Hauptgedanken an, noch nicht auf definitorische Stringenz. In einer früheren Arbeit über "Das *gerundio* als Ausdruck der Gewichtung" (PUSCH 1976a) habe ich einige der gleich vorzutragenden Ideen und Unterscheidungen schon ziemlich ausführlich dargestellt; der an mehr Einzelheiten und an der Anamnese dieser Ideen interessierte Leser mag sich dort orientieren. Außerdem werden in den beiden folgenden Subkapiteln *V.2* und *V.3*, in denen die Modus-Konstruktionen und die Begleithandlungs-Konstruktionen einzeln in all ihren so verschiedenen Erscheinungsformen behandelt werden, die meisten dieser Begriffe wieder aufgenommen und dabei erläutert und definiert werden. Die Synopse dieses Einführungskapitels dient nur dem Zweck, die Einteilung der modalen *gerundio*-Konstruktionen in zwei verschiedene Subklassen zu etablieren und linguistisch zu rechtfertigen.

(1.1) Die beiden Klassen von *mit*-Ausdrücken sind syntaktisch gleich gebaut. Einer NP ist eine *mit*-Phrase subordiniert. Das bedeutet, daß der Unterschied zwischen ihnen in der Semantik oder Pragmatik zu finden sein muß.

(1.2) Die beiden Klassen modaler *gerundio*-Gefüge sind syntaktisch ebenfalls gleich gebaut: Einem Bezugssatz ist eine *gerundio*-Konstruktion subordiniert. Auch hier ist der Unterschied zwischen beiden Klassen in der Semantik oder Pragmatik zu suchen.

(2.1) Beide Klassen von *mit*-Phrasen bezeichnen eine "Nebensache", die eine "Hauptsache" charakterisiert. In unseren Beispielen wird das Haus, die Hauptsache, durch die Nebensachen 'Flachdach' bzw. 'Garten' charakterisiert.

(2.2) Beide Klassen modaler *gerundio*-Konstruktionen bezeichnen eine Nebensache, die eine Hauptsache charakterisiert (vgl. auch die nicht von mir erfundene, sondern in den Grammatiken weit verbreitete Benennung *Begleitumstand/-handlung*.)

(3.1) Bei *ein Haus mit Flachdach* bezeichnet die *mit*-Phrase schon rein sachlich eine Nebensache, denn Dächer sind bekanntlich (notwendige) Bestandteile von Häusern, und in der Regel gilt das Ganze als wichtiger als ein Teil des Ganzen. Sprachlich entsprechen dieser Feststellung folgende Tatsachen:

(a) Ausdrücke wie *ein Haus mit Flachdach* sind nicht umkehrbar zu Ausdrücken wie +*ein Flachdach mit Haus*. Eine Umkehrung ist nur möglich, wenn statt *mit* eine lokale Präposition oder eine Genitivkonstruktion gewählt wird; vgl.:

Das Haus mit dem Flachdach:	Das Flachdach des Hauses
Das Haus mit den großen Fenstern:	Die großen Fenster in dem Haus

Wichtig ist hier, daß durch die syntaktische Umkehrung die Relation 'Hauptsache - Nebensache' nicht verändert wird: Als explizit lokaler oder "genitivischer" Bezugspunkt in den Konstruktionen b l e i b t *Haus* die sachliche (wenn auch nicht unbedingt die kommunikative) Hauptsache.

(b) Ausdrücke wie *ein Haus mit Dach* wirken pleonastisch. Der Bestandteil *'Dach'* gehört (lose gesprochen) schon zur Bedeutung des Wortes *Haus*. Dieser Bestandteil darf nicht ohne weitere Spezifikation (z.b. *Flachdach, Walmdach, rotes Dach*) expliziert werden.

(3.2) Modus-Konstruktionen wie das *Muovendosi con attenzione* in dem Satz *Muovendosi con attenzione si avvicinò alla porta* bezeichnen schon rein sachlich eine Nebensache, denn man kann sich (normalerweise) nicht einer Tür nähern, ohne sich zu bewegen. Das Sich-Bewegen ist also nur ein (notwendiger) Teil der Handlung des Sich-der-Tür-Näherns. Sprachlich entsprechen dieser Feststellung die folgenden Tatsachen:

(a) Modus-Satzgefüge wie *Muovendosi con attenzione si avvicinò alla porta* verlieren bei Umkehrung ihren modalen Charakter und werden unweigerlich zu Temporalsatzgefügen:

Avvicinandosi alla porta si mosse con attenzione.
Si mosse con attenzione avvicinandosi alla porta.

Das heißt, auch hier bleibt trotz Umkehrung die Haupthandlung 'avvicinarsi' als z e i t l i c h e r Bezugspunkt die sachliche Hauptsache, wenn auch nicht unbedingt die kommunikative.

(b) Ausdrücke wie *Muovendosi si avvicinò alla porta* wirken pleonastisch. Der Bestandteil 'muoversi' gehört (lose gesprochen) schon zur Bedeutung des Wortes *avvicinarsi*. Ein solcher Bestandteil darf in den hier diskutierten Satzgefügen nicht ohne zusätzliche Spezifikation (etwa: *muoversi con attenzione/lentamente*) expliziert werden.

(4.1) Bei *ein Haus mit Garten* bezeichnet die *mit*-Phrase nur vorstellungsmäßig eine Nebensache, denn ein Garten ist weder ein notwendiger Bestandteil eines Hauses, noch gehört er notwendigerweise zu einem Haus. Es gibt Häuser ohne Gärten und Gärten ohne Häuser. Sprachlich entsprechen dieser Feststellung folgende Tatsachen:

(a) Ausdrücke wie *ein Haus mit einem Garten* sind ohne weiteres umkehrbar zu Ausdrücken wie *ein Garten mit einem Haus* (natürlich nicht unter Beibehaltung der ursprünglichen Bedeutung; es geht hier nur um die Möglichkeit der syntaktischen Umkehrung überhaupt). Nach der Umkehrung bezeichnet die neue *mit*-Phrase die Nebensache (*Haus*).

(b) Ausdrücke wie *ein Haus mit Garten* wirken keineswegs pleonastisch, auch wenn der Bestandteil *Garten* nicht weiter spezifiziert wird (z.B.: *Haus mit großem Garten*).

(4.2) Begleitumstands-Konstruktionen wie *dicendo "Caro amico"* in *Mi venne incontro dicendo "Caro amico"* bezeichnen nur vorstellungsmäßig (nicht schon rein sachlich) eine Nebensache, denn man kann durchaus "Caro amico" sagen, ohne jemandem entgegenzugehen, und umgekehrt. Sprachlich entsprechen dieser Feststellung die folgenden Tatsachen:

(a) Begleitumstands-Satzgefüge können umgekehrt werden, wobei die syntaktische Umkehrung folgende semantische Änderung bewirkt: Was ursprünglich Nebensache war (= *gerundio*-Konstruktion), wird nun Hauptsache (= *Bezugssatz*) und umgekehrt; vgl.:

Mi venne incontro dicendo "Caro amico":
"Caro amico", disse venendomi incontro.

Der letzte Satz hat zugegebenermaßen auch eine temporale Interpretation (*"Lieber Freund", sagte er, als er mir entgegenkam*), aber sie ist nicht die einzig mögliche wie bei dem Umkehrungsresultat der Modus-Satzgefüge.

(b) Begleitumstands-Satzgefüge wirken nicht pleonastisch, auch wenn die jeweilige Begleitumstands-Konstruktion keine zusätzliche Spezifikation enthält.

Es bleibt nun noch die obige Behauptung zu begründen, daß Modus-Satzgefüge aus zwei Beschreibungen ein und derselben Sache bestehen - wie die Instrumentalsatzgefüge. Dies ist doch offenbar ein Punkt, in dem Modus-Satzgefüge mit ihren *mit*-Phrasen-Pendants (vgl. *ein Haus mit Flachdach*) nicht übereinstimmen; denn *Haus* und *Flachdach* bezeichnen wohl kaum ein und dieselbe Sache, wenn sie auch durch die Teil-von-Relation (vgl. BIERWISCH 1965) semantisch miteinander verbunden sind. Handlungen (und wohl auch Zustände, Prozesse etc.) unterscheiden sich aber von konkreten Gegenständen wie Häusern und Dächern gerade dadurch, daß verschiedene Beschreibungen von ihnen, zwischen denen zum Beispiel eine Art Teil-von-Relation besteht, für sich genommen b e i d e zutreffende Beschreibungen der jeweiligen Handlung sein können. Wenn Erna zur Tür geht, so kann ein Beobachter über dies Ereignis berichten: "Erna geht zur Tür." Ein anderer Beobachter kann, auf dasselbe Ereignis referierend, sagend: "Erna bewegt sich sehr vorsichtig." Und er kann damit ebenfalls recht haben. Die beiden Beobachter haben nur verschiedene Aspekte ein und derselben Handlung zur Sprache gebracht. Man kann nicht sagen, daß *Erna bewegt sich sehr vorsichtig* nur die Beschreibung eines Teils der Handlung sei. Man kann nur bei Vorliegen zweier Handlungsbeschreibungen durch Vergleich der Semantik (meist) der benutzten Verben feststellen, welche Relation zwischen diesen beiden Beschreibungen besteht, ob es sich zum Beispiel um eine "Modus-Relation" oder um eine "instrumentale Relation" handelt. Wenn dagegen jemand auf ein Haus mit dem Wort *Dach* referiert oder auf ein Dach mit dem Wort *Haus*, so beherrscht er entweder die deutsche Sprache nicht, oder er verstößt bewußt - zu poetischen oder sonstigen stilistischen Zwecken (Metonymie, *pars pro toto*) - gegen ihre Regeln.

V.2 Italienische Moduskonstruktionen und ihre deutschen Entsprechungen

V.2.1 Vorläufige Definition der Modussatzgefüge

Zwischen Moduskonstruktionen und ihren Bezugssätzen besteht eine Implikationsbeziehung derart, daß der Bezugssatz ein Implikat der Moduskonstruktion impliziert.[25] Diese Behauptung soll zunächst anhand einiger Beispiele illustriert werden:

(7) Mio fratello Ernesto aveva telegrafato da Parigi, *avvertendo* che sarebbe rientrato in Italia la sera stessa. - bo 160

(8) Aveva telefonato al suo direttore in serata *dicendogli* che non sarebbe andata allo spettacolo [...] - ca 58

Kommentar: Es gehört notwendig zur Handlung des Telegrafierens oder Telefonierens, daß man etwas mitteilt bzw. sagt. Die beiden Beispiele spezifizieren nun genauer, w a s jeweils mitgeteilt bzw. gesagt wird. Technischer ausgedrückt: Der Bezugssatz von (8), *Aveva telefonato al suo direttore in serata*, impliziert den Satz *Aveva detto qualcosa*, und der für die *gerundio*-Konstruktion von (8) als zugrundeliegend anzusetzende Satz *Aveva detto che non sarebbe*

---

25 Ich erinnere noch einmal an den Vergleich zwischen Konstruktionen wie *ein Haus mit Flachdach* und Modussatzgefügen. Einen Satz wie x_1 *ist ein Haus mit Flachdach* kann man zerlegen in die beiden Sätze x_1 *ist ein Haus* und x_1 *hat ein Flachdach*; diese beiden Sätze haben auch ein Implikat gemeinsam, und zwar den Satz x_1 *hat ein Dach*.
In *IV.3.2* hatte ich folgende Regel für handlungsbeschreibende Satzgefüge mit Moduskonstruktionen aufgestellt: "Ihr Bezugssatz beschreibt eine Handlung mittels eines methodendeterminierten Verbs, und die Moduskonstruktion 'spezifiziert' die vom Bezugssatzverb bereits implizierte Methode." Diese Definition ist noch zu eng, aber sie erfaßt bereits einen beträchtlichen Teil der Modussatzgefüge und außerdem einen wesentlichen Aspekt der im folgenden zu erarbeitenden umfassenderen Definiton: die Implikationsbeziehung zwischen Moduskonstruktion und Bezugssatz.

andata allo spettacolo impliziert ebenfalls den Satz *Aveva detto qualcosa*. Also erfüllt dieses Beispiel das eingangs genannte Definitonskriterium für Modussatzgefüge.
Weitere Beispiele:

(9) *Strascicando* sul lastrico le scarpacce, Cenzo si dirigeva verso il centro della piazza [...] - bo 134

(10) *Muovendosi* con attenzione per evitarlo /il sangue raggrumato/, Bencolin si avvicinò al muro e lo spinse. - ca 26

(11) E furono tutt'e due a un tratto molto felici mentre correvano *scivolando* nell'erba alta [...] - pa 46

(12) Strinse in giro tutte le mani, quindi si allontanò, *arrancando*, in direzione dell'ombrellone. - bo 97

(13) Camminava velocemente *zoppicando* [...] - ca 81

Kommentar: Die Bezugssatzverben dieser Beispiele (*dirigersi verso*, *avvicinarsi*, *correre*, *allontanarsi*, *camminare*) beschreiben Fortbewegungshandlungen, und die *gerundio*-Konstruktionen spezifizieren die jeweils besondere Art der implizierten Bewegung.

Laut FILLMORE (1971) gehören zur Intension jedes Fortbewegungsverbs die Kasus *Source*, *Path* und *Goal*. Was mit Hilfe von Source-, Path- und Goal-Präpositionalphrasen allein ausgedrückt werden kann, das läßt sich auch durch "Source-", "Path-" und "Goal-{Partizipial-/*gerundio-*} Konstruktionen", wie ich sie einmal nennen möchte, ausdrücken; vgl.:

(14.1) Ich ging vom Kirchplatz ('Source') zum Rathaus.
2) Ich ging, vom Kirchplatz kommend ('Source'), zum Rathaus.

(15.1) Die Frau ging über die Straße ('Path') zur U-Bahn-Station.
2) Die Frau ging, furchtlos die Straße überquerend ('Path'), zur U-Bahn-Station.

(16.1) Wir schlenderten langsam zum Ausgang ('Goal').
2) Wir schlenderten müßig dahin, uns langsam dem Ausgang nähernd ('Goal').

Wichtig ist hier für meinen Zusammenhang die Feststellung, daß die Angaben über "Ausgangspunkt", "Pfad" und "Ziel/Richtung" einer Fortbewegung, gleichgültig ob durch eine Präpositionalphrase oder durch eine Partizipialkonstruktion ausgedrückt, etwas bereits Implizites spezifizierend explizieren. Vergleichen wir nun die entsprechenden italienischen Beispiele:

(a) "Source-Explikation":

(17) non appena fossimo sbucati, *uscendo* dal sottopassagio, nel piazzale di fronte alla stazione, lui saliva su un tassì, e via. - bo 67

(b) "Path-Explikation":

(18) alfine i ratti sono stati sconfitti. Sono fuggito via [...] *percorrendo* a ritroso il cammino già compiuto. - cl 58

(19) Claudine doveva avere l'abitudine di andare al club *passando* attraverso il museo. - ca 88

(20) Ci precedette, *salendo* una scala ricoperta da uno spesso tappeto. - ca 61

(c) "Goal-Explikation":

(21) Si allontanò, *dirigendosi* verso il bar. - ca 112

(22) Poi se n'è tornato *passeggiando* verso casa sua. - ca 55

Wenn man spricht, betätigt man notwendigerweise seine Stimme in irgendeiner Lautstärke, spricht Silben bzw. Wörter und akzentuiert diese auf irgendeine Weise. Derartige implizite Aspekte von Sprechhandlungen werden in den folgenden Beispielen spezifizierend expliziert:

(23) Come attraversato dalla corrente elettrica, e *alzando* la voce in modo tale che Bianca [...] pensò bene di mettergli una mano sulla bocca, Nino cominciò che "forse" era un disastro [...] - bo 70

(24) mentre Deliliers gli indirizzava quasi *gridando* queste parole [...] - bo 73

(25) "Medico, medico", disse Drogo quasi *balbettando*. - pa 21

(26) Oh, quel Deliliers - commentava poi, [...] rivolta in particolare a mia madre: credendo forse d'abbassare la voce al punto di non farsi udire dai "figlioli", ma in realtà *parlando* più forte che mai ... bo 85

(27) Estelle cantava con l'abbandono della Mistinguett, con l'indimenticabile spirito della Meller, *sillabando* le parole, *facendole* cadere lente e suggestive nel cuore e nell'animo dei molti ammiratori. - ca 108

(28) Aveva declamato il verso del Pascoli con voce cantante, leggermente nasale, *spiccando* ogni sillaba e *facendo* risaltare la dieresi di "vision". - bo 92

Wir können nun, ausgehend von diesen Beispielen, den Begriff der Spezifikation etwas schärfer fassen. Der Bezugssatz und die *gerundio*-Konstruktion in einem Modussatzgefüge haben also ein Implikat gemeinsam. Dies soll noch einmal an zwei Beispielen verdeutlicht werden:

(29) Muovendosi con attenzione, si avvicinò alla porta. -

S'avvicinò alla porta impliziert *Si mosse*
Si mosse con attenzione impliziert *Si mosse*

(30) Deliliers gli indirizzava quasi gridando queste parole. -

Deliliers gli indirizzava queste parole impliziert *Deliliers impiegava la sua voce*
Deliliers quasi gridava impliziert *Deliliers impiegava la sua voce*

Dasjenige, was die jeweilige *gerundio*-Konstruktion über das bereits vom Bezugssatz Implizierte hinaus ausdrückt, ist die "Spezifikation". Zur Unterscheidung zwischen Instrumental- und Modussatzgefügen auf der einen und Begleitumstands- und Modussatzgefügen auf der anderen Seite ist folgende Einschränkung bezüglich des gemeinsamen Implikats wichtig: Es muß schon ein "spezifischeres" Implikat sein als das ganz allgemeine 'x_1 tut/tat etwas'. Aus der Tatsache, daß sowohl *Lo ha offeso* als auch *Ha parlato con Gianni* den Satz *Ha fatto qualcosa* implizieren, folgt also n i c h t , daß *Lo ha offeso parlando con Gianni* ein Modussatzgefüge ist. Und aus der Tatsache, daß sowohl *Mi venne incontro* als auch *Disse "Caro amico"* den Satz *Fece qualcosa* implizieren, folgt n i c h t , daß *Mi venne incontro dicendo "Caro amico"* ein Modussatzgefüge ist.

Ich gehe auf das Problem der genauen begrifflichen Unterscheidung zwischen Instrumental-, Modus- und Begleitumstandssatzgefügen in *V.2.3* noch detaillierter ein.

V.2.2 Was ist an Moduskonstruktionen modal?
Versuch einer integrierten Beschreibung für Modaladverbien, "Adjektive in adverbialer Funktion" und Moduskonstruktionen

V.2.2.1 Was ist ein "lauter Vorgang"?
Kritik an BARTSCHs Analyse modaler Adverbien (BARTSCH 1970, 1972)

Bisher habe ich zwei Definitionskriterien für Modussatzgefüge herausgearbeitet:

(a) Der Bezugssatz und die Moduskonstruktion eines Modussatzgefüges referieren auf ein und denselben Sachverhalt, der lediglich auf zwei verschiedene Weisen beschrieben wird. Hierin gleichen Modussatzgefüge den Instrumentalsatzgefügen, und dadurch unterscheiden sie sich von den Begleitumstandssatzgefügen.

(b) Zwischen dem Bezugssatz und der Moduskonstruktion eines Modussatzgefüges besteht eine (noch genauer zu definierende) Implikationsbeziehung - meist derart, daß der Bezugssatz ein Implikat der Moduskonstruktion impliziert. Hierin unterscheiden sich Modussatzgefüge von den Begleitumstandssatzgefügen. Zwischen den beiden Bestandteilen eines Instrumentalsatzgefüges k a n n ebenfalls eine Implikationsbeziehung bestehen, aber dies ist keine definierende Eigenschaft von Instrumentalsatzgefügen. (Mehr darüber, wie gesagt, in *V.2.3*)

Ich möchte nun in diesem und dem folgenden Subkapitel untersuchen, ob die von mir als relevant befundenen Kriterien sich mit den Ergebnissen von Linguisten, die über Modaladverbiale geforscht haben, decken. Ich gehe dabei von der intuitiven Überzeugung aus, daß "meine" Moduskonstruktionen und die gängigerweise als "Modaladverbien" bezeichneten Ausdrücke semantisch verwandt sind, wie es etwa folgende Beispiele nahezulegen scheinen:

(31) "Da kommt ja der Wunderknabe", sagte sie *spöttisch / mit gehässigem Spott*.
(gängige Klassifikation: Modaladverb)

(32) "Da kommt ja der Wunderknabe", sagte sie, *gehässig spottend*.
(meine Klassifikation: Moduskonstruktion)[26]

Die m.W. bisher umfassendste, gründlichste und vor allem bekannteste (logisch-semantische) Analyse modaler Adverbiale hat BARTSCH in zwei Arbeiten geliefert: in dem Aufsatz "Die logische Analyse von Modaladverbien" (1970) und in den Kapiteln XI - XIII ihrer *Adverbialsemantik* (1972). Meine Analyse der Moduskonstruktionen und BARTSCHs Analyse der Modaladverbien stimmen nur in dem oben genannten ersten Punkt (a) in etwa überein, was ich gleich näher erläutern werde. Der zweite Punkt (b), die Implikationsbeziehung zwischen Bezugssatz und Moduskonstruktion, hat in der BARTSCHschen Analyse nur eine ungefähre und darüber hinaus nur ganz knapp angedeutete Entsprechung in Form sogenannter "Koordinaten zur Bestimmung der Beschreibung von Individuen" (1972: 167f). Aus dieser Tatsache können verschiedenartige Schlüsse gezogen werden:

Entweder (a) Moduskonstruktionen sind von Modaladverbien grundsätzlich verschieden, da sie mit Hilfe einer Eigenschaft (Implikationsbeziehung) definiert sind, die BARTSCH bei der Analyse der Modaladverbien als höchstens von marginalem Interesse eingestuft hat.

Oder (b) Die Implikationsbeziehung ist auch für Modaladverbien wichtiger, als BARTSCH annahm, so daß Moduskonstruktionen und Modaladverbien als semantisch eng verwandt anzusehen sind.

Oder (c) Mein Definitionskriterium für Moduskonstruktionen ist inadäquat.

Ich werde im folgenden die Plausibilität der Schlußfolgerung (b) nachzuweisen versuchen.

Die Übereinstimmung zwischen BARTSCHs Analyse und meiner Analyse liegt in folgendem: Innerhalb der Modaladverbien unterscheidet BARTSCH (aufgrund syntaktischer Tests) verschiedene Subklassen; eine von ihnen ist die Klasse Mod_2, in die auch das Adverb *sorgfältig* gehört: Den Satz *Petra kocht sorg-*

---

26 Ich habe in dem Beispiel das Wort *gehässig* eingefügt, weil einige deutsche Linguisten und Grammatiker, darunter BUNGARTEN (1976: 16, 341 Fnn. 3 und 4), sogenannte "alleinstehende Partizipien" des Deutschen nicht zu den "Partizipialkonstruktionen" rechnen. Diese Entscheidung, der ich intuitiv durchaus zustimme, wird von BUNGARTEN allerdings nicht zwingend begründet (was angesichts seiner sonstigen Exaktheit und Explizitheit verwundert). Für die Argumentation, um die es mir hier geht, spielt die Unterscheidung zwischen alleinstehendem Partizip und Partizipialkonstruktion aber keine Rolle.

fältig paraphrasiert BARTSCH durch *Wie Petra kocht, das geschieht sorgfältig* und *Wie Petra kocht, das geschieht mit Sorgfalt* sowie durch

> *Petra kocht, wobei sie sorgfältig ist.*
> *Petra kocht, wobei sie sich sorgfältig verhält.*
> *Petra kocht, wobei sie sorgfältig handelt.*
> (BARTSCH 1972: 151)

Die letzten drei Paraphrasen sind deswegen interessant für mein Thema, weil die Moduskonstruktionen des Italienischen häufig durch *wobei*-Sätze ins Deutsche übersetzt werden; vgl.:

> Camminava trascinando i piedi :
> Er ging, wobei er die Füße nachschleifte.

Nun bemerkt BARTSCH zu diesen *wobei*-Paraphrasen:

> Die Konjunktion "wobei" soll hier von "während" unterschieden werden dadurch, daß durch die Relation zwei Aspekte eines Vorgangs oder zwei Vorgänge zu einem Vorgang oder Handlungs-Vorgang verbunden werden, wogegen durch "während" zwei Ereignisse oder Umstände zueinander in Relation gestellt werden, z.B. "Er trinkt, wobei er schlürft." oder "Der Stein rollt den Berg hinunter, wobei er sich überschlägt.", aber nicht "Der Stein rollt den Berg hinunter, während er sich überschlägt." Dagegen gilt umgekehrt "Er verunglückte mit dem Auto, während seine Mutter in Afrika war." als richtige Verwendung für "während" im Unterschied zu der abweichenden Verwendung von "wobei" in "Er verunglückte mit dem Auto, wobei seine Mutter in Afrika war."

In diesem Zitat sind einige für mein Thema wichtige, wenn auch zu apodiktisch und absolut und dadurch unklar formulierte[27] Beobachtungen enthalten, auf die ich später zurückkommen werde.

---

27 Was bedeutet z.B. "Die Konjunktion 'wobei' soll hier von 'während' unterschieden werden dadurch, daß durch die Relation zwei Aspekte eines Vorgangs [...] zu einem Vorgang [...] verbunden werden"? Ist das eine "Setzung" von BARTSCH, will sie die Konjunktionen, so definiert und restringiert, in ihren Formeln verwenden, oder handelt es sich um eine empirische Beobachtung? Aus ihrer Formulierung ist dieser immerhin wichtige Unterschied nicht klar zu entnehmen - sie läßt beide Interpretationen zu. Interpretieren wir die Aussage aber als empirische Beobachtung, so ist sie höchst fragwürdig, denn man kann sehr wohl sagen *Der Stein überschlägt sich, während er den Berg hinunterrollt,* und das Beispiel *Der Stein rollt den Berg hinunter, wobei er sich überschlägt* war ja vermutlich zur Illustration des Begriffs 'zwei zu einem Vorgang verbundene Vorgänge' gedacht. Demnach beschriebe also der Satz *Der Stein überschlägt sich, während er den Berg hinunterrollt* "zwei zueinander in Relation gestellte Ereignisse", der Satz *Der Stein rollt den Berg hinunter, wobei er sich überschlägt* hingegen "zwei zu einem Vorgang verbundene Vorgänge"? Dieser (bestenfalls unverständliche) Schluß läßt sich aber aus BARTSCHs Formulierung ziehen, eben weil diese selbst so unklar ist. - Ich möchte betonen, daß ich diese Bemerkungen hier nicht aus kleinlicher Kritiksucht vorbringe, sondern weil mich das Problem der Klassifikation solcher Satzpaare wie *Der Stein rollt den Berg hinunter, wobei er sich überschlägt* und *Der Stein überschlägt sich, während er den Berg*

Im Moment geht es mir nur um die Feststellung, daß unsere Analysen insofern übereinstimmen, als bestimmte *wobei*-Satzgefüge als Kombinationen z w e i e r Beschreibungen für e i n e n Vorgang angesehen werden. Bei BARTSCH schlägt sich das in der Formalisierung dadurch nieder, daß ein Satz wie *Petra kocht sorgfältig* zerlegt wird in "Petra befindet sich in r, und r ist ein Koch-Vorgang, und r ist ein Handeln, und r ist sorgfältig"; vgl.:

sorgfältig ((ir) (P (Petra, r). Handeln (r). Koch-V (r)))

Die Prädikate *sorgfältig* und *Koch-Vorgang* werden also über ein und denselben Vorgang *r* prädiziert, der zugleich als ein Handeln charakterisiert ist (denn 'sorgfältige Vorgänge' sind im Gegensatz zu 'sorgfältigem Handeln' kaum vorstellbar).

BARTSCHs Begründung für ihre Zerlegung lautet folgendermaßen (1970: 31):

> Solche Prädikate, wie etwa "laut" oder "schnell", sind nicht über die Faktizität der Handlung, sondern nur über ihre Durchführung, also über den Handlungsablauf oder Vorgang, prädizierbar.
> Der Handlungsablauf oder Vorgang muß jetzt formal erfaßt werden, damit es möglich ist, ihn als Argument darzustellen, über das die Prädikation erfolgt.
> Zu diesem Zweck werden die Verben zerlegt in eine Proform, die den Geschehens- oder Handlungsvorgang oder einen Zustand angibt, und in Prädikationen die diesen charakterisieren, z.B. "x läuft" wird zerlegt in "x vollführt einen Handlungsablauf, nämlich einen Laufvorgang" was in der Form "x vollführt r. r ist ein Lauf-Vorgang" oder allgemeiner "x befindet sich in r . r ist ein Lauf-Vorgang" darstellbar ist.
> "x läuft schnell" ist dann folgendermaßen zu analysieren: "x befindet sich in r . r ist ein Lauf-Vorgang . r ist schnell".

Ich habe nicht nur Schwierigkeiten, mir einen 'sorgfältigen Vorgang' vorzustellen, sondern ich kann mir auch einen 'lauten Vorgang' nicht gut vorstellen - wohl aber laute Klänge, Geräusche, Töne o.ä.. Daher würde ich einen Satz wie "x lacht laut" nicht folgendermaßen analysieren: "x befindet sich in r . r ist ein Lach-Vorgang . r ist laut", sondern ich würde den Satz zurückführen auf den Satz "x lacht, wobei x ein lautes Geräusch produziert", über diesen Satz behaupten, daß er zwei Beschreibungen ein und desselben Vorgangs enthalte, und dann dies zu formalisieren versuchen.

Dieser Vorschlag hat m.E. zwei Vorteile gegenüber der BARTSCHschen Analyse: Erstens werden so dubiose und kontraintuitive Entitäten wie 'laute Vor-

---

hinunterrollt und das Problem der Relation zwischen ihnen unmittelbar angeht. Es ist haargenau dasselbe wie das der Beziehung zwischen *Muovendosi con attenzione, si avvicinò alla porta* und *Si mosse con attenzione avvicinandosi alla porta*; vgl. oben *V.1* - Ich komme auf *wobei* noch zurück; vgl. unten *V.2.3.1.*

gänge' vermieden, und zweitens ergibt sich dadurch auf sehr einfache Weise eine gemeinsame Behandlung/Erklärung/Ableitung/Formalisierung für Modaladverbien und Moduskonstruktionen; denn aus einer Struktur wie *x lacht, wobei x ein lautes Geräusch produziert* läßt sich ohne weiteres, als Zwischenstruktur für die letztlich zu erzeugende Oberflächenstruktur *x lacht laut*, das "typische" Modussatzgefüge *x lacht, ein lautes Geräusch produzierend* erzeugen.

Um gleich auf das Ziel - die Integration von Modaladverbien und Moduskonstruktionen - zu sprechen zu kommen, bin ich hier in meiner Argumentation zu schnell und daher zum Teil sehr informell bis ungenau gewesen. Ich werde meine Kritik an BARTSCH jetzt ausführlicher begründen und klarer darstellen.

Wie schon SCHWARZ (1976: 105) in seinem Verriß der *Adverbialsemantik* (BARTSCH 1972) zum Schluß einlenkend (man beachte die Moduskonstruktion *einlenkend*!) bemerkt, verraten BARTSCHs informelle Äußerungen über Adverbien "großes sprachliches Feingefühl". Aber ihre "'logischen', 'mathematischen' und 'sprachphilosophischen' Darstellungsmittel" nennt er "häufig falsch" und "alles verkomplizierend". Ich möchte diese Feststellung in Bezug auf BARTSCHs Analyse der Modaladverbien präzisieren und sagen, daß mir vieles, was sie informell über Modaladverbien sagt, sehr gut und richtig erscheint - nur wird dann etwas ganz anderes "formalisiert". So sagt BARTSCH zum Beispiel: "Bei der logischen Analyse der Adverbien der Art und Weise ist darauf zu achten, daß sie [...] von <u>*etwas*</u> *im Ablauf des Geschehens* prädiziert werden." (BARTSCH 1970: 31; m.H.) Dieses *etwas* ist ein wichtiges und richtiges Wort; es läßt die Möglichkeit offen, daß sich die Modaladverbien auf Verschiedenes beziehen, weil ja in den "Abläufen von Geschehnissen" auch Verschiedenes "enthalten" sein kann - beim Sprechen/Singen z.B. Geräusche/Töne (*er sprach/sang laut*), aber auch Gefühle (*er sprach/sang ausdrucksvoll*). Dieser von BARTSCH in der Arbeit von 1970 nur in den Vorüberlegungen formulierte vielversprechende Ansatz (vielleicht habe ich aber auch, aus meiner Perspektive, zuviel herausgelesen) wird jedoch nicht für die Formalisierung ausersehen; vielmehr werden die diversen Modaladverbien dort unterschiedslos von Vorgängen prädiziert, so daß wir konsequenterweise nicht nur mit "lauten", sondern auch mit "schmeichlerischen", "neckischen", "gedehnten" und ähnlichen Vorgängen zu rechnen haben; vgl.: *"...", sagte sie schmeichlerisch/neckisch/gedehnt*.

Ein anderes Beispiel, ebenfalls aus dem 1970er Aufsatz: Den Satz *Hans fährt schlecht* kommentiert BARTSCH, m.E. vollkommen zutreffend, mit "etwas an dem durch 'Hans fährt' mitteilbaren Geschehen entspricht nicht der Norm für den Ablauf des Geschehens, sondern liegt darunter" (p. 31). Aber nicht diese differenzierte Paraphrase wird formalisiert, sondern wieder nur (wenn ich korrekt extrapoliere): "Hans befindet sich in einem Vorgang, und dieser Vorgang ist ein Fahrvorgang und ein Handeln und schlecht".

In der *Adverbialsemantik* (BARTSCH 1972) findet sich nun ein - allerdings ziemlich flüchtiger (anderthalb Seiten in einem Buch von 357 pp.) und auch keineswegs als solcher explizit gekennzeichneter - Versuch, von den "lauten" und "schlechten" Vorgängen etc. wegzukommen. Wir erfahren dort (p. 167f), daß "laut (r)" (also etwa: "lauter Vorgang") eigentlich eine Abkürzung ist für "laut (f^{Int} (f^{Klang} (r)))", was etwa zu lesen ist als "große (→ laute) Intensität des Klanges des Vorgangs r". Ebenso werden "schnelle Vorgänge" als "Vorgänge, deren Geschwindigkeit groß ist" reinterpretiert. Die formalen Schwächen dieser Behelfslösung hat bereits SCHWARZ (1976: 65-7) kritisiert; mir geht es hier nur darum, daß man sich unter dem Klang eines Vorgangs genausowenig etwas vorstellen kann wie unter einem lauten Vorgang. Außerdem ist mir nicht klar, wie man die noch verbleibende Vielzahl von anderen Vorgängen ("neckische", "gedehnte" etc.) im einzelnen eliminieren kann, ohne zu *ad-hoc*-Lösungen greifen zu müssen.

Immerhin aber sind in diesem Versuch, die "lauten Vorgänge" zu eliminieren Ansätze zu einer stärker lexikalisch orientierten, also mit Implikationsbeziehungen operierenden, Lösung erkennbar. Obwohl ich den Satz "Ein Prädikat kann von einem Individuum prädiziert werden, wenn das Individuum in der 'Koordinate', in der dieses Prädikat eine nähere Bestimmung angibt, bestimmbar ist" (BARTSCH 1972: 167) nicht verstehe, vermute ich doch, daß damit letztlich gemeint ist, daß zum Beispiel ein Vorgang nur dann "laut" genannt werden kann, wenn man von ihm sagen kann, daß er einen Klang hat. Dies wiederum scheint mir eine sehr eigenartige und "verkomplizierende" Formulierung dafür zu sein, daß man z.B. nicht sagen kann $^{+}$*Emil sah mich laut an*. Ich würde statt dessen sagen: *ansehen* impliziert nicht *ein Geräusch produzieren*, und *singen* impliziert *ein Geräusch produzieren*; deshalb kann man sagen *sie singt laut*, aber nicht *sie sieht mich laut an*. Allgemeiner formuliert: Das Adverb *laut* kann genau diejenigen Verben modifizieren, die sich auf mit Geräuschen verbundene Vorgänge, Tätigkeiten etc. beziehen; *laut* wird nicht von diesen Vorgängen etc. prädiziert (wie BARTSCH meint), sondern ganz einfach von den mit den Vorgängen etc. verbundenen (in den Vorgängen "enthaltenen"; s.o.) Geräuschen.

BARTSCHs Ausgangsproblem in der Arbeit von 1970 war ja, "dasjenige formal zu erfassen, über das 'gut' und andere modale Adverbien prädiziert werden" (p. 31). Der entscheidende Fehler der BARTSCHschen Analyse liegt m.E. darin, daß bereits die Voraussetzung ihrer Fragestellung falsch ist. Es gibt "dasjenige, von dem Modaladverbien prädiziert werden" nicht; das heißt, es gibt nicht "genau ein x", von dem Modaladverbien prädiziert werden und das man nur finden, durch Analyse aufdecken muß, Statt dessen gibt es viele x, von denen Modaladverbien prädiziert werden. Denn wovon ein Modaladverb prädiziert wird, das hängt von der spezifischen semantischen Struktur des jeweiligen Verbs ab, bei dem es steht, bzw. - etwas genereller formuliert - von der semantischen Struktur der Verben, bei denen es stehen kann.[28] Dafür nun ein paar Beispiele.

Bei dem Satz *Annette tanzt schön* soll sich das *schön* laut BARTSCH auf den Tanzvorgang beziehen. Aber was ist mit *Annette schreibt/malt schön*? Der Schreib- oder Malvorgang kann ja dabei durchaus unästhetisch und abstoßend sein, wenn nur d a s , w a s Annette malt/schreibt, das Prädikat *schön* verdient. Im Gegensatz zu *tanzen* gehören *malen* und *schreiben* zur Klasse der sogenannten effizierenden Verben. Für diese gilt folgende Implikation:

x malt/schreibt ... impliziert *x produziert etwas.*

Ästhetisch evaluierende Adjektive wie *schön*, *wunderbar*, *häßlich* charakterisieren bei effizierenden Verben häufig nicht den Vorgang, sondern das Produkt. Ich würde also hier *Eva schreibt schön* zurückführen auf *Eva schreibt, wobei sie etwas Schönes produziert.* Eine Zwischenstufe der syntaktischen Ableitung wäre wieder die typische Moduskonstruktion *Eva schreibt, etwas Schönes produzierend.* Ob das Schöne, das Eva schreibend hervorbringt, nun eine schöne Schrift oder ein schriftlich dokumentierter schöner Stil oder

---

28 Der Kern dieser Idee ist gar nicht neu. KATZ (1966: 283-317) analysiert eingehend die Semantik der Wörter *good* und *well*, die ihn deshalb interessieren, weil "philosophy has been puzzling about such words for over two thousand years" (p.268). Er stellt fest, daß nicht nur das Adverb *well*, sondern auch das Adjektiv *good* "kontextsensitiv" (das sagt nicht KATZ, sondern so paraphrasiere ich ihn) ist insofern, als es sich je nach Kontext auf ganz verschiedene Aspekte bezieht. In der späteren linguistischen Diskussion bekannt geworden ist dann hauptsächlich der kontroverse Fall des "good dentist" (vgl. CHOMSKY 1970: 197), der entweder "als Mensch" oder "als Zahnarzt" gut sein kann. CHOMSKY sagt dazu: "The ambiguity, being characteristic of all expressions that refer to humans by virtue of some function that they fulfill, can be handled by a general principle of semantic interpretation." Man sollte hinzufügen, daß die Ambiguität des Ausdrucks nicht nur an dem Wort *dentist* liegt, sondern genauso an *good*, denn *friendly dentist* z.B. ist nicht ambig. - Kurz: Adjektive und Adverbien können sich auf sehr unterschiedliche Dinge beziehen, die jeweils von der semantischen Struktur ihrer möglichen Bezugswörter festgelegt werden. Ein fettes Schwein ist in anderer Weise fett als ein fetter Schweinebraten.

schriftlich fixierte schöne Gedanken sind, bleibt offen. Auch diese Mehrdeutigkeit des Ausdrucks *Eva schreibt schön* kann bei einer Analyse à la BARTSCH nicht erfaßt werden.

Malen und *schreiben* gehören nicht nur zur Klasse der effizierenden Verben, sondern gleichzeitig zur Klasse der Verben, die Ausübungen von Fertigkeiten[29] beschreiben. Zu dieser Klasse gehören auch (*Auto, Fahrrad*) *fahren*, (*Golf, Schach, Klavier*) *spielen, tanzen, geigen, singen, kochen, schwimmen*. Fertigkeiten müssen erlernt werden, und es gibt daher Standards und Normen, nach denen individuelle Ausübungen dieser Fertigkeiten beurteilt werden können. Die Beurteilung geschieht mit Adverbien wie *ausgezeichnet, gut, mittelmäßig, schlecht, miserabel*. Wie BARTSCH schon sagte, bedeutet *Hans fährt schlecht* etwa "wie Hans fährt, das entspricht nicht den Normen, sondern liegt darunter" Einige dieser Verben können auch für nicht erlernte, spontan ausgeführte Tätigkeiten verwendet werden, und dann sind sie kaum durch Adverbien wie *gut, schlecht* etc. modifizierbar:

(33) Die Kinder jauchzten und tanzten (??ausgezeichnet) um den Weihnachtsbaum herum.

(34) Die Mücken tanzen (??mittelmäßig) im Sonnenlicht.

Bei BARTSCH können Modaladverbien nur von Vorgängen oder von Handlungen prädiziert werden (zur Unterscheidung zwischen *Petra kocht schnell* und *Petra kocht sorgfältig*). Nun bezeichnen Sätze wie *Petra steht auf / setzt sich / raucht/schreit* sowohl Vorgänge als auch Handlungen, aber Sich-setzen, Aufstehen, Rauchen, Schreien sind keine Ausübungen von Fertigkeiten, die nach bestimmten Regeln vor sich gehen und nach Standardmaßstäben beurteilt werden. Daher ist es "*odd*" zu sagen *Anna setzt sich miserabel* oder *Fritz raucht ausgezeichnet* (außer bei Theaterproben und ähnlichen Situationen, wo ja sowieso die meisten linguistischen Regeln außer Kraft gesetzt werden können). Diese Tatsache kann im Rahmen der BARTSCHschen Analyse auch nicht erklärt werden.

Ich würde Sätze wie *Erna hat gut/mittelmäßig/schlecht gegeigt* zurückführen auf *Erna hat gegeigt, wobei sie die für das Geigen geltenden Normen in hohem/ mittlerem/geringem Maß erfüllte*. Der *wobei*-Satz spezifiziert ein Implikat des Hauptsatzes - nach dem inzwischen bekannten Muster.[30]

---

29 Meine Bemerkungen über Fertigkeiten sind stark von RYLE (1949 besonders Kapitel 2) beeinflußt.

30 Aus meinen Ausführungen folgt, daß ein Satz wie *Annette kocht ausgezeichnet* sowohl zurückgehen kann auf *Das, was Annette kocht, ist (schmeckt) ausgezeichnet* als auch auf *Annette kocht, die für das Kochen geltenden Normen in jeder Hinsicht erfüllend*. Man erfüllt die Normen des Kochens nur dann

Es wäre wahrscheinlich sehr interessant, diese Gedankengänge fortzuspinnen und systematisch zu untersuchen, worauf sich Modaladverbien bei verschiedenen Verben und Verbklassen beziehen können. Dies ist aber ein Thema für eine selbständige Monographie. Deshalb möchte ich meine BARTSCH-Kritik hier mit folgenden episodischen Bemerkungen und Paraphrasierungen zu einigen besonders aufschlußreichen Beispielen abschließen:

(35) Karin stinkt/weint/leidet/freut sich/schwitzt/schuftet fürchterlich/sehr.
(*fürchterlich* als "Intensifier")

(36) Otto kocht/singt fürchterlich/grauenhaft/+sehr.
(*fürchterlich* bezieht sich auf den Aspekt der Normerfüllung)

(37) Ella starb fürchterlich/grauenhaft/+sehr.
(*fürchterlich* bezieht sich auf die Umstände des Sterbens)

(38) Anke ißt gut/schlecht/teuer/billig.
(Was Anke ißt, ist gut/schlecht/teuer/billig.)

(39) Das Baby ißt gut/schlecht.
(Aspekt der Normerfüllung; vgl.: *Das Baby ist ein schlechter Esser.*)

(40) Du hast falsch gesungen.
(falsche Töne)

(41) Du bist falsch gefahren.
(falsche Richtung; oder: nicht der Norm entsprechend)

(42) Karl sitzt falsch.
(falscher Platz oder falsche Haltung)

(43) ?Emma singt/spricht/trommelt geräuschvoll.
(pleonastisch, da Geräuscherzeugung impliziert)

(44) Emma setzte sich / erhob sich geräuschvoll.
(nicht pleonastisch, da Geräuscherzeugung nicht impliziert)

So könnte man, wie gesagt, nach Belieben fortfahren.

V.2.2.2 "Adjektive in adverbialer Funktion" und Moduskonstruktionen

Es gibt bekanntlich im Deutschen keinen morphologischen Unterschied zwischen prädikativ und adverbial verwendeten Adjektiven; vgl.: *Otto ist/geht langsam.*

---

in jeder Hinsicht, wenn das, was man kocht, auch schmeckt; aber nicht immer ist die Qualität des Produkts einer Tätigkeit solcherart von der Befolgung von Regeln und der Erfüllung von Normen abhängig; vgl.: *Eva malt ausgezeichnet, aber nicht gut/schön.* Bei künstlerischen, auf Innovation und Sprengung der Normen angelegten "effizierenden Fertigkeiten" ist dies Auseinanderklaffen fast die Regel, anders als bei "profaneren" effizierenden Fertigkeiten wie Kochen, Stricken, Backen. Deswegen sind die beiden verschiedenen Ableitungen für evaluierende Adverbien bei effizierenden Verben, die zugleich Fertigkeiten bezeichnen, nicht unbegründet.

Im Italienischen (und auch im Französischen, Spanischen, Lateinischen und Englischen) ist dies anders; vgl.:

(45) Otto è lento.

(46) Otto cammina lentamente.

Nun gibt es aber im Italienischen (und entsprechend im Französischen, Spanischen und Lateinischen) auch Sätze wie die folgenden, in denen ein morphologisch klar als solches ausgewiesenes Adjektiv bei einem Vollverb steht:

(47) Franco cammina *lento*.
Franco si alzava *tranquillo*.
Carla lo guardava *trasognata*.
Leo se ne andava *malcontento*.
Franco andava al cinema *nudo*.
Franco, *furibondo*, si diresse verso la porta.

PARISI & CASTELFRANCHI (1976) nennen solche Adjektive "aggettivi in funzione avverbiale" und versuchen, zwischen ihnen und den *gerundio*-Konstruktionen eine semantische und syntaktische Verwandtschaft nachzuweisen. Ich teile die diesem Versuch zugrundeliegende Ansicht von P&C, möchte aber ihre Analyse hier noch vertiefen und differenzieren. Die weiteren Gründe für mein Interesse an diesem Gegenstand sind folgende:

(a) Die Erscheinung der "aggettivi in funzione avverbiale" gibt es im Deutschen auch, wenngleich sie sich morphologisch nicht von den "echten Adverbien" unterscheiden. Die Unterschiede zwischen deutschen "Adjektiven in adverbialer Funktion" und deutschen "echten Adverbien" sind aber durch verschiedene Paraphrasierungen einigermaßen herauszubringen. In letzter Zeit haben sich vor allem RATH (1972) und BARTSCH (1972) mit diesem Ausschnitt der deutschen Grammatik beschäftigt. Ich glaube, daß ich die Analysen von RATH und BARTSCH durch Anführen neuer Gesichtspunkte verbessern kann. Es wird sich dabei zeigen, daß diese "Adjektive in adverbialer Funktion" doch viel komplizierter sind, als bisher angenommen wurde. Auch meine Bemerkungen zu dem Thema sehe ich mehr als einen Diskussionsbeitrag an, der wohl einiges aufdecken und erläutern helfen mag, aber die Problematik keineswegs völlig aufklären wird. Dazu ist diese zu schwierig, und dazu bedürfte es, wie mir scheint, wieder einer Monographie.

(b) Einige *gerundio*-Konstruktionen (und zwar nach meiner Auffassung Moduskonstruktionen) werden mit deutschen "Adjektiven in adverbialer Funktion" übersetzt. Diese Tatsache war für mich der Anlaß, mich mit dem Thema überhaupt auseinanderzusetzen, und diese Auseinandersetzung hat dann zu der oben angekündigten Kritik an PARISI & CASTELFRANCHI, RATH und BARTSCH geführt und zu der Überzeugung, daß das Problem in einen weiteren Rahmen gestellt werden muß als bisher geschehen, wenn einige auffällige Fakten erklärt werden sollen.

Ich referiere zunächst in groben Zügen die Analyse von PARISI & CASTELFRANCHI (1976: 63-76). P&C gehen aus von dem Satz *Franco, furibondo, si diresse verso la porta*; vgl. (47). Ihr Problem ist die Frage, welche tiefenstrukturelle Repräsentation das Wort *furibondo* erhalten soll. Der zunächst naheliegende Gedanke, *furibondo* als Attribut von *Franco* zu behandeln und auf einen nichtrestriktiven Relativsatz zurückzuführen, wird aufgrund folgender Beobachtungen verworfen:

(a) *Furibondo* kann, anders als normale adjektivische Attribute, an verschiedenen Stellen in dem Satz auftreten:

Furibondo, Franco si diresse verso la porta.
Franco si diresse, *furibondo*, verso la porta.
Franco si diresse verso la porta, *furibondo*.

Dieses Verhalten ist typisch für Adverbien, aber nicht für adjektivische Attribute.

(b) Nicht alle Adjektive verhalten sich wie *furibondo*. So kann man zum Beispiel sagen *Franco, che era alto, si diresse verso la porta*, aber nicht *??Franco, alto, si diresse verso la porta.*

(c) Ein Adjektiv wie *furibondo* kann "abgespalten" ("*clefted*", "*scisso*") werden - im Gegensatz zu normalen adjektivischen Attributen:

Fu furibondo che Franco si diresse verso la porta.
+Fu norvegese che il ragazzo si diresse verso la porta.

Aufgrund dieser Fakten führen P&C die Adjektive, die sich wie *furibondo* verhalten, auf eine Adverbialstruktur zurück, deren Prädikat das bekannte AGGIUNTA (vgl. oben *I.1.2*) ist. Zur Veranschaulichung bringen sie folgendes Diagramm:

(48)

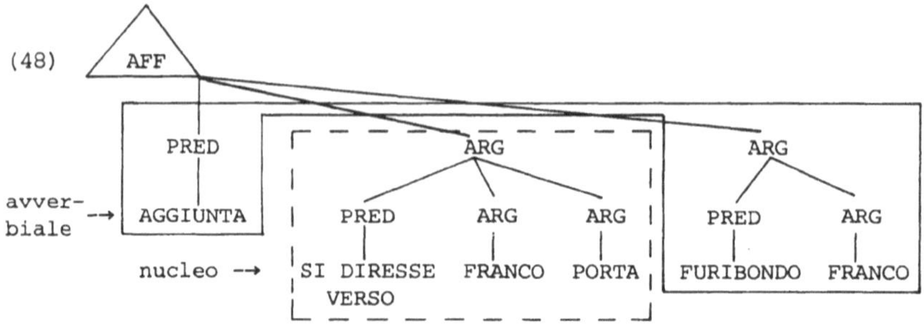

Wie man sieht, stimmt die Struktur dieses Diagramms vollkommen mit der Struktur der P&Cschen Diagramme für *con-* und *gerundio*-Phrasen überein, die auf S. 22 wiedergegeben sind.

Diese Lösung soll die Stellungsvariabilität von Adjektiven wie *furibondo* erklären, ebenso wie die Tatsache der Kongruenz zwischen dem Subjekt und dem Adjektiv (*Carla lo guardava trasognata*). Insoweit ist P&Cs Vorschlag meines Erachtens brauchbar. Was aber die Erklärung semantischer Restriktionen betrifft, so versagt er wieder, weil P&C auf die Zuordnung zu einer g a n z b e s t i m m t e n Adverbialstruktur (z.B. "modal", "kausal" etc.) verzichten. Eine Konsequenz dieses Verzichts ist zum Beispiel die, daß die beiden Sätze *Essendo lenta, Maria se ne andava alle tre* und *Maria se ne andava lenta alle tre*, die klar bedeutungsverschieden sind, ein und dieselbe semantische Repräsentation erhalten. Eine andere Konsequenz ist eine so merkwürdige "Erklärung" semantischer Restriktionen wie die folgende (PARISI & CASTELFRANCHI 1976: 72f):

> se l'aggettivo in funzione avverbiale riceve una interpretazione cognitiva di tipo modale, i soli aggettivi che produranno frasi accettabili saranno quelli che possono esprimere una modalità della predicazione del nucleo. Così
>
> *Franco dorme tranquillo*
>
> è accettabile perché l'essere tranquillo può essere una modalità del dormire di Franco, mentre
>
> +*Franco dorme attento*
> +*Franco dorme improvviso*
>
> non è accettabile perché l'essere attento o l'essere improvviso non possono essere modalità del dormire di Franco.

Diese "Erklärung" ist zirkulär, wie folgende Paraphrasierung deutlich macht: "Wenn Adjektive in adverbialer Funktion modal interpretiert werden, dann sind nur diejenigen Adjektive akzeptabel, die modal interpretierbar sind (= possono esprimere una modalità della predicazione del nucleo)." Die wichtige und schwierige Frage, mit der wir uns hier schon so lange herumschlagen (vgl. das vorangegangene Subkapitel), nämlich die, was genau eine modale oder Moduskonstruktion kennzeichnet (unter welchen Bedingungen eine Konstruktion "riceve una interpretazione [...] di tipo modale"), bleibt unbeantwortet.

Die Unakzeptabilität von *Franco dorme attento* wird also praktisch damit erklärt, daß man ja auch nicht sagen kann +*Franco dorme attentamente*. Drei Seiten weiter wird die Akzeptabilität von *Franco si alzò rosso (in faccia)* gegenüber der Unakzeptabilität von +*Franco si alzò rossamente* folgendermaßen erklärt (PARISI & CASTELFRANCHI 1976: 76):

> Questo risulta dalla nostra analisi, dato che ROSSO non sembra un predicato predicabile di un'azione di alzarsi, mentre è ovviamente predicabile di una persona.

Der von P&C zugrundegelegten Struktur wird einfach zuviel abverlangt, wenn sie sowohl Gesetzmäßigkeiten erklären soll, die aus dem semantischen Abhängigkeitsverhältnis zwischen dem jeweiligen Adjektiv und dem "Nukleusprädikat" resultieren (+*Franco dorme attento/attentamente*), als auch Gesetzmäßigkeiten, die sich aus deren semantischer Unabhängigkeit ergeben (*Franco si alzò rosso/*+*rossamente*). Mein Haupteinwand gegen die Analyse von P&C (wie auch gegen die von RATH (1972) und BARTSCH (1972) ist also der einer zu geringen Differenzierung. Der Reichtum an Differenzierungen, den die Sprache (auch) im Bereich der Modalia bereithält, läßt sich nur mit unbefriedigenden Ergebnissen in das enge Korsett e i n e r e i n z i g e n semantischen Repräsentation zwängen.

Ansonsten aber bringen P&C, informell, etliche Bemerkungen, die die Besonderheiten dieses Konstruktionstyps gut zu erfassen scheinen; jedenfalls sind sie auch von anderen Linguisten so beurteilt worden. Zum Beispiel stellen PARISI & CASTELFRANCHI (1976: 75) fest, daß

> nella frase (43) *Franco cammina lento* la lentezza è attribuita a Franco, anche se non in assoluto ma in coincidenza col suo camminare. Invece nella frase (44) *Franco cammina lentamente* la lentezza è direttamente attribuita al camminare di Franco.

Genauso hat sich schon BISCHOFF (1970: 14) geäußert, der über den Satz *Le sentinelle camminavano lente* feststellt: "die Schildwachen sind zwar an sich nicht langsam, aber sie sind langsam in der Ausübung der Tätigkeit des Marschierens". Und den Unterschied zwischen *Franco si alzò tranquillo quella mattina* und *Franco si alzò tranquillamente quella mattina* kommentieren PARISI & CASTELFRANCHI (1976: 75) wie folgt:

> Nella prima [frase] si dice che Franco era tranquillo nell'animo suo quella mattina quando si alzò (a questo non si rifletteva in alcun modo particolare di compiere le azioni connesse con l'alzarsi); nella seconda invece si può voler descrivere proprio il modo in cui si alzò quella mattina, cioè con movimenti lenti, rilasciati, preparandosi una buona colazione, ecc.

In diesem Kommentar ist folgende Paraphrase besonders interessant: *Franco era tranquillo ... quando si alzò*. Genau diese Art von Paraphrase legt nämlich RATH (1972) den deutschen "Adjektiven in adverbialer Funktion" zugrunde. Er untersucht Sätze wie die folgenden:

(49) Der Zeuge erschien nachdenklich zur Verhandlung.
Das Mädchen sah im enttäuscht nach.
Das Kind ging stolz zur Schule.
Seine Frau kam ihm aufgeregt entgegen.
Das Kind spielte glücklich mit der neuen Puppe.
Der Student aß vergnügt sein Brot.

Die Adverbien in diesen Sätzen nennt RATH "temporalisierte Adjektive", weil er die Sätze auf Strukturen folgender Art zurückführt:

(50) Der Zeuge war nachdenklich, als er zur Verhandlung erschien.
Das Mädchen war enttäuscht, während es ihm nachsah.
Das Kind war stolz, während es zur Schule ging.
Seine Frau war aufgeregt, als sie ihm entgegenkam.

Das Kind war glücklich, während es mit der neuen Puppe spielte.
Der Student war vergnügt, während er sein Brot aß.

Ich beschäftige mich hier mit RATHs Analyse - wie gesagt - deswegen, weil ich meine Moduskonstruktionen zu diesen "temporalisierten Adjektiven" in eine systematische Beziehung setzen will und weil (dies unterstützt die eben genannte Absicht) einige *gerundio*-Konstruktionen durch sogenannte temporalisierte Adjektive ins Deutsche übersetzt werden können. Und schließlich bin ich - wie ebenfalls gesagt - der Meinung, daß RATHs Analyse (die ich an sich für differenziert und gut in der Argumentation halte) durch meinen *approach* in wichtigen Punkten verbessert werden kann.

Zunächst die italienischen Belege, die mit einem "temporalisierten Adjektiv" übersetzt werden können:

(51) "Mi spiace", dissi *vergognandomi*.
"Es tut mir leid", sagte ich beschämt / ??mich schämend.

(52) "E allora", gridò il signor Veneranda *perdendo* la pazienza. - pa 8
"Und dann", schrie Herr Veneranda ungeduldig / die Geduld verlierend.

(53) La signora lo ascoltava *mostrando* un grande interesse. - rim 66
Die Dame hörte ihm mit großem Interesse zu. - rim 67
Die Dame hörte ihm sehr interessiert zu.

RATHs Begründung, weshalb er diese Adjektiv-Adverbien überhaupt gesondert und nicht einfach als "ganz normale Adverbien" behandeln will, scheint mir übrigens nicht einleuchtend zu sein. Die Italiener, Franzosen etc. haben wenigstens ihren handfesten morphologischen Grund, der bei uns ja fehlt. Wir deutschen Linguisten sind, um unsere Intuitionen (die denen der italienischen und französischen Linguisten wohl ähnlich sein mögen) mitteilbar und überprüfbar zu machen, auf überzeugende Paraphrasierungen und Tests angewiesen. RATH nun verwirft die (technisch wohl einfachste) Adverb-Analyse, weil ihm die Paraphrase *Der Student aß auf vergnügte Art sein Brot* abweichend vorkommt. Dieses Argument ist aber nicht stichhaltig; denn viele andere Modaladverbien sind ebenfalls nicht durch *auf --- Art* paraphrasierbar - ohne daß wir sie deswegen gleich aus der Klasse der "echten Adverbien" in eine Klasse der "Adjektive in adverbialer Funktion" verfrachten möchten; vgl.:

(54) Erna singt zu tief.
+Erna singt auf zu tiefe Art.
+Erna ist zu tief, während sie singt.

Einen auf den ersten Blick besseren Paraphrase-Test bringt BARTSCH (1972: 141). Bei ihr heißen die "Adjektive in adverbialer Funktion" bzw. die "temporalisierten Adjektive" übrigens "Attributionen zum Satzsubjekt in adverbialer Position" (p. 140). Ihr Test besteht in einer Nominalisierung des "Nukleus" (um einmal bei diesem Terminus von P&C zu bleiben) und "Prädizierung oder Attribuierung des Adjektiv-Adverbs". Laut BARTSCH fallen diese Tests für "echte Modaladverbien" positiv aus, "temporalisierte Adjektive" hingegen bestehen ihn nicht. BARTSCH bringt folgende Beispiele:

Echte Modaladverbien:

(55) Er redet leichtsinnig.
Sein Reden ist leichtsinnig.
Sein leichtsinniges Reden.

Temporalisierte Adjektive:

(56) Er liegt krank im Bett.[31]
+Sein im-Bett-Liegen ist krank.
+Sein krankes im-Bett-Liegen.

(57) Er kehrt gebräunt heim.
+Sein Heimkehren ist gebräunt.
+Sein gebräuntes Heimkehren.

Aber auch diese beiden Tests sind weniger aussagekräftig, als es zunächst scheint. Man vergleiche dazu die folgenden Beispiele:

(58) Sie schwieg enttäuscht.
+Ihr Schweigen war enttäuscht.
Aber: Ihr enttäuschtes Schweigen.

(59) Er rülpste zufrieden.
+Sein Rülpsen / Sein Rülpser war zufrieden.
Aber: Sein zufriedenes Rülpsen / zufriedener Rülpser.

Ich interpretiere dieses Testverhalten der verschiedenen Beispiele als einen weiteren Hinweis darauf, daß wir es m i n d e s t e n s mit zwei verschiedenen Klassen von "Adjektiven in adverbialer Funktion" zu tun haben, und zwar (a) mit solchen, die körperliche Eigenschaften beschreiben - wie *krank*, *gebräunt* (BARTSCH), *ungewaschen*, *unrasiert* (RATH), *rosso (in faccia)* (P&C); und (b) mit solchen, die "eher mentale", auf jeden Fall nicht körperliche, Eigenschaften beschreiben - wie *wutentbrannt*, *verlegen*, *enttäuscht*, *ruhig* (BARTSCH), *nachdenklich*, *vergnügt*, *stolz*, *aufgeregt*, *glücklich* (RATH), *furibondo*, *tranquillo* (P&C). Die (a)-Adjektive gehören nach meiner Auffassung

---

31 RATH (1972: 6f und Fn. 17) führt übrigens den Satz *Der Vorsitzende liegt krank im Bett* zurück auf *Der Vorsitzende liegt im Bett, weil er krank ist.* Das Schwanken der Interpretationen und, entsprechend, der semantischen Repräsentationen bei verschiedenen Linguisten zeigt anschaulich die speziellen Schwierigkeiten, die gerade diesen Grammatikausschnitt kennzeichnen. Es sind dieselben, die das Grammatikkapitel *gerundio* bietet.

zur Gruppe der Begleitumstandskonstruktionen; die (b)-Adjektive stehen der Gruppe der Moduskonstruktionen nahe. Die (a)- oder "körperlichen" Adjektive zeigen also ganz eindeutig das von BARTSCH prädizierte Verhalten bei den beiden Nominalisierungstests, während das Verhalten der (b)- oder "eher mentalen" Adjektive offenbar nicht eindeutig ist. Überhaupt taugen die BARTSCH-Tests n u r zur Aussonderung der "körperlichen" Adjektive aus der Gruppe der "echten Modaladverbien". Genau wie bei dem Test von RATH werden bei den Tests von BARTSCH Adverbien mit ausgesondert, die traditionell immer als "echt modal" gegolten haben und die BARTSCH auch selbst als modal einstuft[32]; vgl.:

(60) Erna riecht/schläft gut.
+Ernas Riechen/Schlafen ist gut.
(*Aber:* Ernas Geruch/Schlaf ist gut.)
+Ernas gutes Riechen/Schlafen
(*Aber:* Ernas guter Geruch/Schlaf.)

Das Bild unseres derzeitigen Diskussionsgegenstandes ist, wie es sich bis jetzt darstellt, also eigentlich nur verwirrend, und meine kritischen Bemerkungen zu den Lösungsvorschlägen anderer mögen das Ihre zu der Verwirrung beigetragen haben: Die Italiener haben eine klare morphologische Unterscheidung, aber es fällt ihnen offenbar manchmal schwer, diesem klaren Unterschied ebenso klare Interpretationen zuzuordnen - sei es introspektiv, sei es theoretisch-linguistisch. So sagen P&C zum Beispiel, der Unterschied zwischen *Franco cammina lento* und *Franco cammina lentamente* sei "nicht leicht zu charakterisieren" (PARISI & CASTELFRANCHI 1976: 74). Für mich als Deutsche ist er, ehrlich gesagt, gar nicht erkennbar, und zwar deswegen nicht, weil mir der Unterschied zwischen "Franco ist langsam, und zwar jetzt, in seinem Gehen" und "Franco geht langsam" überhaupt nicht eingehen will. Den Unterschied zwischen *Franco si alza tranquillo* und *Franco si alza tranquillamente* verstehe ich schon eher und noch besser den zwischen *Sorrise nervosa* und *Sorrise nervosamente*. Ich komme darauf zurück.

Wir Deutschen dagegen haben einigermaßen übereinstimmende Intuitionen (mindestens RATH, BARTSCH und ich), aber es gelingt nicht leicht, diese Intuitionen mit handfesten syntaktischen Tests (geschweige denn mit morphologischen Gesetzmäßigkeiten) in Verbindung zu bringen. Meine Intuitionen (und die von RATH und BARTSCH offenbar auch) gehen dahin, daß es eine Anzahl von Adjektiven (*langsam = lento/lentamente* gehört aber charakteristischer-

---

32 Das liegt an BARTSCHs zu kurz greifender Analyse der Modaladverbien; vgl. meine Kritik im vorangehenden Subkapitel *V.2.2.1*.

weise *nicht* dazu) gibt, die zwar aufgrund ihrer syntaktischen Position als Adverbien zu klassifizieren sind, die aber, im Gegensatz zu den "normalen" Modaladverbien, nicht den Vorgang oder Zustand näher charakterisieren, den der jeweilige Satz beschreibt, sondern eher das Subjektsdenotat "während des im Prädikat angegebenen Vorgangs oder Zustands" (BARTSCH 1972: 140). Diese Intuition ergibt aber noch keine Definition, mit deren Hilfe man gegebene Beispiele "modaler" Adverbien im Deutschen zuverlässig der Gruppe der "Adjektive in adverbialer Funktion" oder der Gruppe der "echten Modaladverbien" zuordnen könnte - mit Ausnahme solcher "körperlicher" Adjektive wie *gebräunt* oder *rosso*, die, wie P&C bemerken, "nicht als Modifikatoren irgendwelcher Aktionen" geeignet zu sein scheinen (was ebenfalls ziemlich vage ausgedrückt ist) und die infolgedessen bei den BARTSCHschen Nominalisierungstests auch klare Resultate liefern. Schwierig sind aber solche Beispiele wie BARTSCHs *Er redet leichtsinnig*, das sie als "echt modal" einstuft. Wenn jemand leichtsinnig redet, ist er dann nicht zum Zeitpunkt dieses leichtsinnigen Redens notwendigerweise selbst leichtsinnig? Demnach würde das *leichtsinnig* in diesem Beispiel doch mindestens genauso gut in die Klasse der "Adjektive in adverbialer Funktion" passen wie in die Klasse der "echten Modaladverbien". Und, um ein immer wieder angeführtes Standardbeispiel für echte Modaladverbien zu nehmen: Wenn jemand schnell/langsam geht, ist er dann nicht während des schnellen/langsamen Gehens auch selbst schnell/langsam? Ist nicht "essere lento nel camminare" vollkommen gleichbedeutend mit "camminare lentamente"? Ich finde diese Fragen alle ziemlich schwierig und kehre deshalb erst einmal zu Beispielen zurück, die weniger schillernd sind, das heißt, zu Beispielen, bei denen die Charakterisierung des Subjektsdenotats klar die Charakterisierung des Vorgangs bzw. Zustands zu überwiegen scheint. Hierfür bieten sich RATHs Beispiele für sogenannte "temporalisierte Adjektive" an.

RATH (1972: 11f) hat folgende Gesetzmäßigkeiten der temporalisierten Adjektive und der Sätze, mit denen sie vorkommen können, entdeckt:

(a) Die Subjekte der Sätze bezeichnen menschliche oder tierische Individuen. Daher ist ein Satz wie *Der Garten liegt vergnügt am Bach* ausgeschlossen.

(b) Temporalisierte Adjektive treten nicht in Sätzen auf, deren Hauptverb die Kopula ist; vgl.: +*Der Student ist vergnügt schön.*

(c) Die temporalisierten Adjektive bezeichnen veränderliche Eigenschaften von Menschen und Tieren. Daher ist *Mein Freund liest groß die Zeitung* ausgeschlossen. (Dies haben auch PARISI & CASTELFRANCHI (1976: 73) beobachtet.)

ese Beobachtungen sind im großen und ganzen[33] zutreffend, aber meines Er-
htens zieht RATH nicht die richtigen Schlüsse aus ihnen. Ich glaube nicht,
ß ein Satz wie *Das Mädchen sah ihm enttäuscht nach* auf *Das Mädchen war
ttäuscht, während es ihm nachsah* zurückgeführt werden sollte. Diese Art der
raphrasierung erfaßt nämlich nicht die ganze Bedeutung solcher Sätze,
ndern nur einen Teil - nämlich Implikate dieser "ganzen Bedeutung".[34]

Die Regularitäten, die RATH beobachtet hat, sind nichts anderes als die
rachlichen Korrelate folgender Binsenweisheit aus dem Bereich der Menschen-
nntnis und Alltagspsychologie: Menschen und Tiere können durch die Art ihres
rhaltens Gefühle und Stimmungen gewollt oder ungewollt zum Ausdruck bringen;
lglich können menschliche und "tierische" Gefühle und Stimmungen aufgrund
s Verhaltens von Menschen und Tieren zutreffend diagnostiziert oder zu-
ndest hypothetisch erschlossen werden.[35] So kann zum Beispiel die Art, wie
mand sein Brot ißt, Vergnügtheit, Verdrossenheit oder Zufriedenheit verraten.[36]

Gegen das Gesetz (a) sprechen Beispiele wie *Das Bächlein rieselt munter zu Tal* oder *Fröhlich schmetterten die Trompeten.*

Es wird im Laufe der Diskussion noch klar werden, daß nicht einmal dies immer zutrifft. In RATHs Paraphrasen werden dem Subjektsdenotat Emotionen und Stimmungen zugeschrieben, die es vielleicht in Wirklichkeit nur vortäuscht.

Diese Erfahrungstatsache ist die Grundlage vieler Arbeiten der Verhaltensforschung (Ethologie), in der Begriffe wie 'Ausdrucksbewegung' eine zentrale Rolle spielen. Lorenz' Buch *Das sogenannte Böse* (1963) ist voll von Analysen derartiger Ausdrucksbewegungen, Ausdrucksgebärden usw.. Hier nur ein wahllos herausgegriffener Ausschnitt, der das von mir Gemeinte sehr schön illustriert (p. 137f):

> Dieser Vorgang [Motivationsanalyse] besteht gundsätzlich aus drei Schritten, die aus drei Wissensquellen Information beziehen. Erstens versucht man nach Möglichkeit, die Situation auf ihren Gehalt an Reizen verschiedener Bedeutung zu prüfen. Fürchtet sich mein Hund vor dem anderen, und wenn, wie sehr? Haßt er ihn oder verehrt er ihn als älteren Freund und "Rudelleiter", und was dergleichen Fragen mehr sind. Zweitens trachtet man, die beobachtete Bewegung in einzelne Bestandteile zu zerlegen. Wir sehen in unserem Hundebild, wie die Fluchtneigung die Ohren sowohl als auch den Mundwinkel nach hinten und unten zieht, während die Aggression zum Hinaufziehen der Oberlippe und Öffnen des Maules führt, beides Vorbereitungen, "Intentionsbewegungen" zum Zubeißen. Diese Bewegungen bzw. Stellungen lassen sich gut quantifizieren. Man könnte ihre Ausschläge messen und ganz buchstäblich behaupten, dieser oder jener Hund habe soundsoviel Millimeter Angst und sei soundsoviel Millimeter wütend. Auf diese Bewegungsanalyse folgt als dritter Schritt das Auszählen der Verhaltensweisen, die auf die eben analysierte Bewegungsweise folgen. Wenn unsere aus Situationsanalyse und Bewegungsanalyse gewonnene Meinung richtig ist, daß etwa der rechte obere Hund nur wütend und kaum ängstlich sei, muß auf die dargestellte Ausdrucksbewegung fast immer Angriff und darf fast nie Flucht folgen.

Vgl. hierzu auch RYLE (1949 Kapitel 6.5: "Disclosure by unstudied talk").

So gesehen, kann man RATHs Regeln auch folgendermaßen formulieren:

(a) Nur Menschen und Tiere haben Gefühle und Stimmungen und zeigen irgendwelches Verhalten.

(b) Sätze mit Kopula beschreiben in der Regel kein Verhalten, sondern Eigenschaften.

(c) Gefühle und Stimmungen sind grundsätzlich veränderlich und Schwankungen unterworfen.

Ich würde RATHs Beispielsätze wie folgt paraphrasieren:

(61) Der Zeuge erschien zur Verhandlung. Sein Verhalten drückte Nachdenklichkeit aus.
An der Art, wie das Mädchen ihm nachsah, erkannte man, daß es enttäuscht war.
An der Art, wie das Kind zur Schule ging, erkannte man, daß es stolz war.
Die Art, wie seine Frau ihm entgegenkam, ließ erkennen, daß sie aufgeregt war.
An der Art, wie das Kind mit der neuen Puppe spielte, erkannte man, daß es glücklich war.
An der Art, wie der Student sein Brot aß, sah man, daß er vergnügt war.

(Man beachte, daß d i e s e Paraphrasen tatsächlich die RATHschen Paraphrasen implizieren: Man kann nicht an der Art, wie jemand sein Brot ißt, erkennen, daß er vergnügt ist, wenn nicht gilt, daß er zur Zeit des Brotessens wirklich vergnügt ist.)

Diese schlichte und, wie ich meine, überzeugendste Sicht der Dinge hat RATH sich erstens durch seine methodische Strenge verbaut (vor allem durch seinen strengen Paraphrasenbegriff) und zweitens dadurch, daß er Sätze wie *Mein Freund liest unrasiert/ungewaschen die Zeitung* (die nach meiner Auffassung Fälle von verkürzten Begleitumstandskonstruktionen sind) durch seine Analyse gleich miterklären wollte. Ich bin auch für methodische Strenge, aber sie birgt natürlich die Gefahr der Enge und des Übersehens übergreifender Zusammenhänge in sich. (Übrigens beabsichtige ich auch keineswegs, die Sätze mit den temporalisierten Adjektiven etwa aus meinen obigen Paraphrasen syntaktisch abzuleiten - daher auch die verschiedenen Formulierungen, die aber alle so ziemlich das gleiche ausdrücken. Die Paraphrasen dienen zunächst nur der Bedeutungsexplikation.)

Nach diesen alltagspsychologischen und auf meinen Intuitionen über die "wirkliche Bedeutung" dieser Beispiele basierenden Bemerkungen nun ein paar handfestere linguistische Argumente gegen RATHs Analyse:

(1) Der völlig akzeptable Satz *Während ich mein Bier trank, aß der Student vergnügt sein Brot* geht - nach RATH - zurück auf *Während ich mein Bier trank,*

war der Student vergnügt, während er sein Brot aß; aber diese Paraphrase ist ungrammatisch. Das gilt erst recht für RATHs Paraphrase für den Satz *Als ich verdrossen Platz genommen hatte, kam sie mir aufgeregt entgegen*; vgl.:

(62) $^{+}$Als ich verdrossen gewesen war, als ich Platz genommen hatte, war sie aufgeregt, als sie mir entgegenkam.

(2) Bestimmte Sätze mit "temporalisierten Adjektiven" sind systematisch doppeldeutig[37] (z.B. *Erna lächelte nervös*). Die Ambiguität besteht hier darin, daß entweder die Tatsache, daß Erna lächelt, eine Folge ihrer Nervosität ist ('Erna lächelte in ihrer Nervosität') oder daß sich in Ernas Lächeln Nervosität spiegelt/malt/ausdrückt. Die erstere Lesart nenne ich hier einmal "quasi-kausal", die letztere "expressiv-modal" (vgl. unten). In der expressiv-modalen Lesart kann das Adverb, wie alle modalen Adverbien, ohne weiteres gesteigert werden:

(63) Erna lächelte noch nervöser als ich.

Man vergleiche damit:

(64) Hans geht noch schneller als ich.

In der quasi-kausalen Lesart kann das Adverb nicht gesteigert werden (hierin den Satzadverbien ähnlich). Dies wird am besten erkennbar an einem Satz, der aufgrund der Semantik des "Nukleus-Prädikats" überhaupt nur die quasi-kausale Lesart hat:

(65) Erna verstummte verletzt/enttäuscht/beleidigt/verwirrt/verlegen/wütend/betreten/verärgert/überrascht/nachsichtig/erschüttert/ärgerlich.

(66) ??Erna verstummte noch verletzter/enttäuschter/... als ich.[38]

---

37 Von den drei Linguisten, mit denen ich mich hier auseinandersetze, hat nur BARTSCH (1972: 142f) dies bemerkt..

38 Die Beispiele werden erst akzeptabel, wenn die Phrasen mit dem temporalisierten Adjektiv durch ein Komma vom Restsatz getrennt werden: *Erna verstummte, noch verletzter als ich* oder *Noch verletzter als ich, verstummte Erna*. In dieser Gestalt werden solche Konstruktionen von FILIPOVIĆ (1976: 54ff) und BUNGARTEN (1976: 194) den kausalen Partizipialkonstruktionen zugerechnet. Durch diese Einordnung scheint aber die Beziehung zu den semantisch so ähnlichen Konstruktionen, die statt des Perfektpartizips ein Adjektiv enthalten, aus der Betrachtung ausgeklammert zu sein - vielleicht zum Schaden der Gesamtbeschreibung; man vergleiche: *Noch enttäuschter/nachgiebiger/stolzer als ich, verstummte Erna*. Es zeigt sich hier erneut, wie in diesem Bereich alles miteinander verfilzt ist.
Die semantische Bedeutsamkeit des Kommas wird von BUNGARTEN (1976 *passim*) nachdrücklich betont; vgl. auch meine Anmerkung auf S. 117. Zwar trägt das Komma oft entscheidend zur Bedeutung bei, aber nicht immer, wie das Beispiel *Erna lächelte nervös* zeigt. Es kann eine quasi-kausale Bedeutung

In RATHs Analyse sind diese Bedeutungsunterschiede nicht zu erfassen, denn sie sieht für (65) und (66) dieselbe Ausgangsstruktur vor:

(65.1) Erna war verletzt, als sie verstummte.

(66.1) Erna war noch verletzter als ich, als sie verstummte.

Diese beiden Argumente scheinen mir ausreichend zu sein, um RATHs Ableitungsvorschlag als ungeeignet abzulehnen. Bevor ich meine eigenen Ableitungsvorschläge vorbringe, müssen noch ein paar weitere Beobachtungen zu der "quasi-kausalen", der "expressiv-modalen" und anderen Lesarten "temporalisierter Adjektive" erörtert werden. Das Vorgehen, das hierbei notwendig ist, hat MOTSCH (1964: 56) in einem "Exkurs über Adjektiv-Adverbien" bereits sehr klar umrissen:

> Bei der Formulierung entsprechender Transformationsregeln muß angegeben werden, welche Satztypen als Ausgangssatz und welche Adjektivklassen als Prädikativ des einzubettenden Satzes möglich sind, wenn ein bestimmter Typ als Ausgangssatz gewählt wurde. [...]
> Eine genaue Untersuchung muß also die S u b k l a s s e des V e r b s und die A d j e k t i v k l a s s e d e s K o p u l a - S a t z e s berücksichtigen. [m.H.]

RATHs Versuch war bereits ein Schritt in dieser Richtung, aber wie wir eben gesehen haben, waren seine Subklassifikationen noch nicht fein genug. Meine werden es ebenfalls nicht sein, aber einige Gesetzmäßigkeiten werden sich doch klarer abzeichnen. Das Fazit wird etwa dasselbe sein wie in dem vorangegangenen Subkapitel mit der Kritik an BARTSCHs "lauten Vorgängen": "temporalisierte Adjektive" beziehen sich, genau wie modale Adverbien (und Moduskonstruktionen), auf sehr verschiedene Aspekte ihrer "Nukleus-Sätze". Worauf sie sich beziehen, das hängt weitgehend von der Semantik des Nukleus-Prädikats und von ihrer eigenen semantischen Struktur ab (vgl. auch oben das MOTSCH-Zitat!).

Wir bleiben vorerst noch bei der "quasi-kausalen" Lesart. Mit der Unterscheidung zwischen "quasi-kausal" und "expressiv-modal" ist vielleicht ein erster Ansatz zur Lösung des Problems der italienischen "aggettivi in funzione avverbiale" gewonnen: Der quasi-kausalen Lesart scheint oft das Adjektiv zu entsprechen, der expressiv-modalen hingegen das Adverb (vorausgesetzt, daß eine *-mente*-Entsprechung überhaupt existiert). Man vergleiche die folgende Beispielserie:

---

haben, auch ohne daß das *nervös* durch ein Komma abgetrennt ist - weil im Deutschen eine Phrase, die aus nur einem Wort besteht, nach Möglichkeit nicht durch ein Komma abgehoben wird (aus stilistischen Gründen, wie ich vermute).

(67.1) Erna lächelte nervös.
2) Erna sorrise nervosa/nervosamente.

(68.1) Erna verstummte nervös.
2) Erna tacque nervosa/⁺nervosamente.

(69.1) Nervös hörte Erna auf zu lächeln.
2) Nervosa,/⁺Nervosamente, Erna smise di sorridere.

(70.1) Erna hörte auf, nervös zu lächeln.
2) Erna smise di sorridere ?nervosa/nervosamente.

Ich will die Beispiele hier nicht alle einzeln kommentieren; sie sollen nur zeigen, daß es auf diesem Gebiet mehr Regularitäten zu beobachten und zu berücksichtigen gibt, als bisher offenbar angenommen wurde.

Daß ich die quasi-kausale Lesart "quasi-kausal" und nicht einfach "kausal"[39] nenne, hat folgenden Grund: Ich möchte die quasi-kausale Lesart nicht auf explizit kausale Strukturen, sondern auf koordinierte mit einer festgelegten Reihenfolge der Konjunkte zurückführen:

(71) Erna verstummte nervös = Erna war nervös und verstummte.
≠ Erna verstummte und war nervös.

Diese Analyse hat gegenüber einer explizit kausalen folgende Vorteile:

(a) Einige meiner Moduskonstruktionen lassen sich mit ihr problemlos erfassen. Diese sind dann nur eine "lexikalisch reicher ausgestattete" Variante bestimmter "temporalisierter Adjektive" oder, anders ausgedrückt: temporalisierte Adjektive sind eine lexikalisch minimal ausgestattete Variante bestimmter Moduskonstruktionen. (Weitere Einzelheiten zu diesem Punkt finden sich unten in *V.2.3*)

(b) Die Beispiele mit quasi-kausaler Lesart lassen sich mit Hilfe weiterer Tests noch weiter subklassifizieren. Dabei stellt sich heraus, daß viele Beispiele sich n i c h t durch *weil*-Sätze angemessen paraphrasieren lassen, wohl aber durch die "lockerere" Koordinationsparaphrase mit festgelegter Reihenfolge der Konjunkte. Ich möchte also eine zu frühe Festlegung vermeiden.

(c) Ein paar Illustrationen zu dem unter (b) Gesagten:

Ein Beispiel wie

(72.1) Die Lehrerin gab allen Kindern rigoros eine Fünf in Turnen.
2) L'insegnante, severa, diede tre in ginnastica a tutti i bambini.

---

39 BARTSCH (1972: 142) führt z.B. die quasi-kausale Lesart des Satzes *Er kehrt verärgert heim* zurück auf eine explizit kausale Struktur mit der Konjunktion *weil*. Außerdem erkennt sie in dem Satz noch zwei temporale Lesarten, die sie mittels der Konjunktionen *nachdem* und *während* darstellt. Diese letzteren Interpretationen kann ich nicht nachvollziehen. Für mich hat der Satz eine quasi-kausale Lesart (als naheliegendste) und eine (weniger naheliegende) expressiv-modale Lesart.

könnte man paraphrasieren wollen mit dem Kausalsatzgefüge

(73.1) Die Lehrerin gab allen Kindern eine Fünf in Turnen, weil sie rigoros war.
2) L'insegnante diede tre in ginnastica a tutti i bambini, perché era severa.

Man hat aber gleich das Gefühl, daß diese Paraphrase doch nicht richtig das in dem ersten Satz Gemeinte trifft, denn vielleicht ist die Lehrerin nicht "an sich" rigoros, sondern nur insofern, als sie allen Kindern eine Fünf in Turnen gab. Diese Intuition bestätigt sich, wenn man den Satz leicht abwandelt:

(74.1) Wir müssen allen Kindern rigoros eine Fünf geben.
2) Dobbiamo dare con severità tre a tutti i bambini.

Dieser Satz ist nicht synonym mit

(75.1) Wir müssen allen Kindern eine Fünf geben, weil wir rigoros sind.
2) Dobbiamo dare tre a tutti i bambini perché siamo severe.

Die meines Erachtens einzig angemessenen Paraphrasen für (74) lauten:

(76.1) Wir müssen rigoros sein und allen Kindern eine Fünf geben.
2) Dobbiamo essere severe e dare tre a tutti i bambini.

(77.1) Wir müssen allen Kindern eine Fünf geben, weil wir rigoros sein müssen.
2) Dobbiamo dare tre a tutti i bambini perché dobbiamo essere severe.

Bei "wirklichen" Kausalangaben sind die Paraphrasierungsresultate ganz anders; vgl.:

(78.1) Die Lehrerin sperrte Klaus aus Grausamkeit in den Turm. =
2) Die Lehrerin sperrte Klaus in den Turm, weil sie grausam war.

(79.1) Die Lehrerin wollte Klaus aus Grausamkeit in den Turm sperren. =
2) Die Lehrerin wollte Klaus in den Turm sperren, weil sie grausam war.

Keine Paraphrase für (79) ist:

(80.1) Die Lehrerin wollte Klaus in den Turm sperren, weil sie grausam sein wollte. =
2) Die Lehrerin wollte grausam sein und Klaus in den Turm sperren.

Als unbrauchbar erweist sich die kausale Paraphrase auch bei Imperativsätzen. Man vergleiche die Deklarativsätze unter (81) und (82), die bei oberflächlicher Analyse kausal paraphrasierbar zu sein scheinen, mit den Imperativsätzen unter (83) und (84), die nur noch die Koordinationsparaphrase erlauben:

(81.1) Der Junge setzte sich gehorsam.
2) Der Junge setzte sich, weil er gehorsam war.
3) Il ragazzo si sedette ubbediente.
4) Il ragazzo si sedette perché era ubbediente.

(82.1) Das Mädchen machte höflich der alten Dame Platz.
2) Das Mädchen machte der alten Dame Platz, weil es höflich war.
3) La ragazza fece gentilmente posto alla vecchia signora.
4) La ragazza fece posto alla vecchia signora perché era gentile.

(83.1) Setz dich gehorsam!
2) ??Setz dich, weil du gehorsam bist!
3) Siediti ubbedientemente!
4) ??Siediti perché sei ubbediente!

(84.1) Mach höflich der alten Dame Platz!
2) ??Mach der alten Dame Platz, weil du höflich bist!
3) Fai posto gentilmente alla vecchia signora!
4) ??Fai posto alla vecchia signora perché sei gentile!
5) Sei höflich und mach der alten Dame Platz!
6) Sii gentile e fai posto alla vecchia signora!

Das allen quasi-kausalen Satzgefügen[40] Gemeinsame scheint mir zu sein, daß mit ihnen ein jeweils konkret beobachtetes Verhalten "eingeordnet" wird in ein etwas allgemeineres Verhaltensmuster. Wenn diese Interpretation richtig ist und es sich wirklich um ein bloßes "Einordnen" handelt, folgt daraus, daß nicht zwei Verhaltensweisen beschrieben werden, sondern nur eine einzige auf zweierlei Weise - unser altes Thema.

Viel ungeheuer Anregendes - nicht nur für Sprachphilosophen, sondern auch für Linguisten - ist zu diesem Komplex von RYLE in seinem Buch *The Concept of Mind* (1949) gesagt worden, besonders im 5. Kapitel "Dispositions and Occurrences".[41] RYLEs Hauptanliegen ist der Kampf gegen das philosophische Dogma vom "Gespenst in der Maschine", vom "zweigeteilten Menschen":

> Jeder Mensch hat Körper und Geist. Jeder sieht den Körper; den Geist sieht nur der Geist selbst. [...] Der Geist verursacht die menschlichen Handlungen; der Körper führt die Befehle des Geistes aus. (SAVIGNY 1974: 93)

Gegen dieses Dogma kämpft RYLE nun vornehmlich mit dem Mittel einer scharfsinnigen und brillant geschriebenen Sprachanalyse. Den Sprachausschnitt, den er analysiert, bilden alle möglichen Adverbiale und deren Paraphrasen - und hier liegt auch das zentrale Interesse für den Linguisten. Was RYLE an Hunderten von Beispielen aus verschiedenen Bereichen (die Kapitel heißen z.B. "The Will", "Emotion", "Self-Knowledge", "Sensation and Observation" usw.)

---

40 Gleichgültig, in welcher Oberflächenform sie sich manifestieren - ob als Sätze mit temporalisiertem Adjektiv, mit Adverb - vgl. (74.2), (82.3), (83.3), (84.3) -, mit einer Moduskonstruktion oder gleich als Koordination.

41 SAVIGNY (1974: 97) beklagt sich über die kühle Rezeption von RYLEs Hauptwerk The Concept of Mind unter deutschen Philosophen, die er "überraschend und enttäuschend" nennt. Für mich als Linguistin ist die Nicht-Rezeption des Werks unter Linguisten (und nicht nur unter deutschen) ebenso "überraschend und enttäuschend" - vor allem, wenn man damit den Einfluß vergleicht, den das Werk AUSTINs auf die Linguistik der letzten 10 Jahre gehabt hat. Mir erscheint RYLE für die Linguistik ebenso wichtig wie AUSTIN.

immer wieder nachzuweisen versucht, ist, daß beim "vorsichtigen Gehen", "gehorsamen Bajonett-Aufpflanzen" oder "taktvollen Wegsehen" nicht z w e i Prozesse ablaufen, nämlich ein "mentaler" und ein "körperlicher", sondern nur ein einziger, der nur auf zweierlei Weise beschrieben wird - meist "dispositionell" und "okkasionell". Hier ein paar typische Zitate, die für unser Thema speziell relevant sind:

> Why are people so strongly drawn to believe, in the face of their own daily experience, that the intelligent execution of an operation must embody two processes, one of doing and another of theorising? Part of the answer is that they are wedded to the dogma of the ghost in the machine. Since doing is often an overt muscular affair, it is written off as a merely physical process. On the assumption of the antithesis between 'physical' and 'mental', it follows that muscular doing cannot itself be a mental operation. To earn the title 'skilful', 'cunning' or 'humorous', it must therefore get it by transfer from another counterpart act occurring not 'in the machine' but 'in the ghost'; for 'skilful', 'cunning' and 'humorous' are certainly mental predicates. (RYLE 1949: 32)

> But the reason why the skill exercised in a performance cannot be separately recorded by a camera is not that it is an occult or ghostly happening, but that it is not a happening at all. It is a disposition, or complex of dispositions, and a disposition is a factor of the wrong logical type to be seen or unseen, recorded or unrecorded. (RYLE 1949: 33)

> A soldier who fixes his bayonet in obedience to an order may go through just the same movements as one who fixes his bayonet for any other purpose. 'Obediently' does not signify a muscularly peculiar manner of operating. [...] Nor is he doing two things, namely both fixing his bayonet and obeying an order, any more than the migrating bird was both flying south and doing or undergoing something else. He obeys the order by fixing his bayonet. The question, 'did he heed the order?' is quite satisfactorily answered by, 'yes, he fixed his bayonet the moment the order was given'. (RYLE 1949: 144)

Ausgehend von RYLEs Analysen (die auch etliche linguistische Tests enthalten, derer wir uns im folgenden noch bedienen werden) kann man nun sagen, daß quasi-kausale Satzgefüge eine "episodische", "anekdotische", "okkasionelle" Beschreibung in einen allgemeineren "Erklärungsrahmen" einordnen: Wenn jemand einen Anfall von Jähzorn hat, so überrascht es nicht weiter, wenn er auf den Tisch haut, Geschirr zerschlägt, mit den Füßen aufstampft usw.. Wenn jemand verlegen ist, so ist es wiederum typisch und nicht überraschend, wenn er sich am Kopf kratzt, wegsieht usw.. RYLE würde wohl sagen: Auf den Tisch schlagen ist eine von vielen Arten ('species'), sich jähzornig zu verhalten, Jähzorn zu demonstrieren, an den Tag zu legen, zur Schau zu stellen.

Ich bringe nun ein paar typische Beispiele für quasi-kausale Satzgefüge mit "temporalisierten Adjektiven". Die italienischen Entsprechungen enthalten meist ebenfalls ein "aggettivo in funzione avverbiale"; das hat jedoch oft nur rein morphologische Gründe: eine entsprechende Form mit *-mente* existiert meist einfach nicht.

(85.1) Sie runzelte nachdenklich die Stirn.
2) Aggrottò pensierosa/pensierosamente la fronte.

(86.1) Sie rieb sich vergnügt die Hände.
2) Si stropicciò contenta le mani.

(87.1) Sie trommelte nervös mit den Fingern auf den Tisch.
2) Tamburellava nervosamente con le dita sul tavolo.

(88.1) Sie sah bedrückt/betrübt/niedergeschlagen zu Boden.
2) Guardava in terra depressa/impressionata/turbata.

(89.1) Sie zuckte erschreckt zusammen.
2) Trasalî spaventata.

(90.1) Sie verließ wütend den Raum.
2) Lasciò la stanza furente.

(91.1) Sie goß zerstreut die Milch in den Zucker statt in den Tee.
2) Versò distratta/distrattamente il latte nello zucchero invece che nel te.

(92.1) Sie reckte stolz den Kopf.
2) Levò superba/superbamente la testa.

(93.1) Sie verzog angeekelt das Gesicht.
2) Storse disgustata il viso.

(94.1) Sie rannte aufgeregt hin und her.
2) Correva eccitata ci e là.

(95.1) Sie brach erschüttert in Tränen aus.
2) Scoppiò commossa in lacrime.

(96.1) Sie rieb sich verwundert die Augen.
2) Si sfregava meravigliata gli occhi.

(Diese Liste könnte man nahezu endlos verlängern. Das "Einordnen" von Vorgängen und Verhaltensweisen unter bestimmte Verhaltensmuster scheint verbreiteter zu sein, als die bisherige stiefmütterliche Behandlung dieses Themas in der Linguistik zunächst vermuten läßt.) Typisch für solche Sätze ist auch, daß bei ihrer Nominalisierung oft das temporalisierte Adjektiv als Attribut zu dem substantivierten Verb treten kann, daß aber das Adjektiv fast nie prädikativ auf dies Nomen angewendet werden kann; vgl.:

(97.1) Ihr nachdenkliches Stirnrunzeln
2) Il suo pensieroso aggrottare la fronte
3) +Ihr Stirnrunzeln ist nachdenklich.
4) +Il suo aggrottare la fronte è pensieroso.

(98.1) Ihr vergnügtes Händereiben
2) Il suo contento stropicciarsi le mani
3) +Ihr Händereiben ist vergnügt.
4) +Il suo stropicciarsi le mani è contento.

(99.1) Ihr erschrecktes Zusammenzucken
2) Il suo trasalire spaventato

3) +Ihr Zusammenzucken ist erschreckt.
4) +Il suo trasalire è spaventato.

Nicht alle Beispiele aus der Serie (85) - (96) bestehen allerdings diesen Test. Dies deutet darauf hin, daß noch weitere Subklassifikationen möglich sind.

Ein anderer Test ist die Umwandlung in eine *in*-Phrase. Er wird ebenfalls nicht von allen Beispielen unter (85) - (96) bestanden, was wieder für die Notwendigkeit weiterer Subklassifikationen spricht; vgl.:

(100.1) In ihrer Nervosität trommelte sie mit den Fingern auf den Tisch.
2) Nel suo nervosismo tamburellava con le dita sul tavolo.

(101.1) In ihrer Aufregung rannte sie hin und her.
2) Nella sua eccitazione correva ci e là.

(102.1) In ihrer Zerstreutheit goß sie die Milch in den Zucker statt in den Tee.
2) Nella sua distrazione versò il latte nello zucchero invece che nel tè.

(103.1) In ihrer Erschütterung brach sie in Tränen aus.
2) Nella sua commozione scoppiò in lacrime.

Ich erwähne den *in*-Test[42] hier deshalb, weil etliche Moduskonstruktionen am besten mit einer *in*-Phrase übersetzt werden; z.B.:

(104.1) *Ricordandosi* che da ragazzo [...] aveva dovuto curarmi a varie riprese per degli ascessi tonsillari, Fadigati si offerse subito di darmi una "guardata". - bo 74

2) *In der Erinnerung daran*, daß er mich mehrmals wegen Mandelentzündungen in Behandlung gehabt hatte, als ich noch ein Junge war, bot Fadigati sich sofort an, sich die Sache anzusehen.

Was den hier schon mehrfach erwähnten Begriff des 'Einordnens' betrifft, so könnte man meine quasi-kausalen Satzgefüge in Anlehnung an LANG (1977) interpretieren als einen Sonderfall von Koordinationen, in denen das erste Satzkonjunkt die "Einordnungsinstanz" für das zweite angibt. Bei den Koordina-

---

42 Man könnte noch einen "*vor*-Test" anschließen und würde wieder zu neuen Subklassen kommen; vgl.:
Sie brach vor Erschütterung in Tränen aus.
Dalla commozione scoppiò in lacrime.
??Sie goß vor Zerstreutheit die Milch in den Zucker.
Sie goß aus Zerstreutheit die Milch in den Zucker.
??Dalla distrazione versò il latte nello zucchero.
Per la distrazione versò il latte nello zucchero.
Über den Unterschied zwischen *aus*- und *vor*-Phrasen vgl. PUSCH (1973), EHNERT (1974) und ROSENFELD (1978). Ich habe 1973 *aus*-Phrasen als kausal analysiert und *vor*-Phrasen al "letztlich konsekutiv". Heute würde ich die *vor*-Phrasen wohl in die Nähe quasi-kausaler Konstruktionen rücken. Interessant bleibt aber die Verwandtschaft zwischen Kausalität und Quasi-Kausalität - und ihre Verschiedenheit.

tionen, die LANG behandelt, fallen beide Konjunkte unter eine "Gemeinsame Einordnungsinstanz"; vgl.:

(105) Peter schmeißt Geschirr an die Wand, und Erna stampft mit dem Fuß auf.
(mögliche Gemeinsame Einordnungsinstanz: "Beide sind wütend.")

(106) Peter ist wütend und schmeißt Geschirr an die Wand. → Peter schmeißt wütend Geschirr an die Wand.

Damit möchte ich die Untersuchung quasi-kausaler Satzgefüge vorerst abschließen und mich einer anderen Subklasse temporalisierter Adjektive zuwenden. Das heißt, die Adjektive sind gar nicht einmal andere, aber da sie bei anderen Nukleusprädikaten stehen, ergibt sich auch eine ganz andere Bedeutung für die Gesamtkonstruktion. Nehmen wir zur Einführung den Satz:

(107.1) Erna gähnte gelangweilt.
2) Erna sbadigliava annoiata.

Diesen Satz würde ich als quasi-kausales Gefüge analysieren und zurückführen auf:

(108.1) Erna war gelangweilt und gähnte.
2) Erna era annoiata e sbadigliava.

Aber der Satz

(109.1) Sie hörte ihm gelangweilt zu.
2) Lo ascoltava annoiata.

hat als natürlichste Paraphrase nicht (110), sondern (111):

(110) Sie war gelangweilt und hörte ihm zu.

(111) Sie hörte ihm zu und war gelangweilt.

Die Langeweile wird hier also normalerweise nicht als "Quasi-Ursache", sondern als Folge aufgefaßt. Diese "Folge-Interpretation" temporalisierter Adjektive ist typisch bei Sätzen, deren Nukleusprädikat eine rezeptive Tätigkeit beschreibt (wie ich es einmal nennen möchte). Das, was jeweils rezipiert wird, kann beim Rezipienten bestimmte (emotionale) Reaktionen auslösen, die u.a. eben auch mit temporalisierten Adjektiven beschrieben werden können:

(112.1) Sie lauschte entzückt/mit Entzücken der Musik.
2) Ascoltava incantata la musica.

(113.1) Sie beobachtete angeekelt/voller Ekel, wie der Vogel den Wurm verspeiste.
2) Osservava disgustata/piena di disgusto come l'uccello mangiava il verme.

(114.1) Sie las fasziniert (erschüttert) in dem neuen Buch.
2) Leggeva affascinata (commossa) il nuovo libro.

(115.1) Sie verfolgte amüsiert und aufgeregt das Geschehen auf der Bühne.
2) Seguiva divertita ed eccitata l'azione sulla scena.

(116.1) Sie hörte mich enttäuscht und verbittert bis zu Ende an.
2) Mi ascoltò delusa ed amareggiata sino alla fine.

(117.1) Sie erkannte betroffen / mit Betroffenheit, daß sie sich geirrt hatte.
2) Riconobbe colpita che si era sbagliata.

Auch diese Liste ließe sich, besonders hinsichtlich der Adjektive, erheblich verlängern. Die Anzahl der Verben, die rezeptive Tätigkeiten beschreiben, ist aber natürlich wesentlich kleiner als die der Verben, die sich (in Verhaltensmuster) "einordnen" lassen.

Da das temporalisierte Adjektiv eine Konsequenz des im Nukleus erwähnten Vorgangs beschreibt, nenne ich solche Sätze Konsequenz-Sätze oder Konsequenz-Satzgefüge (die Konsequenz m u ß ja keineswegs derart in den Nukleus integriert sein wie bei einem temporalisierten Adjektiv oder einer modalen Präpositionalphrase). Ich reihe die Konsequenz-Satzgefüge unter die modalen Satzgefüge ein in Analogie zu solchen Phrasen wie *mit Vergnügen / con piacere*, *mit Abscheu / con disgusto* oder *mit Entsetzen / con terrore*, die traditionell unbestritten als Modaladverbien gelten. Wenn (118) ein modales Adverbial enthält, dann enthalten auch (119) und (120) modale Adverbiale:

(118.1) Er sah mit Entsetzen (mit Vergnügen) zu, wie das Haus in Flammen aufging.
2) Guardava con terrore (con piacere) andare in fiamme la casa.

(119.1) Er sah entsetzt (vergnügt) zu, wie das Haus in Flammen aufging.
2) Guardava atterrito (compiaciuto) andare in fiamme la casa.

(120.1) Er sah zu, wie das Haus in Flammen aufging, wobei er sich entsetzte (vergnügte).
2) Guardava *spaventandosi (compiacendosene)* andare in fiamme la casa.

Für Konsequenz-Sätze gibt es natürlich auch etliche Tests, die wieder zu Subklassifikationen führen. Wie wir schon an einigen Beispielen sehen konnten, ist eine typische Paraphrase bei Konsequenz-Sätzen die *mit*-Phrase; sie bildet sozusagen das Gegenstück zu der *in*-Phrase bei quasi-kausalen Satzgefügen:

Konsequenz-Sätze:

(121.1) Er beobachtete sie und ekelte sich. →
Er beobachtete sie angeekelt / mit Ekel.
2) La osservò ed era disgustato. →
La osservò disgustato / con disgusto.

(122.1) Er blätterte in einem Buch und langweilte sich. →
Er blätterte gelangweilt / mit Langeweile in einem Buch.
2) Sfogliava un libro e si annoiava. →
Sfogliava annoiato / con noia un libro.

Quasi-kausale Sätze:

(123.1) Er war angeekelt und beobachtete sie. →
Angeekelt / In seinem Ekel beobachtete er sie.
2) Era disgustato e la osservò. →
Disgustato / Nel suo disgusto la osservò.

(124.1) Er langweilte sich und blätterte in einem Buch. →
Gelangweilt / In seiner Langeweile blätterte er in einem Buch.
2) Si annoiava e sfogliava un libro. →
Annoiato / Nella sua noia sfogliava un libro.

Da die emotionale Reaktion auf das im Laufe einer rezeptiven Tätigkeit Rezipierte normalerweise nicht eingeplant werden kann, wirken Sätze wie die folgenden sehr merkwürdig:

(125.1) ?Sie versuchte, ihn angewidert zu beobachten.
2) ?Cercò di osservarlo disgustata.

(126.1) ?Er hatte vor, sie entsetzt anzuhören.
?Aveva in mente di ascoltarla spaventato.

Dieser Test funktioniert nur bei "expressiven" Konstruktionen - der Gruppe, die ich im Anschluß an die hier untersuchten Konsequenz-Sätze besprechen werde; in diese Gruppe gehören die Beispiele von RATH. Der Test funktioniert dort deshalb, weil man Emotionen ja auch vortäuschen und spielen kann, im Gegensatz zu den inneren emotionalen Reaktionen auf Rezipiertes, die *per definitionem* "echt" und nicht gespielt sind. Im folgenden handelt es sich also um "expressive" Sätze:

(127.1) Er nahm sich vor, wütend auf den Tisch zu hauen.
2) Intendeva picchiare furioso sul tavolo.

(128.1) Sie plante, gelangweilt in einem Buch zu blättern.
2) Intendeva sfogliare annoiata un libro.

Da die meisten rezeptiven Tätigkeiten eine gewisse Dauer haben, kann die emotionale Reaktion sich während dieser Tätigkeit allmählich steigern, intensivieren (oder auch an Intensität abnehmen). Deshalb sind Phrasen wie *mit wachsendem Zorn/Ingrimm/Abscheu/Interesse* in diesem Bereich typisch. Im Italienischen finden wir hierfür oft *gerundio*-Konstruktionen:

(129.1) Er hörte ihr mit wachsender Langeweile zu.
2) La ascoltava *annoiandosi* sempre più.

(130.1) Er beobachtete sie mit wachsender Wut.
2) Li osservava *arrabbiandosi* sempre più.

(131.1) Sie sahen ihm mit wachsendem Ärger zu.
2) Lo guardavano *irritandosi* sempre più.

Nach den quasi-kausalen und den Konsequenz-Sätzen soll nun abschließend eine dritte Klasse etabliert werden: die Klasse der Sätze mit "expressiven"

Adjektiven in adverbialer Funktion, die ich hier kurz "expressive Sätze" nenne. In diese Rubrik gehören, wie gesagt, die Beispiele von RATH, die ich bereits auf den Seiten 132-36 einführend kommentiert und paraphrasiert habe. Zum besseren Wiedererinnern hier noch einmal eines seiner Beispiele zusammen mit meiner vorläufigen Paraphrase:

(132.1) Der Zeuge erschien nachdenklich zur Verhandlung.
2) Der Zeuge erschien zur Verhandlung. Sein Verhalten drückte Nachdenklichkeit aus.

Eine quasi-kausale oder eine Konsequenz-Interpretation ist bei diesem Beispiel schlecht möglich, denn 'zur Verhandlung erscheinen' gehört weder zu denjenigen Tätigkeiten, die man typischerweise ausführt, wenn man nachdenklich ist, noch zu den rezeptiven Tätigkeiten. Ich möchte daher einen Satz wie *Der Zeuge erschien nachdenklich zur Verhandlung* ableiten aus *Der Zeuge erschien zur Verhandlung, und er brachte (gewollt oder ungewollt) (seine) Nachdenklichkeit zum Ausdruck.* Statt *zum Ausdruck bringen* könnten genauso gut *zeigen, enthüllen* oder *verraten* angesetzt werden. Was ist durch diese Hypothese gewonnen?

(a) RATHs Beobachtungen sind mit ihr voll kompatibel; jedoch werden Adjektive wie *unrasiert* und *ungewaschen* aus der Gruppe der Adjektive, um die es hier geht, ausgeschlossen; vgl.: +*Mein Freund brachte seine Unrasiertheit zum Ausdruck.*

(b) Nach dieser Analyse wird der Satz *Als ich verdrossen Platz genommen hatte, kam sie mir aufgeregt entgegen* aus (ungefähr) folgender Struktur abgeleitet:

Als ich, (meine) Verdrossenheit zum Ausdruck bringend, Platz genommen hatte, kam sie mir, (ihre) Aufregung zum Ausdruck bringend, entgegen.

Eine Alternative dazu:

Als ich Platz genommen hatte, wobei ich (meine) Verdrossenheit zum Ausdruck gebracht hatte, kam sie mir entgegen, wobei sie (ihre) Aufregung zum Ausdruck brachte.

Diese Sätze sind natürlich stilistisch stark abweichend (besonders der erste), aber keineswegs ungrammatisch - im Gegensatz zu der Paraphrase, die sich aus RATHs Vorschlag ergibt (vgl. oben S.134). Zur Vermeidung der stilistischen Holprigkeit ist aber in der Syntax ja auch die weitere (fakultative) Ableitung zu der adverbialen Kurzfassung vorgesehen.

(c) Bekanntlich können wir alle unsere Stimmungen und Gefühle verbergen. Daher kann man sagen *Sie ist traurig/aufgeregt, aber man merkt es ihr nicht an.* Also kann man auch sagen *Sie war aufgeregt, als sie ihm entgegenkam, aber äußerlich war sie die Ruhe selbst.* Aber es ist (zumindest für mein Sprachgefühl) mehr als "*odd*", ja geradezu widersprüchlich, zu sagen *Sie kam ihm aufgeregt entgegen, aber äußerlich war sie die Ruhe selbst* oder *Sie sah ihn zärtlich an, aber in ihrem Blick lag eisige Kälte.*

Meine Analyse prädiziert nun, daß ein Satz wie *Sie sah in enttäuscht an, aber sie verbarg ihre Enttäuschung* widersprüchlich ist, denn er wird zurückgeführt auf die explizit widersprüchliche Form

(133) +Sie sah ihn an, wobei sie (ihre) Enttäuschung zum Ausdruck brachte/verriet/enthüllte/zeigte, aber sie verbarg ihre Enttäuschung.

(d) Einige deutsche Präsenspartizipien, die semantisch dasselbe leisten wie RATHs temporalisierte Adjektive, können in meiner Analyse gleich miterklärt werden; vgl.:

(134) Sie sah mich staunend/erstaunt/bewundernd/zweifelnd an.

Ableitung nach RATH:

(135.1) Sie war erstaunt/+staunend/+bewundernd/zweifelnd, als sie mich ansah.
2) (Hier extrapoliere ich bereits:)
Sie staunte/??bewunderte/?zweifelte, als sie mich ansah.

Zwei der unter (135.2) aufgeführten Beispiele sind deshalb abweichend, weil bei ihnen das Objekt fehlt. Bei *bewunderte* könnte man (noch weiter extrapolierend) *mich* anfügen, aber *an mir* für *zweifelte* zerstört klar die (ohnehin lose) Paraphrasenbeziehung zwischen (134) und (135.2).

Meine Ableitung:

(136) Sie sah mich an, wobei sie Staunen/Bewunderung/Zweifel zum Ausdruck brachte.

RATHs Beispiele sind einigermaßen untypisch insofern, als die Art und Weise, wie jemand sein Brot ißt oder zu einer Verhandlung erscheint, im allgemeinen weniger Möglichkeiten des Gefühlsausdrucks in sich birgt als zum Beispiel die Art und Weise, wie jemand einen anderen ansieht oder wie jemand etwas zu einem anderen sagt (wobei Tonfall, Mimik und Gestik eine besondere Rolle spielen). So sind es denn auch die Verben *ansehen/guardare* und *sagen/dire*, die wohl die reichste Skala an Modifikationsmöglichkeiten durch "expressive" Adjektiv-Adverbien aufweisen:

(137)

["Ja", sagte sie / Sie sah mich] — [staunend/erstaunt
verwundert
beschämt
bekümmert
verächtlich
enttäuscht
aufgeregt
verwirrt
ungeduldig
bestürzt
beleidigt
gerührt
verlegen
trotzig
verblüfft
herablassend
hochmütig
verschüchtert
zornig
triumphierend
zweifelnd
...] — [Ø. / an.]

(138)

["Si", disse / Mi guardava] — [stupita
meravigliata
vergognandosi / con vergogna
con aria di rammarico
sprezzante
delusa
concitata
confusa
impaziente
sconcertata
offesa
commossa
imbarazzata
con aria di sfida
perplessa
con aria di superiorità
orgogliosa
intimidita
rabbiosa
trionfante
dubitosa
...] —

Viele der in (137) und (138) angeführten Beispiele sind doppeldeutig, einige sogar dreideutig hinsichtlich der quasi-kausalen, der Konsequenz- und der expressiven Lesart. Besonders interessant ist in diesem Zusammenhang eine Analyse der temporalisierten Adjektive, die bei *sagen/dire* (und anderen *verba dicendi*) stehen. Soweit ich es bisher überschaue, gibt es in dieser Kollokation zwei Hauptfunktionen für temporalisierte Adjektive:

(a) Entweder wird die gesamte Sprechhandlung "quasi-kausal" "eingeordnet" oder bewertet; vgl.:

(139.1) "Er wird ganz bestimmt kommen", sagte sie zuversichtlich.
2) "Lui verrà certissimamente", disse fiduciosa.

(140.1) "Das ist mir vollkommen egal", sagte sie unverschämt.
2) "Io me ne frego", disse impudentemente.

(141.1) "Das dürfen Sie nicht", sagte das Kind vorlaut zu dem Gast.
2) "Non lo può fare", disse il bambino saccentemente all'ospite.

(b) Oder das Adjektiv-Adverb charakterisiert Ausdruckskomponenten, die die Sprechhandlung begleiten oder "färben", also Gestik, Mimik oder Tonfall - oder alle zusammen:

(142.1) "Danke", sagte er kalt.
2) "Grazie", disse freddamente.

(143.1) "Eins, zwei, drei", sagte er theatralisch.
2) "Uno, due, tre", disse teatralmente.

(144.1) "Komm her", sagte sie freundlich/respektvoll/andächtig/erbittert.
2) "Vieni qui", disse amichevolmente/rispettosamente/religiosamente/amaramente.

Natürlich kann beides auch zusammenfallen und tut es auch in der Regel. Respektlose oder höhnische Bemerkungen werden oft in respektlosem oder höhnischem Ton und mit respektlosem oder höhnischem Gesichtsausdruck vorgebracht. Ich nehme an, daß dies ein weiterer Grund dafür ist, daß die Analyse vieler italienischer Beispiele kein ganz klares Bild liefert. Die Funktion (a) wird in diesem Bereich sozusagen von der Funktion (b) überlagert.

Trotzdem ist es sicher sinnvoll, die "einordnende" Funktion (a) von der charakterisierenden Funktion (b) für linguistische Beschreibungszwecke zu trennen. Bisher ist ja "Mehrfunktionalität" von Handlungen seitens der Linguisten vorwiegend am Beispiel von AUSTINs lokutiven Akten diskutiert worden, die immer zugleich illokutive Akte sein sollen: "To perform a locutionary act is in general, we may say, also and *eo ipso* to perform an illocutionary act" (AUSTIN 1962: 98). Das Beispiel der "expressiven" und der quasi-kausalen Sätze eröffnet nun, wenn meine Analyse adäquat ist, eine konsequente Entwicklung dieser Gedanken AUSTINs (die in *How to do things with words* (1962, Lecture VI) bereits angelegt ist) zu einer viel umfassenderen Theorie der allgemeinen (beabsichtigten oder unbeabsichtigten) e x p r e s s i v e n Funktionen nicht nur menschlicher Handlungen, sondern menschlichen und "tierischen" Verhaltens schlechthin; hiernach kann theoretisch jede Art von Verhalten etwas aussagen/mitteilen/verraten über Stimmungen, Gefühle, Absichten etc. des Sich-so-und-so-Verhaltenden - entweder durch das bloße Verhalten selbst (= quasi-kausal) oder durch Ausdruckskomponenten wie Mimik,

Gestik und Tonfall, die das Verhalten begleiten und "färben" (= expressiv). AUSTINs obigen Satz abwandelnd, könnte man sagen: "To behave in any way is in general also and *eo ipso* to perform an e x p r e s s i v e act."[43]

Wie schon MOTSCH (1964: 56; vgl. oben das Zitat auf S. 203f) sagte, müßten - ähnlich, wie es hier am Beispiel der quasi-kausalen, der Konsequenz- und der expressiven Sätze durchexerziert wurde - alle sogenannten Modaladverbien und temporalisierten Adjektive untersucht werden daraufhin, welche Verben und Klassen von Verben sie modifizieren können. Und modale Satzgefüge müßten daraufhin untersucht werden, welche Gesamtbedeutung sich aus der Kombination des Nukleus mit dem Adverb oder der Moduskonstruktion ergibt. Wie wir gesehen haben, kann ein und dasselbe Adverb (etwa *enttäuscht*) sehr verschiedene Funktionen haben - je nachdem, ob es in einem quasi-kausalen Satz steht oder bei einem Verb, das eine rezeptive Tätigkeit beschreibt, oder in einer Konstruktion, die weder quasi-kausal noch "konsequentiell" ist. Man könnte das Verhältnis zwischen Adverbien und ihren Nuklei vergleichen mit dem Verhältnis zwischen mehr oder weniger festen Gegenständen und Flüssigkeiten, in die man diese Gegenstände tut: Tut man einen Stein ins Wasser, so ändert sich weder der Stein (abgesehen davon, daß er naß wird), noch ändert sich das Wasser (vorausgesetzt, der Stein ist "sauber"). Tut man einen Brühwürfel in heißes Wasser, so bekommt man eine heiße Brühe. Tut man ein Stück Fleisch in eine Tomatensuppe, so wird die Tomatensuppe bald nach Fleisch schmecken und das Fleisch nach Tomaten. Kurz: der Grad der gegenseitigen Durchdringung und "Einswerdung" variiert und hängt von der Beschaffenheit sowohl des Modifikanden (Nukleus/Flüssigkeit) als auch des Modifikators (Adverb/Gegenstand) ab.

Ich möchte dieses lange Kapitel damit abschließen und "abrunden", daß ich meine drei einführend vorgestellten Beispiele von Moduskonstruktionen, die durch ein "Adjektiv in adverbialer Funktion" ins Deutsche übersetzt wurden (vgl. S. 129), in den nunmehr erarbeiteten Erklärungsrahmen einordne.

Es handelt sich um folgende Beispiele:

(145.1) "Mi spiace", dissi *vergognandomi*.
2) "Es tut mir leid", sagte ich beschämt.

(146.1) "E allora", gridò il signor Veneranda *perdendo* la pazienza. - pa 8
2) "Und dann", schrie Herr Veneranda ungeduldig/die Geduld verlierend.
3) Herr Veneranda verlor die Geduld und schrie: "Und dann ..."

---

43 Ich plane zu diesem Thema eine längere Untersuchung mit dem (vorläufigen) Titel: "Linguistische Verhaltensforschung ('Etholinguistik'), oder: Vokabular und Grammatik der Gefühle und Stimmungen".

Diese Beispiele sind quasi-kausal. Interessant ist, daß die Übersetzung (146.3) genau die Form hat (Koordination), die ich quasi-kausalen Sätzen zugrundelgen will: der "einordnende" Satz bildet das erste, der "eingeordnete" das zweite Konjunkt. Übrigens ist dies diejenige Form, die im Deutschen am häufigsten für die Übersetzung italienischer quasi-kausaler Satzgefüge mit einer Moduskonstruktion gewählt wird.

Das Beispiel

(147.1) La signora lo ascoltava *mostrando* un grande interesse. - rim 66
2) Die Dame hörte ihm mit großem Interesse zu. - rim 67
3) Die Dame hörte ihm sehr interessiert zu.

ist eindeutig expressiv: das Interesse wird "zum Ausdruck gebracht" (*mostrare*); ob es wirklich vorhanden - also echt - ist, bleibt im Original zumindest offen. Aber der Nukleus beschreibt eine rezeptive Tätigkeit. Dies machen sich die deutschen Übersetzungen (147.2) und (147.3) zunutze: Es sind beides konsequentielle Übersetzungen; das heißt, sie unterstellen, daß es sich bei dem zum Ausdruck gebrachten Interesse um ein echtes handelt. (Vermutlich sind rein stilistische Gründe bei dieser Übersetzungsentscheidung ausschlaggebend.)

Der in diesem und im vorangegangenen Subkapitel entwickelte Erklärungsrahmen liefert die begrifflichen Voraussetzungen für die nächsten Kapitel, in denen Moduskonstruktionen zusammen mit ihren verschiedenen deutschen Übersetzungsmöglichkeiten weiter subklassifiziert werden sollen. Die soeben durchgeführte Analyse der drei Beispiele war nur eine kleine Kostprobe, die zeigen sollte, daß und wie dieser Erklärungsrahmen funktioniert.

V.2.2.3 Zusammenfassung der wichtigsten Ergebnisse

1 In vielen Fällen besteht zwischen Moduskonstruktionen und ihren Bezugssätzen eine Implikationsbeziehung derart, daß der Bezugssatz ein Implikat der Moduskonstruktion impliziert. Eine derartige Implikationsbeziehung besteht auch zwischen den Strukturen, auf die viele traditionell als modal eingestufte Adverbien aus semantischen Gründen zurückzuführen sind, und den "Nuklei", die von diesen Adverbien "modifiziert" werden.

2.0 Die Analyse der sogenannten "Adjektive in adverbialer Funktion" wurde durchgeführt, weil einige italienische *gerundio*-Konstruktionen, die ich intuitiv als "modal" auffaßte, die aber nicht die oben beschriebene Implikationsbeziehung zu ihren Bezugssätzen hatten, mit solchen Adjektiven ins Deutsche übersetzt wurden. Die Analyse sollte mir also helfen, mir über das "spezifisch Modale" an Moduskonstruktionen weitere Klarheit zu verschaffen.
Die Adjektive in adverbialer Funktion wurden in drei Klassen unterteilt. Mit Sicherheit gibt es noch weitere Klassen und sind weitere Subklassifikationen innerhalb meiner drei Klassen sinnvoll und

notwendig. Die von mir aufgestellten drei Klassen sind:

2.1 Quasi-kausale Adjektive in adverbialer Funktion. - Beispiel: *Er schlug jähzornig mit der Faust auf den Tisch.* Quasi-kausale Konstruktionen wurden zurückgeführt auf Koordinationen, bei denen der Kopula-Satz an erster und der "Nukleus-Satz" an zweiter Stelle steht: *Er war jähzornig und schlug mit der Faust auf den Tisch.* Das erste Konjunkt wurde auch das "einordnende", das zweite Konjunkt das "eingeordnete" genannt.

2.2 Konsequentielle Adjektive in adverbialer Funktion. - Beispiel: *Sie beobachtete ihn angeekelt.* Konsequenz-Sätze wurden zurückgeführt auf Koordinationen, bei denen der Nukleus-Satz an erster und der Kopula-Satz an zweiter Stelle steht: *Sie beobachtete ihn und war angeekelt.* Die Nukleus-Sätze der Konsequenz-Sätze beschreiben rezeptive Tätigkeiten; die konsequentiellen Adjektive in adverbialer Funktion beschreiben die Reaktion des Rezipienten auf das Rezipierte.

2.3 Expressive Adjektive in adverbialer Funktion. - Beispiel: *Sie sah ihn zärtlich an.* Expressive Konstruktionen wurden zurückgeführt auf Hauptsätze, denen (im Deutschen) ein *wobei*-Satz mit einem explizit expressiven Verb wie *zum Ausdruck bringen* o.ä. angeschlossen ist: *Sie sah ihn an, wobei sie Zärtlichkeit zum Ausdruck brachte.*

3 Das Ergebnis der Analyse der Adjektive in adverbialer Funktion, übertragen auf Moduskonstruktionen, ist: Es gibt auch Modus-Satzgefüge, zwischen deren beiden Bestandteilen nicht die oben unter Punkt *1* erläuterte Implikationsbeziehung besteht, sondern eher solche semantisch-pragmatischen Beziehungen, wie sie zwischen den drei Klassen von Adjektiven in adverbialer Funktion und ihren Nuklei bestehen. Da diese Adjektive sowohl im Italienischen als auch im Deutschen vielfach durch Adverbiale (Präpositionalphrasen, Adverbien auf *-mente*) paraphrasierbar sind, die immer als "modal" gegolten haben, halte ich es für berechtigt, die entsprechenden *gerundio*-Konstruktionen ebenfalls "modal" zu nennen und sie als "Moduskonstruktionen" zu bezeichnen.

4 Die Strukturen, auf die ich Moduskonstruktionen zurückführen will, sind also Koordinationen. Dies scheint genau den Vorstellungen von PARISI & CASTELFRANCHI zu entsprechen, gegen die ich doch im Kapitel *I* dieser Arbeit so hartnäckig argumentiert habe. Meine Entscheidungen stehen aber nicht im Widerspruch zu dem, was ich dort gesagt habe: Es sind (anders als bei P&C) nicht einfach irgendwelche, x-beliebige Koordinationen, auf die ich Modussatzgefüge zurückführe, sondern es handelt sich um eine durch ganz bestimmte semantische Relationen genau[44] definierte Subklasse der Koordinationen; und auf genau diese führe ich auch die modalen Adverbien und die modalen "Adjektive in adverbialer Funktion" zurück. Ich habe im Kapitel *I* auch nicht m e h r behauptet, als daß ich modal/temporal/kausal etc. zu interpretierende *gerundio*-Konstruktionen auf explizit modale/temporale/kausale etc. semantische Strukturen zurückführen will. "Explizit modale semantische Struktur" aber heißt jetzt: Struktur, zwischen deren beiden Bestandteilen ganz bestimmte und genau dieselben semantischen

---

44 Jedenfalls so genau es mir angesichts des wahrhaft verwirrenden "modalen Datenmaterials" überhaupt möglich war, bei dem sich manchmal fast "alles durch alles" erklären, d.h. paraphrasieren und übersetzen (!) läßt: Modaladverbiale durch Koordinationen und Koordinationen durch Modaladverbiale.

Beziehungen bestehen, die auch zwischen den Bestandteilen derjenigen semantischen Strukturen bestehen, die modalen Adverbien zugrundeliegen - Beziehungen, wie sie zwischen den Bestandteilen z.B. einer explizit temporalen semantischen Struktur gerade n i c h t bestehen.

V.2.3 Subklassifikation der Moduskonstruktionen

V.2.3.1 Noch einmal: das Problem der Individuierung von Handlungen und Prozessen. Über *wobei* und einige sinnverwandte Konjunktionen

Es ist wohl für einen Linguisten ein legitimer Wunsch, eine Erklärung für das kontrastiv interessante Faktum zu finden, daß der italienische Satz (148) sowohl durch (149) als auch durch (150) ins Deutsche übersetzt werden kann - durch zwei Sätze also, die (zumindest für mich) in ihrer Bedeutung völlig verschieden sind:[45]

(148) Carlo mi aiutava tacendo.

(149.1) Carlo half mir schweigend.
2) Carlo half mir und schwieg dabei.
3) Carlo half mir, wobei er schwieg.
4) Carlo half mir. Dabei schwieg er.

(150.1) Carlo half mir, indem er schwieg.
2) Carlo half mir dadurch, daß er schwieg.
3) Dadurch, daß er schwieg, half Carlo mir.

Für mein Verständnis ist in (149) von zwei Handlungen Carlos die Rede, in (15o) dagegen nur von einer einzigen. In (149) wird zwar nicht gesagt, worin die Hilfe Carlos konkret bestand; klar ist aber, daß sein Schweigen n i c h t selbst die Hilfe, sondern nur ein Begleitumstand seines Helfens war; vgl.:

(151) Schweigend half Carlo mir, indem er die Kartoffeln schälte.

Zuerst korrelierte ich die Disambiguierung von (148) mit den deutschen Wörtern und Wortverbindungen *wobei* etc. versus *indem* etc. und stellte versuchsweise folgende Regeln auf:

(a) *indem* und *dadurch daß* verbinden zwei verschiedene Beschreibungen ein und desselben Prozesses oder ein und derselben Handlung miteinander.

(b) *wobei* und *und dabei* verbinden zwei Beschreibungen von zwei verschiedenen Prozessen oder Handlungen miteinander.

---

45 Nach vielen Diskussionen mit anderen Linguisten und Nicht-Linguisten, nach der Lektüre vieler Beispiele, die meinen Regeln widersprechen und doch "Deutsch" zu sein scheinen, und nach der Lektüre vieler einschlägiger linguistischer und sprachphilosophischer Arbeiten kann ich nur hoffen, daß wenigstens einige Leser in diesem Punkt - dem Ausgangspunkt meiner Diskussion - mit mir übereinstimmen.

Leider stimmen beide Regeln nicht mit den empirischen Fakten überein, d.h. mit deutschen Sätzen und meinen Intuitionen über deren Bedeutungen. In (152) zum Beispiel werden zwei verschiedene Handlungen Karls beschrieben, und trotzdem ist *indem* hier nicht unakzeptabel:

(152) Karl erklomm, indem er beständig ächzte und stöhnte / beständig ächzend und stöhnend / unter beständigem Ächzen und Stöhnen die steile Treppe des Kirchturms.

Und von (153) habe ich den Eindruck, daß hier ein und derselbe Prozeß auf zweierlei Weise dargestellt wird, oder zumindest, daß zwei verschiedene Aspekte ein und desselben Prozesses, aber nicht zwei verschiedene Prozesse, beschrieben werden und daß trotzdem *wobei* hier völlig akzeptabel ist:

(153.1) Die Erde dreht sich um die Sonne, wobei sie sich um sich selbst dreht.
2) Die Erde dreht sich um die Sonne, und dabei dreht sie sich um sich selbst.

Die deutsche Sprache liefert hier also kein klares Bild, indem[46] sie die bei (149.3) und (150.1) noch so klare Unterscheidung zwischen einer Handlung (einem Prozeß) und zwei Handlungen (zwei Prozessen) in Beispielen wie (152) und (153) wieder gründlich verwischt. Also suchte ich Hilfe bei den Handlungstheoretikern (vor allem in Bezug auf Begriffe, mit denen ich meine vielen italienischen Beispiele in hübsche Klassen einordnen könnte). Wie ich schon sagte (vgl. oben S. 78f), ist das Bild bei den Handlungstheoretikern aber auch ziemlich diffus, was nach meiner festen Überzeugung nicht an ihnen selbst, sondern an ihrem Gegenstand liegt. Diese Überzeugung entstand während meines jahrelangen Umgangs mit *gerundio*-Konstruktionen und deren deutschen Entsprechungen, die m.E. eine heuristische Fundgrube für Handlungstheoretiker sind und diesbezüglich von keinem anderen Grammatikausschnitt übertroffen werden dürften. Nun bin ich aber nicht Handlungstheoretikerin, sondern Linguistin und werde mich deshalb bei dem folgenden Subklassifizierungsversuch vorwiegend um die linguistischen und hier speziell um die kontrastiv interessanten Aspekte meines Themas kümmern. Linguistische Intuitionen sind ja auch bei den Handlungstheoretikern oftmals die letzte Entscheidungsinstanz. RYLE (1949: 138) meint, wenn "etwas", das durch zwei verschiedene Verben beschrieben wird, genauso gut durch eine Verb-plus-Adverb-Konstruktion beschrieben werden könne, dann sei das ein sicheres Zeichen dafür, daß wir es nicht mit zwei Sachen, sondern nur mit einer zu tun hätten: 'gehen und sich (dabei)

46 Jetzt rede ich auch schon so. Vgl. demgegenüber meine vorherigen ablehnenden Bemerkungen über einen derartigen Gebrauch von *indem* auf S. 102.

beeilen' kondensiert zu 'schnell gehen'; 'zuhören und (dabei) aufpassen' kondensiert zu 'aufmerksam zuhören'. AUSTIN (1962: 121ff) gründet seine Unterscheidung zwischen illokutiven und perlokutiven Akten im wesentlichen auf die Eigenschaften der Präpositionen *in* und *by*: "*In* saying I would shoot him I was threatening him" (= illokutiv); "*By* saying I would shoot him I alarmed him" (= perlokutiv)[47]. GOLDMAN (1971), ein Verfechter der "Mehrere Handlungen-Theorie", wie ich sie hier einmal abkürzend nennen möchte[48], kritisiert ANSCOMBE (1957) und DAVIDSON (1963), zwei Vertreter der "Eine Handlung-Theorie"[49], und stützt seine Kritik im wesentlichen auf das linguistische Argument möglicher oder unmöglicher Paraphrasierungen durch *by*. Er etabliert eine *by*-Relation, die er offenbar zu den logischen Primitiva rechnet. In der Übersetzung von MEGGLE wird daraus eine *dadurch-daß*-Relation. Nun ist aber *dadurch daß* kaum "primitiver", d.h. in seiner Bedeutung klarer festgelegt als etwa *wobei* und *indem*.[50]

Diesen Eindruck jedenfalls vermitteln meine italienischen Daten, von denen etliche sich a u f k e i n e n F a l l (vgl. (154)) mit *dadurch daß* oder *wodurch*, sondern nur durch *und* oder *wobei* o.ä. übersetzen lassen, andere hingegen sowohl mit *wodurch* als auch mit *wobei* übersetzt werden können, ohne daß der Unterschied zwischen der einen und der anderen Übersetzungsentscheidung so gravierend wäre, daß man meinen könnte, man habe sich durch seine Wahl für eine von zwei verschiedenen Lesarten des italienischen Originals entschieden. Es fehlt also meines Erachtens die Voraussetzung dafür, *dadurch daß* ohne weitere Begründung als logisches Primitivum ansetzen zu dürfen.

---

47 Dieses Argument ist nicht ohne weiteres auf deutsche Verhältnisse übertragbar. Das illokutive *in* wird vielleicht am besten durch ein "pseudotemporales *als* (vgl. oben S. 99f) übersetzt und das perlokutive *by* durch *dadurch daß* (weniger gut durch *indem*). An diesem Beispiel zeigt sich sowohl der heuristische Wert (hier: für das Englische) als auch die theoretische Problematik sprachanalytischen Argumentierens (will man die Unterscheidung für andere Sprachen als das Englische "mitteilbar" und nutzbar machen).

48 Für Vertreter dieser Theorie beschreibt ein Satz wie *Er half mir, indem er schwieg* nicht eine, sondern zwei Handlungen.

49 Für Vertreter dieser Theorie beschreibt ein Satz wie *Er half mir, indem er schwieg* nur eine einzige Handlung.

50 Dasselbe gilt sicher für das englische *by*, das in der deutschen Übersetzung des GOLDMAN-Aufsatzes mit *dadurch daß* wiedergegeben wurde. Man vergleiche, was AUSTIN (1962: 122) darüber meinte: "'In' and 'by' are anyway worth investigation; for that matter, so are 'when', 'while', &c." - Interessant ist hier auch, daß AUSTIN die "temporalen" Konjunktionen *when* und *while* in seine vorsichtige Skepsis mit einbezieht. Das erinnert mich sehr an meine Beobachtungen zum "pseudotemporalen *als*". Über *während=while* und seine Verwandtschaft mit *wobei* ist im folgenden auch noch einiges zu sagen.

(154.1) "Certo che le mie amiche non fanno le operaie" disse lei parlando lentamente [...] - mm 35
2) "Natürlich sind meine Freundinnen keine Arbeiterinnen", sagte sie langsam / sagte sie und sprach langsam / sagte sie, wobei sie langsam sprach / +sagte sie, wodurch sie langsam sprach.

(155.1) Sorrideva *scoprendo* [...] gli incisivi. - bo 75
2) Er lächelte, wobei/wodurch er die Schneidezähne entblößte.
3) Er lächelte und entblößte dabei/dadurch die Schneidezähne.
4) Er lächelte mit entblößten Schneidezähnen.

(156.1) Le vesti delle due donne si sollevarono *gonfiandosi*.
2) Die Kleider der beiden Frauen flogen hoch, wobei/wodurch sie sich aufbauschten.
3) Die Kleider der beiden Frauen flogen hoch und bauschten sich dabei/dadurch auf.
4) Die Kleider der beiden Frauen bauschten sich hoch.

Beispiele dieser "gemischten Art" gibt es - wie gesagt - viele, und das Aufstellen klar definierter Subklassen wird durch sie erschwert. Natürlich liegen die unterschiedlichen Übersetzungsresultate bei den letzten drei Beispielen an den unterschiedlichen Implikationsbeziehungen zwischen *dire - parlare lentamente* einerseits und *sollevarsi - gonfiarsi* andererseits: *dire x* impliziert *parlare* und *parlare lentamente* impliziert ebenfalls *parlare*. Die Analyse meiner Beispiele hat ergeben, daß bei Vorliegen einer solchen semantischen Beziehung zwischen den beiden Teilsätzen niemals mit *wodurch* oder *dadurch daß* übersetzt wird; vgl. auch das ganz ähnliche, bereits früher (S. 111) besprochene Beispiel *Muovendosi con attenzione, si avvicinò alla porta*. Während wir es in solchen Beispielen klar mit lexikalisch determinierten Implikationsbeziehungen zu tun haben, sind die Implikationsbeziehungen zwischen den Teilsätzen von Beispielen wie (155) und (156) komplizierter, weil sowohl lexikalisch als auch pragmatisch determiniert. Lexikalisch impliziert zum Beispiel *lächeln/sorridere* nur 'die Lippen aus der Normalposition in die Höhe bewegen'. Die praktische Folge einer solchen "lexikalisch implizierten Lippenbewegung" kann natürlich die Entblößung der Zähne sein.[51]

Mein italienischer Kollege MANZOTTI ist (mündliche Mitteilung) ebenfalls ein Anhänger der "Mehrere Handlungen-Theorie". Er sagt, er habe für a l l e *gerundio*-Gefüge ganz klare Intuitionen dahingehend, daß sie jeweils zwei verschiedene Sachen beschrieben. *Sollevarsi gonfiandosi* ist für ihn also 'hochgehen/fliegen und sich außerdem bauschen' und nicht einfach so etwas wie 'sich hochbauschen'. Ich dagegen bin intuitiv eine Anhängerin der "Eine

51 So und meist noch viel feiner müßte man eigentlich alle Beispiele analysieren, um schließlich zu akzeptablen Subklassen zu kommen. Das ist aber bei 400 Beispielen aus praktischen Gründen nicht möglich, weshalb meine Subklassifikation eben mit Sicherheit viel zu grob und für viele Beispiele ein Prokrustes-Bett sein wird.

Handlung-Theorie", sicher nicht zuletzt deswegen, weil manche Eigentümlichkeiten der deutschen Sprache einem diese Sichtweise nahelegen - genau wie Eigentümlichkeiten der italienischen Sprache (die *gerundio*-Gefüge) MANZOTTI s e i n e Sichtweise nahelegen. Diese unterschiedlichen Beurteilungen scheinen die SAPIR-WHORF-Hypothese zu bestätigen. Wenn ich deutsche Sätze höre wie die folgenden

(157.1) "Danke", stammelte er.
2) Sie bat ihn schriftlich um Erlaubnis.
3) Er entfernte sich in Richtung Bar.
4) Die Frauen kamen mit Blumensträußen an.
5) Er schwamm zurück.
6) Die Straßenbahn rasselte auf die Zollschranke zu.
7) Die Dose schepperte zu Boden.
8) Die Kleider bauschten sich hoch.

komme ich spontan nicht auf die Idee, daß diese Sätze etwa jeweils zwei v e r s c h i e d e n e Vorgänge oder Handlungen beschreiben könnten. Daß aber ein Italiener leicht auf eine solche Idee kommt angesichts der italienischen Entsprechungen für (157.1-8), ist verständlich.

(158.1) "Grazie", *disse balbettando.*
2) Gli *chiese* permesso *scrivendogli.*
3) Si *allontanò dirigendosi* verso il bar.
4) Le donne *arrivavano portando* mazzi di fiori.
5) *Ritornò nuotando.*
6) Il tram *correva sferragliando* in direzione della barriera daziaria.
7) La scatola *cadde tintinnando* sul pavimento.
8) Le vesti si *sollevarono gonfiandosi.*

Mit Übersetzungsbeziehungen, wie sie durch (157) und (158) exemplifiziert werden (von TESNIÈRE (1959: 307ff) *chassé-croisé* genannt) haben sich in letzter Zeit KÖNIG (1970)[52] und FRANÇOIS (1974) beschäftigt. FRANÇOIS erwähnt die französisch-deutschen Paare

(159.1) obtenir quelque chose de quelqu'un *en le flattant*
2) jemandem etwas abschmeicheln

(160.1) perdre une somme d'argent *en jouant*
2) eine Geldsumme *verspielen*

(161.1) traverser une rivière *en nageant*
2) *über* einen Fluß *schwimmen*
3) einen Fluß *durchschwimmen*

---

52 KÖNIG behandelt die englisch-französischen Paare
She swam across the river.
Elle traversa la fleuve en nageant.
I shook him awake.
Je le réveilla en le secouant.
She dances out.
Elle sort en dansant.

und nennt Verben wie *abschmeicheln, verspielen, durchschwimmen* "biprädikative Verben"; er sagt über sie, daß sie "zwei Prozesse ausdrücken, die voneinander unabhängig sind" (FRANÇOIS 1974: 3). Wie MANZOTTI ist also FRANÇOIS ein Anhänger der "Mehrere Handlungen-Theorie" - vermutlich aus ganz ähnlichen Intuitionen heraus wie MANZOTTI, geleitet durch Eigentümlichkeiten (*gérondif*-Gefüge) seiner französischen Muttersprache. KÖNIG (1970: 49), mit dem Hintergrund seiner deutschen Muttersprache, spricht dagegen charakteristischer- und vorsichtigerweise nur von "differences in lexical structure", ohne sich ontologisch festzulegen. Er führt aber auch den nur ein Verb enthaltenden englischen Satz *She swam across the river* auf die zwei Verben enthaltende Struktur *She moved across the river by swimming* zurück, die der Struktur des französischen Satzes *Elle traversa le fleuve en nageant* ähnlich ist.

Wie aber das italienische Beispiel *Si allontanò dirigendosi verso il bar* zeigt, kann man theoretisch auch *She moved across the river* noch weiter zerlegen, wenn man *across* noch ein "Richtungsverb" zuordnet. Wo aber ist die Grenze für solche Zerlegungen zu setzen? Die immer feineren prälexikalischen Strukturierungen der Generativen Semantik haben m.E. nur dazu geführt, daß das Schreiben von Grammatiken, auch für kleine Ausschnitte von Sprachen, immer schwieriger und daher immer seltener geworden ist; vgl. hierzu auch PUSCH & SCHWARZE (1975).

Als praktische Faustregel für die Behandlung derartiger Übersetzungsbeziehungen und intralingualer Paraphrasen[53] würde ich folgendes vorschlagen:

(a) Die Existenz derjenigen Konstruktion, die mit nur einem Verb auskommt, nehme man als starken Hinweis darauf, daß der beschriebene Vorgang am günstigsten zu analysieren ist als e i n Vorgang, der unter verschiedenen Aspekten beschrieben wird. Insofern stimme ich der Auffassung RYLEs (1949: 138) durchaus zu. Bei der Ein-Verb-Konstruktion können diese "Aspekte" von den unterschiedlichsten Morphem-, Wort- und Syntagmen-Klassen in der Oberflächenstruktur realisiert sein; sie können aber auch überhaupt nicht realisiert, sondern vom Gesamtsatz bloß impliziert sein; vgl.:

---

53 Es ist ja nicht etwa so, daß es im Deutschen nur die "kondensierten" Ausdrücke gibt; vgl.:

"Danke", sagte sie stammelnd / stammelte sie.
Die Dose fiel scheppernd / schepperte zu Boden.
Die Autos fuhren krachend / krachten zusammen.

Und im Italienischen gibt es nicht nur die "unkondensierten" Ausdrücke, vgl.

"Grazie", disse balbettando / balbettò.
Il tram correva sferragliando / sferragliava in direzione della barriera.

abtrennbares Präfix: *ab*schmeicheln, *zurück*schwimmen, *hoch*bauschen

nicht abtrennbares Präfix: *ver*spielen

Präpositionen (meist für 'Source', 'Path' und 'Goal'):
über den Fluß schwimmen, *auf* die Zollschranke *zu* rasseln,
zu Boden scheppern

Adverbien: *schriftlich* bitten

Nullrealisierung: *"..." stammeln* impliziert *"..." sagen; mit einem Blumenstrauß ankommen* impliziert *einen Blumenstrauß tragen*

(b) Die Konstruktionen, die zwei Verben benutzen, nehme man als Hinweise darauf, daß sich mehrere - und sehr unterschiedliche - Vorgangsaspekte in Ein-Verb-Konstruktionen "verbergen" können. Die Zwei-Verb-Konstruktionen sind oft ein gutes heuristisches Mittel zur differenzierten semantischen Analyse der Ein-Verb-Konstruktionen und der Verben der Ein-Verb-Konstruktionen. Ein hübsches Beispiel dafür ist folgendes Paar:

(162.1) Scrivi a Zurigo indirizzando al teatro.
2) Schreib nach Zürich ans Theater.

Wenn man den deutschen Satz liest, kommt es einem schwerlich zum Bewußtsein, daß er selbstverständlich a u c h die Aufforderung enthält/impliziert, eine ganz bestimmte Adresse zu schreiben (*indirizzare*). Durch den Übersetzungsvergleich aber wird man auf diesen für die erfolgreiche Ausführung der Bitte in der Tat wesentlichen Aspekt aufmerksam gemacht.

Wie aber sind diejenigen Fälle einzuordnen, bei denen Zwei-Verb-Konstruktionen mit Zwei-Verb-Konstruktionen übersetzt werden? Gibt es zuverlässige linguistische Kriterien, um sie sicher als Beschreibungen entweder eines einzigen Vorgangs oder aber zweier Vorgänge und somit als Instrumental-/Modus-Satzgefüge oder als Begleitumstands-Satzgefüge zu klassifizieren? Die Tests, die ich herangezogen habe, um meine Intuitionen mitteilbar und plausibel zu machen, weisen alle bei näherem Hinsehen den einen oder anderen Defekt auf; es kann also nur eine Batterie von Tests klarere Resultate liefern. Die Defekte des *wobei*-Tests und des *indem*-Tests habe ich bereits erwähnt.

Der *wobei*-Test liefert gute Resultate nur bei methoden-neutralen Bezugssatzverben - wie eben *aiutare/helfen*; vgl. oben (149) und (150). Übersetzt man eine *gerundio*-Konstruktion bei einem methodenneutralen Verb mit *wobei* (oder *und dabei*), so disambiguiert man damit (fast immer) das Original hinsichtlich der Lesart 'Handlung$_1$ plus Begleithandlung$_2$'; vgl.:

(163.1) Tortura se stessa *guardando* gli oggetti che appartennero a Odette. - ca 61
2) Sie quält sich selbst, wobei sie die Gegenstände betrachtet, die Odette gehörten.

(Interpretation von (163.2): 'Das Betrachten der Gegenstände ist n i c h t d a s , womit sie sich quält.')

(164.1) La signora stava per scoppiare in lacrime, ma il marito la interruppe *rivolgendosi* a Bencolin. - ca 84
2) Die Frau war kurz davor, in Tränen auszubrechen, aber ihr Mann unterbrach sie, wobei er sich an Bencolin wandte.

(Interpretation von (164.2): 'Das Sich-an-Bencolin-Wenden ist n i c h t d a s , womit der Ehemann die Frau unterbricht.')

Bei anderen als methodenneutralen Bezugssatzverben aber kann *wobei* sehr verschiedene Relationen zwischen den beiden Teilsätzen ausdrücken, was ich unten in *V.2.3.2* genauer ausführen werde.

BARTSCH (1972: 173ff) behandelt *wobei* als "Satzkonnektiv"; den Begriff 'Satzkonnektiv' übernimmt sie von HARRIS (1968). Bei HARRIS bilden laut BARTSCH (1972: 13) Satzkonnektive eine Subklasse der sieben Basisoperatoren, die neue Sätze aus einfachen Sätzen erzeugen; Satzkonnektive tragen etwas zur Bedeutung der Sätze bei, die sie erzeugen. Aber was trägt nun *wobei* bei? Bei BARTSCH ist *wobei* wieder ein logisches Primitivum - genau wie *dadurch daß* (*by*) bei GOLDMAN (1971). Zur Bedeutung von *wobei* hat sie beobachtet, daß das Verb des Satzes, auf den der mit *wobei* eingeleitete Satz sich bezieht, nicht negiert werden kann. Deshalb, so folgert sie, besteht eine "besondere Abhängigkeit" des mittels *wobei* eingeleiteten Satzes von dem Verb des anderen Satzes. Das, was bei BARTSCH "besondere Abhängigkeit" heißt, nennt WUNDERLICH (1970: 249) "eine gewisse Zugehörigkeitsbeziehung". Die unklare Ausdrucksweise dieser beiden sonst so auf Exaktheit bedachten Linguisten liegt eindeutig am Gegenstand. *Wobei* ist ziemlich schwierig zu charakterisieren; BARTSCH und WUNDERLICH hatten im Rahmen ihrer Fragestellungen nicht d a s Interesse an *wobei*, das ich aufgrund meiner speziellen Fragestellung haben m u ß . Zu den zwei Feststellungen von BARTSCH ist zunächst zu sagen:

(a) Es trifft nicht auf alle Bezugssätze von *wobei*-Sätzen zu, daß sie nicht negierbar sind:

(165) Sie hörte nicht auf zu zetern, wobei sie mit Geschirr um sich warf.

(166) Er bewegte sich nicht, wobei er mich drohend fixierte.

(167) Er sprach nicht mit mir, wobei er mich verächtlich ansah.

(b) Die "besondere Abhängigkeit" zwischen dem Verb des Bezugssatzes und dem *wobei*-Satz besteht bei denjenigen Satzgefügen, die ich "Begleitumstands-Satzgefüge" nenne, gerade nicht. (Oder aber es gibt bei *wobei*-Satzgefügen zwei verschiedene Arten von "Abhängigkeit": eine engere "Modus-Abhängigkeit" und eine lockere "Begleitumstands-Abhängigkeit"):

(168.1) Franco lavora *cantando.*
2) Franco arbeitet, wobei er singt.

(169.1) Franco legge un libro, *tamburellando* con le dita sul tavolo.
2) Franco liest ein Buch, wobei er mit den Fingern auf den Tisch trommelt.

Eine besondere Abhängigkeit besteht hier gewiß nicht zwischen dem *wobei*-Satz und dem V e r b des Bezugssatzes, sondern nur zwischen den beiden Teilsätzen des Gefüges. Und das sichere Wissen, daß zwischen den Verben k e i n e Abhängigkeit besteht, ist es gerade, das es einem erlaubt, solche Sätze als Beschreibungen zweier Handlungen und nicht einer Handlung zu klassifizieren. Die Beispiele, die die Handlungstheoretiker immer übereinstimmend als "ganz klare Fälle" für zwei gleichzeitig verlaufende Handlungen vorbringen, sind von genau der Art wie (168) und (169). WHITE (1968: 10) schreibt: "*signing* is not, in any circumstances, *shaking hands*", und RYLE (1949: 138) sagt: "When a person *hums* as he *walks*, he is doing two things at once, either of which he might interrupt without interrupting the other." (m.H.)

Eine "besondere Abhängigkeit" besteht dagegen a l l e r d i n g s zwischen dem Bezugssatzverb und dem *wobei*-Satz in folgenden Beispielen:

(170.1) La macchina cadde nel burrone, *rotolando* su se stessa.
2) Das Auto stürzte in den Abgrund, wobei es sich überschlug.

(171.1) Maria raccontò delle sue vacanze, *divagando* spesso.
2) Maria erzählte von ihren Ferien, wobei sie häufig abschweifte.

Wenn Maria aufhört zu erzählen, so ist damit zwangsläufig auch ihr Abschweifen beendet, und wenn der Sturz des Autos in den Abgrund beendet ist, ist damit zwangsläufig auch sein Sich-Überschlagen beendet - und somit hätten wir es bei (170) und (171), wenn RYLEs Kriterium zutrifft, nur mit je einem Vorgang zu tun.

BARTSCH (1972: 151f)[54] hat außerdem *wobei* mit *während* verglichen und folgendes herausgefunden:

Sätze wie

(172) Er trinkt, wobei er schlürft.

(173) Der Stein rollt den Berg hinunter, wobei er sich überschlägt.

erlauben kein *während* anstelle des *wobei:*

(172.1) ⁺Er trinkt, während er schlürft.

(173.1) ⁺Der Stein rollt den Berg hinunter, während er sich überschlägt.

---

54 Vgl. auch das Zitat auf S. 118 dieser Arbeit und meine Fußnote dazu.

Diese Beobachtung von BARTSCH trifft sicher einen wichtigen Unterschied zwischen *wobei* und *während*; sie gilt aber nur für *wobei*-Moduskonstruktionen und nicht für *wobei*-Begleitumstandskonstruktionen, und bei *wobei*-Moduskonstruktionen wiederum nur für den Normalfall. Wenn ich zum Beispiel schon weiß, daß der Stein sich überschlug, aber nicht bei welcher Gelegenheit, dann kann mir auf eine diesbezügliche Frage durchaus mit *Der Stein ist den BERG hinuntergerollt, während er sich überschlug* geantwortet werden. Und selbstverständlich kann man statt *Otto spült, wobei er Musik hört* ohne weiteres sagen *Otto spült, während er Musik hört*. Die Sätze sind lediglich bedeutungsverschieden, aber keiner von ihnen ist ungrammatisch.

Weiter stellt BARTSCH fest, daß in (174) *während* nicht durch *wobei* ersetzt werden kann:

(174) Er verunglückte mit dem Auto, während/+wobei seine Mutter in Afrika war.

Aus diesen beiden Beobachtungen zieht sie den Schluß, daß durch *wobei* zwei Aspekte eines Vorgangs oder zwei Vorgänge zu einem verbunden werden, wogegen durch *während* zwei Ereignisse oder Umstände zueinander in Relation gestellt werden. Daß *wobei* und *während* wichtige Eigenschaften gemeinsam haben, geht bei dieser Einteilung verloren. WUNDERLICH (1970: 255) betont im Gegensatz zu BARTSCH gerade diese Gemeinsamkeiten und sagt, daß "Sätze, die *wobei* erlauben, bei Umstellung der beiden Teilsätze *während* zulassen und diese Sätze dann oft als Paraphrasen aufgefaßt werden können." Für *Tante Frieda brach sich ein Bein, während sie die Treppe herunterstieg* und *Tante Frieda stieg die Treppe herunter, wobei sie sich ein Bein brach* nimmt er deshalb dieselbe Tiefenstruktur an. Es stimmt aber wieder nicht für alle *wobei*-Sätze, daß sie derart durch *während*-Sätze paraphrasierbar sind; vgl.:

(175.1) Leo ist eindeutig schuldig, wobei man allerdings berücksichtigen muß, daß er die Tat im Suff beging.
2) +Während Leo eindeutig schuldig ist, muß man allerdings berücksichtigen, daß er die Tat im Suff beging.

Dieses Beispiel zeigt, wie das in der Fußnote auf S. 164 angeführte, daß *wobei* recht verschiedene satzverknüpfende Funktionen erfüllen kann. Nur für eine dieser Funktionen (die, auf die ich mich hier auch konzentriere) gilt WUNDERLICHs obige Beobachtung. WUNDERLICHs vorsichtige Formulierung, daß *wobei*- und die entsprechenden *während*-Satzgefüge nur "oft" als Paraphrasen aufgefaßt werden können, wird bestätigt durch folgende Beispiele, die zwar beide grammatisch, aber keine Paraphrasen voneinander sind:

(176.1) Franz schält Kartoffeln, wobei Erna ihm hilft.
2) Erna hilft Franz (z.B.: beim Dichten), während er Kartoffeln schält.

Meine sonstigen Untersuchungen über *wobei* haben bisher folgendes ergeben: Das Besondere an *wobei* ist, daß für beide Konjunkte mindestens Einheit von R a u m und Zeit gefordert ist. (Ich formuliere das hier so ungenau, damit es kurz und besser merkbar ist.) 'Gleichzeitigkeit' ist ein in der Grammatikforschung seit altersher bekannter Begriff; viele Regeln und Bedeutungscharakterisierungen bauen auf ihm auf - aber 'Gleichräumigkeit' ist mir ganz ungewohnt, und doch trifft dieser Begriff wohl am besten das für *wobei* Charakteristische. Raum und Zeit sind Koordinaten, mit deren Hilfe wir vor allem Ereignisse fixieren. Bei Sätzen, die Zustände und Eigenschaften beschreiben, wirken Ortsangaben seltsam bis ungrammatisch; vgl.:

(171.1) Otto las zu Hause ein Buch (Ereignis)
2) ?Otto war zu Hause erkältet. (Zustand)
3) +Otto war zu Hause rothaarig. (Eigenschaft)

Wobei-Satzgefüge enthalten also Beschreibungen von Vorgängen, die zur gleichen Zeit am selben Ort passieren.[55] Aus dieser "Rahmenbedingung" lassen sich die Gesetzmäßigkeiten, die BARTSCH, WUNDERLICH und ich bisher beobachtet haben, ableiten. So ergeben sich zum Beispiel BARTSCHs "innere Abhängigkeit" und WUNDERLICHs "gewisse Zusammengehörigkeit" zum Teil aus dieser Rahmenbedingung.

Die beste Garantie dafür, daß zwei Dinge gleichzeitig am selben Ort passieren, ist, daß es sich um Ereignisse handelt, die gleichzeitig vom selben Agenten verursacht werden (vgl. BRENNENSTUHLs (1975) Begriff 'Agentereignisverursachung'), oder um zwei Handlungen, die von ein und demselben Agenten gleichzeitig ausgeführt werden. Derartige Doppelereignisse sind immer durch *wobei*-, aber natürlich auch durch *während*-Satzgefüge und im Italienischen durch *gerundio*-Gefüge beschreibbar; vgl.:

(178.1) Franco mi rispose *sorridendo* gentilmente.
2) Franco antwortete mir, wobei er freundlich lächelte.
3) Während Franco mir antwortete, lächelte er freundlich.

(179.1) La vecchia correva avanti *spalancando* imposte e *drizzando* quadri. - rim 24

---

55 Beschreibungen von Telefongesprächen werden sprachlich so behandelt, als ob die einzelnen Sprechereignisse tatsächlich am gleichen Ort passierten; vgl.:
Erna rief mich aus Paris an. Sie berichtete von ihren Liebesabenteuern, wobei ich wie immer einschlief.
??Erna schrieb mir einen Brief aus Paris. Sie berichtete von ihren Liebesabenteuern, wobei ich wie immer einschlief.

2) Die alte Frau lief voraus, wobei sie Läden öffnete und Bilder geraderückte.
3) Während die alte Frau vorauslief, öffnete sie Läden und rückte Bilder gerade.

Beispiele dieser Art bilden in meinem Belegmaterial bei weitem die umfangreichste Gruppe (144 von 400, also 36%). Ich nenne sie, wie gesagt, Begleitumstandskonstruktionen. Bei ihnen ist die "innere Abhängigkeit" nicht durch die Art der Tätigkeiten (Verben, wie BARTSCH sagte), sondern durch deren Gleichzeitigkeit und durch die Tatsache, daß sie vom selben Agenten ausgeführt werden, gegeben.

BARTSCHs Beispiel +*Er verunglückte mit dem Auto, wobei seine Mutter in Afrika war* verletzt sowohl die Bedingung der "Gleichräumigkeit" als auch die daraus abzuleitende der "Ereignishaftigkeit"[56]. *Seine Mutter war in Afrika* beschreibt kein Ereignis. Die Bedingung der Gleichräumigkeit verletzt auch das folgende Beispiel:

(180.1) Während er das Haus putzte, machte sie einen Streifzug durch die Kneipen.
2) +Er putzte das Haus, wobei sie einen Streifzug durch die Kneipen machte.

Gleichräumigkeit ist jedoch nur eine notwendige Bedingung, noch keine hinreichende; vgl.:

(181) Oma und Opa sitzen auf dem Sofa.
1) ?Oma liest, wobei Opa fernsieht/säuft/ mit dem Hund spielt.
2) Oma liest, wobei Opa
- ihr zusieht/zuhört.
- sie beobachtet.
- einschläft/einnickt.
- sie beständig unterbricht/ korrigiert.
- ihr die Lupe/Zeitung/Hand hält.

Die "innere Abhängigkeit" manifestiert sich in (181.2) hauptsächlich in den Pronomina *ihr* und *sie* für das *Oma* im Bezugssatz. Wie das Beispiel *Oma liest, wobei Opa einschläft* zeigt, ist Anaphorik aber auch keine notwendige Bedingung: für mich impliziert dieser Satz, daß Oma laut und nicht "still, für sich" gelesen hat und daß irgend etwas an dem, was Opa vernommen hat (Omas Stimme oder der Inhalt des Vorgelesenen zum Beispiel) eine einschläfernde Wirkung hatte. Demgegenüber impliziert *Während Oma liest, schläft Opa ein* für mich nichts dergleichen.

---

56 Den Spezialgebrauch von *wobei* in linguistischen (und sonstigen formalisierten) Regeln berücksichtige ich hier nicht. Vgl. etwa: "X + P + D + N abstr + Y --→ X + P + I + S + Y, wobei: X, Y = beliebige Ketten" (MOTSCH 1964: 97).

n will aber auf solche Beispiele nicht weiter eingehen, da sie mit dem *rundio* nichts zu tun haben, bei dem Referenzidentität der Subjekte sowie eichzeitigkeit und infolgedessen auch Gleichräumigkeit (von einigen Aus-nmen abgesehen) garantiert sind. Kein Wunder also, daß so viele *gerundio*-nstruktionen mit *wobei* übersetzt werden können!

Ist das Subjektsdenotat unbelebt, so besteht zwischen den zwei Vorgängen, die es gleichzeitig involviert sein kann, immer eine "innere Abhängigkeit" sjenigen Typs, den ich den Modus- oder Temporal- und nicht den Begleit-standssatzgefügen zuordnen will. Unbelebte Gegenstände haben nicht die Frei-it oder Möglichkeit, gleichzeitig Dinge zu "tun", die voneinander unabhängig nd und die sie unabhängig voneinander abstellen oder unterbrechen könnten gl oben den RYLE-Test). Sie können nur 'den Abhang hinunterrollen und sich *bei* überschlagen / sich überschlagen, *während* sie den Abhang hinunterrollen', ich um die Sonne und *dabei* um sich selbst drehen / sich um sich selbst drehen, *hrend* sie sich um die Sonne drehen', 'jemandem auf den Kopf fallen und *dadurch* ten / jemanden töten, *wenn* sie ihm auf den Kopf fallen'. Aber sie können nicht lavier spielen und *dabei* singen / singen und *dabei* Klavier spielen', 'sprechen d *dabei* mit dem Fuß stampfen / mit dem Fuß stampfen und *dabei* sprechen' 'ein ch lesen und sich *dabei* am Kopf kratzen / sich am Kopf kratzen und *dabei* ein ch lesen' - lauter Dinge, die sicher weder kausal noch "beschreibungstechnisch-mantisch" voneinander abhängig sind. *Gerundio*-Gefüge, die Ereignisse beschrei-n und deren Subjekt unbelebt ist, gehören daher nach meiner Definition niemals die Klasse der Begleitumstands-Satzgefüge.

Damit möchte ich für dieses Kapitel die Diskussion über *wobei* abschließen. e wird im folgenden Subkapitel fortgesetzt. Bisher hat sich nur soviel er-ben, daß *wobei* kein zuverlässiger Indikator dafür ist, ob wir es mit zwei schreibungen eines Vorgangs oder mit zwei Vorgängen zu tun haben. Das ein-ge, was für *wobei* gefordert zu sein scheint, ist die Einheit von Raum und it. Ob sich diese Einheit auf die "Natur der Sache" (z.B. bei Vorliegen eier gleichzeitiger, aber prinzipiell unabhängiger Handlungen e i n e s enten) oder auf die "Natur der Beschreibung" gründet, ist für die angemesse- Verwendung von *wobei* unerheblich. Insofern hat sich BARTSCHs (1972: 151) ssage, daß durch *wobei* "zwei Aspekte eines Vorgangs oder zwei Vorgänge zu nem Vorgang [...] verbunden werden", bestätigt - allerdings mit der Spezi-kation, daß nur solche Vorgänge zu einem Vorgang verbunden werden können, e eine raum-zeitliche Einheit bilden. In den Subkapiteln *V.2.3.2-4* sollen e vielen verschiedenen Arten "innerer Abhängigkeit" zwischen den beiden ilsätzen eines *gerundio*-Gefüges weiter untersucht werden, die nicht unter die bereits einigermaßen klar herausgearbeiteten Begriffe 'Instrumentalis' und 'Begleitumstand' fallen. Unter den hierher gehörigen Beispielen gibt es viele unklare, "changierende" Grenzfälle. Deshalb kann der folgende Subklassifikationsversuch nur eine erste Annäherung und Orientierungshilfe sein. Mein Vorbild beim Analysieren und Klassifizieren ist AUSTIN, besonders sein Aufsatz "A plea for excuses" (1957), in dem er in m.E. bisher nicht wieder erreichter Weise vorgemacht hat, wie man Sprache analysieren kann und sollte.[57]

Ich werde die Modus-Satzgefüge und Moduskonstruktionen in drei Hauptklassen aufteilen.[58]

(a) Modus-Satzgefüge mit Implikationsbeziehungen verschiedener Art. In dieser Subklasse gibt es wieder etliche Unterklassen.

(b) Einordnende (quasi-kausale) Moduskonstruktionen

(c) Konsequentielle Moduskonstruktionen

Die Klassifikation beruht auf den semantischen und pragmatischen Beziehungen zwischen dem Bezugssatz und dem *gerundio*-Gefüge. Diese Beziehungen determinieren natürlich bereits zu einem großen Teil die Übersetzungen ins Deutsche. Aber die Übersetzungsentscheidungen sind, wie bereits des öfteren betont,

---

57 FORGUSON (1969 [1977]: 44) schreibt:

> Austin glaubte, daß Philosophen, indem sie das ganz legitime Ziel verfolgten, Lösungen für fundamentale philosophische Probleme zu finden, gewöhnlich allzu früh zu Generalisierungen und Definitionen Zuflucht genommen haben; das hatte zur Folge, daß diese Theorien äußerst vereinfachend und in jeder Hinsicht für den zu erklärenden Gegenstand inadäquat waren. Austin wollte nicht behaupten, daß die Suche nach allgemeinen Wahrheiten im Prinzip fehlgeleitet ist; er hielt aber daran fest, daß Generalisierungen auf solider und sorgfältig vorbereiteter Grundlage aufzubauen seien damit man erwarten kann, daß sie wahr sind und erst recht, daß sie etwas erklären. Jeder adäquaten Generalisierung muß eine geduldige Bestandsaufnahme der zu erklärenden Fakten und eine klare Eingrenzung des Gegenstandes vorausgehen.
> Was gemeinhin über Handlungen gesagt worden ist, weist nach Austin diese Art der voreiligen Vereinfachung auf. Ein völlig neuer Ansatz ist notwendig; eine neue "moderne Theorie des Verhaltens" muß sich auf eine sorgfältige Prüfung aller verfügbaren Daten gründen, um zu einer vorsichtigen Klassifikation und schließlich zu einer Definition zu führen. Doch dieses schrittweise Vorgehen ist notwendig; wir müssen die Fakten aufdecken, von da aus langsam und bedächtig vorgehen und ständig auf der Hut sein, in spekulativem Überschwang keine verfrühten Klassifizierungen und voreiligen Generalisierungen vorzunehmen. Die Wirklichkeit strukturieren heißt, ihr Beschränkungen auferlegen.
> Austin war nie der Überzeugung, daß er über das Anfangsstadium einer solchen Untersuchung sehr weit hinausgekommen sei.

Was die Probleme meines Themas betrifft, bin ich ebenfalls der Überzeugung, über das Anfangsstadium, also die Ansätze zu einer angemessenen Erklärung, nicht weit hinausgekommen zu sein.

58 Vgl. hierzu oben *V.2.2.3* (S. 151f) und die dort zusammengefaßt aufgeführten Klassifikationen.

icht nur von semantischen, sondern ebenso von syntaktischen, stilistischen nd kontextuellen Faktoren abhängig.

Übersetzungsfragen werden in den folgenden drei Subkapiteln nur insoweit ehandelt, als sie semantisch determiniert sind und die Subklassifikation beründen helfen.

.2.3.2 Modus-Satzgefüge mit Implikationsbeziehungen verschiedener Art

.2.3.2.1 Moduskonstruktionen, die Teilvorgänge des Bezugssatzvorgangs beschreiben

in Definitionskriterium dieser Gruppe ist die Möglichkeit der Einfügung von requenzadverbien wie *spesso*, *due volte* in die Moduskonstruktion. In der Tat indet sich diese Möglichkeit in den Belegen auch oft verwirklicht; vergleiche nten die kursiv gesetzten Adverbien. Die Wiederholbarkeit allein macht aber den n der *gerundio*-Konstruktion beschriebenen Vorgang noch nicht zu einem Teilvorang des im Bezugssatz beschriebenen Hauptvorgangs, denn auch Begleitvorgänge önnen im Laufe des Hauptvorgangs wiederholt auftreten; vgl.:

(182) "Eh, lei deve stare attento!", disse, *battendogli* /due volte/ con la mano sopra un ginocchio. [frei nach bo 76]

er Teilvorgangscharakter einer Moduskonstruktion ist erkennbar daran, daß las *gerundio* entweder (a) zur selben semantischen Klasse wie das Bezugssatzerb gehört ("Verben der Bewegung", "Verben des Sagens") oder (b) zur Klasse ler Verben des Unterbrechens oder (c) eine Fehlhandlung beschreibt, die im aufe der Bezugssatzhandlung auftritt (*sich beim Schreiben vertippen*; etc.)

eispiele für (a)

(183) *dissi* una lunga preghiera, personalmente alla Madonna, *chiedendole* scusa per quanto avevo fatto e *invocando* la sua protezione sopra di me [...] - pa 38-9

(184) passando dal negozio del falegname che ha sempre pronta qualche bara, ne *ordinò* una, *chiedendo* che gliela portasse a casa quanto prima. - cl 84

(185) *Ronzandoci*, per così dire, *continuamente attorno*, Fadigati ci *ha seguiti* finora passo passo. - bo 57

In diese Gruppe gehören auch folgende bereits besprochenen Beispiele:

(186.1) La macchina *cadde* nel burrone *rotolando* su se stessa.
2) Maria *raccontò* delle sue vacanze *divagando spesso*.
3) Der Stein *rollte* den Berg hinunter, wobei er sich *überschlug*.
4) Die Erde *dreht* sich um die Sonne, wobei sie sich um sich selbst *dreht*.

Man könnte diese Beispiele mit Teil-von-Konstruktionen des Typs *ein Haus mit vielen Fenstern/Türen* vergleichen. Teilvorgänge von Vorgängen sind mit den Vorgängen selbst genauso wenig identisch wie ein Haus mit seinen Fenstern identisch ist. Aber Teilvorgänge setzen den Vorgang - das Ganze - voraus, genau wie ein Fenster oder eine Tür "an sich", "in freier Landschaft", nicht denkbar ist - es sei denn als modernes Kunstwerk zur gewollten Irritation des Betrachters.

Ich rechne diese Beispiele zu den Moduskonstruktionen in Analogie zu Sätzen wie

(187.1) Er ging mit Riesenschritten zur Tür.
2) Sie lief in eleganten Schwüngen über die Eisfläche.

deren Präpositionalphrasen traditionell als Modaladverbiale gelten.

Beispiele für (b) Unterbrechungen

(188) E li allo scoglio li /i libri/ smaltiva *soffermandosi* sulle frasi, alzando spesso gli occhi dalla pagina per riflettere, raccogliere le idee. - rim 56

(189) S'era messa per un viale di piante che parevano mazzi di fiori e andava guardando le vetrine, *soffermandosi*, girandosi *a volte*. - rim 6

(190) una mattina di queste, mentre camminiamo lungo gli interminabili portici di via Indipendenza, [...] *fermandoci ogni tanto* davanti a una vetrina [...] - bo 56

(191) Ho scritto questa lettera *interrompendomi più d'una volta*.

Diese Beispiele könnte man mit Phrasen des Typs *ein Käse mit Löchern* vergleichen. Phasen der Unterbrechung setzen genau wie Löcher das Ganze voraus.

Beispiele für (c) Fehlhandlungen

(192.1) Ha scritto/battuto a macchina una lettera, *facendo molti errori*.
2) Er hat einen Brief geschrieben/getippt, wobei er sich oft verschrieben/vertippt hat.

Diese Beispiele könnte man mit Phrasen des Typs *ein Buch mit vielen Druckfehlern* vergleichen. Fehler setzen wie Fehlhandlungen das korrekte Ganze (meist[59]) voraus; vgl. +*Sie spielte Geige, wobei sie sich oft verschrieb.* Ich rechne diese Sätze zu den Modus-Satzgefügen in Analogie zu Sätzen wie *Otto schreibt fehlerhaft.*

Moduskonstruktionen, die Teilvorgänge beschreiben, werden in der Regel mit einem *wobei-* oder *und dabei*-Satz übersetzt.

---

59 Natürlich gibt es auch "unabhängige" Fehl- oder besser falsche Handlungen; vgl.: *Es war ein Fehler, hierherzukommen.* Aber solche falschen, "unangebrachten" Handlungen bezeichnet man in der Regel nicht als Fehlhandlungen.

Wenn man die Relation 'Bezugssatz - *gerundio*-Konstruktion' umkehrt, das heißt, wenn man den Teilvorgang im Bezugssatz und den "umgreifenden Vorgang" in der *gerundio*-Konstruktion beschreibt, so erhält man ein Temporalsatzgefüge (vgl. auch WUNDERLICH (1970: 255) über die Beziehung zwischen *wobei* und *während*):

(193.1) *Cadendo* nel burrone la macchina rotolava su se stessa.
2) Als/Während es in den Abgrund stürzte, überschlug sich das Auto.

(194.1) *Scrivendo* la lettera ho fatto molti errori.
2) Als/Während ich den Brief schrieb / Beim Schreiben des Briefes habe ich mich oft vertippt.

(195.1) *Camminando* lungo gli interminabili portici di via Indipendenza ci siamo fermati ogni tanto davanti a una vetrina.
2) Während wir unter den endlosen Arkaden der Via Indipendenza entlanggingen, machten wir ab und zu vor einem Schaufenster halt.

Da ich mich mit Temporalsatzgefügen in diesem Teil meiner Arbeit nicht mehr befassen möchte, erwähne ich diese Tatsache hier bloß, ohne ihre evidentermaßen hochinteressanten Implikationen für die allgemeine Theorie von Adverbialsätzen weiter zu untersuchen. Ich gebe nur folgenden Hinweis: Teilvorgänge setzen die jeweiligen Gesamtvorgänge voraus; und ein wesentliches Charakteristikum von Temporalsätzen ist ihr Präsupponiertsein - sei es semantisch-pragmatisch, wie bei den hier diskutierten Beispielen, oder sei es kontextuell, durch Vorerwähnung im Text oder Vorwissen, gegeben (vgl. oben - S. 162 - meinen Hinweis auf die Akzeptabilität von Sätzen wie *Der Stein rollte den BERG hinunter, während er sich überschlug* in Situationen, wo das Sich-Überschlagen als bereits bekannt gelten kann).[60]

V.2.3.2.2 Moduskonstruktionen, die "Aufmerksamkeitsadverbien" entsprechen.

Wenn man sagt, daß jemand "vorsichtig das Geschirr in den Schrank stellt", meint man damit normalerweise, daß er *darauf achtet*, daß das Geschirr nicht kaputtgeht. Wie RYLE (1949: 143) im Laufe seiner Diskussion der "Aufmerksamkeitsbegriffe" ('heed concepts') bemerkt hat, kann man wohl jemandem befehlen, aufzupassen, achtzugeben usw., aber man muß sagen, *wobei* aufgepaßt usw. werden soll: "Now patently one cannot order a person merely to pay heed, or merely to take notice." Das Bei-einer-Tätigkeit-auf-etwas-Achtgeben setzt

---

60 Ausführlichere Bemerkungen über die temporale Interpretation italienischer *gerundio*-Gefüge und die Abhängigkeit einer solchen Interpretation von Eigenschaften wie Präsupponiert- und Bekanntsein finden sich in PUSCH (1976a)

also diese Tätigkeit logisch voraus, genau wie die Teilvorgänge den Gesamtvorgang voraussetzen. Aber das Achtgeben ist selbst keine zeitlich prinzipiell isolierbare und daher wiederholbare Phase der Tätigkeit.

Gerundio-Konstruktionen wie die folgenden rechne ich zu den Moduskonstruktionen, weil sie für mich nichts weiter als Explikationen von Aufmerksamkeitsbegriffen wie 'vorsichtig' usw. darstellen.

(196) e *badando* a non bagnarsi i piedi nelle pozze, camminò col suo passo abituale, né piano né in fretta. - mi 107

(197) Se ne accennava più tardi a cena, tra mogli e mariti, *badando* che la figliolanza [...] non riuscisse a indovinare a chi si riferiva. - bo 33

Ein Argument für meine These ist, daß "Unaufmerksamkeitsadverbien" wie *unvorsichtig*, *unsorgfältig*, *nachlässig*, *zerstreut* mit Aufmerksamkeitsverben wie *achtgeben*, *aufpassen* nicht verträglich sind:

(198.1) +Er gab nachlässig darauf acht, daß das Geschirr nicht kaputtging.
2) +Er paßte zerstreut auf, daß er mir nicht wehtat.

Hingegen sind Aufmerksamkeitsadverbien bei Aufmerksamkeitsverben nicht redundant (vgl. *Otto paßte sorgfältig auf, daß er mir nicht wehtat*), und das scheint auf den ersten Blick gegen meine Theorie zu sprechen. Ich meine aber, daß das Aufmerksamkeitsadverb in solchen Sätzen quasi-kausal gebraucht ist (vgl. *Otto war sorgfältig und paßte auf, daß er mir nicht wehtat*): 'aufpassen, daß ...' wird hier als sorgfältiges Verhalten "eingeordnet".

Auch dieser Typ von Moduskonstruktionen wird vorzugsweise mit einem *wobei*-Satz ins Deutsche übersetzt.

V.2.3.2.3 Moduskonstruktionen des "Bringens", "Mitnehmens" und "Transportierens"

Ich habe bereits den Satz diskutiert *Le donne arrivavano portando mazzi di fiori* = *Die Frauen kamen mit Blumensträußen an* (vgl. oben *V.2.3.1*). Sätze dieser Art sind in meinem Korpus zahlreich belegt. Der Bezugssatz enthält in der Regel ein "Verb des Fortgehens" oder "Ankommens", die *gerundio*-Konstruktion ein "Verb des Transportierens" (*portare*, *recare*, etc.). Das italienische Verb *portare* kann, je nachdem, ob es bei einem Verb des Ankommens, des Fortgehens oder des Gehens/Stehens steht, mit *(mit)bringen*, *mitnehmen* oder *tragen* übersetzt werden.[61]

---

61 Ähnlich wie das italienische *mettere*, das englische *to put* und das französische *mettre* je nach Beschaffenheit und daher zu vermutender Endposition des Objektsdenotats mit *setzen*, *stellen*, *legen* oder *tun* übersetzt wird (vgl. SCHWARZE 1975b und 1977).

Ich behandle solche Beispiele als Modussatzgefüge, weil zwischen dem Bezugssatz und der *gerundio*-Konstruktion unbestreitbar eine innere Abhängigkeit besteht: Das *portare* etc. setzt in den Beispielen das *arrivare*, *andarsene* etc. voraus (ähnlich wie die Teilvorgänge den Gesamtvorgang voraussetzen; vgl. oben *V.2.3.2.1*), und die geläufigste Übersetzung ins Deutsche ist die mittels einer Ein-Verb-Konstruktion: Das Verb der *gerundio*-Konstruktion wird von einer *mit*-Phrase "aufgesogen".

In diese Rubrik gehören u.a. folgende Beispiele:

(199.1) Entrò l'Elisa *reggendo* il piatto ovale della pasta asciutta, e mio padre tacque. - bo 165
2) Elisa kam mit dem ovalen Teller voll Nudeln herein, und mein Vater schwieg.

(200.1) quelli che prima sono arrivati *portando* pastiere e insalatiere fanno una seconda apparizione con fisarmoniche e chitarre. - pa 36
2) Die, die zuerst mit Nudel- und Salatschüsseln angekommen sind, treten nun zum zweitenmal auf mit Ziehharmonikas und Gitarren.

(201.1) Se ne andarono scontenti, *portandosi* il padre. - pa 26
2) Sie gingen unzufrieden weg und nahmen den Vater mit.
3) Sie gingen unzufrieden mit dem Vater weg.

(202.1) Le convitate più giovani giungono da casa *recando* pastiere immense e insalatiere spettacolari [...] - pa 34
2) Die jüngeren Gäste kommen von zu Hause mit riesigen Nudelschüsseln und phantastischen Salattellern.

V.2.3.2.4 Moduskonstruktionen, die implizite Aspekte des Bezugssatzes spezifizieren

V.2.3.2.4.0 Vorbemerkung

Die Beispiele, die in diesem Subkapitel vorgestellt werden, bilden für mich den eigentlichen Kern der Moduskonstruktionen. Sie sind am typischsten "modal" und innerhalb der Gesamtklasse der Moduskonstruktionen am zahlreichsten belegt Meine erste, vorläufige, Definition der Modus-Satzgefüge (vgl. oben *V.2.1*) wurde aus diesen typischen Beispielen abgeleitet. In jenem einführenden Kapitel wurden auch bereits die wichtigsten Subklassen innerhalb dieser Klasse vorgestellt und kommentiert. Daher kann ich mich im folgenden auf einige schlagwortartige Charakterisierungen beschränken und im übrigen die Beispiele weitgehend für sich selbst sprechen lassen.

V.2.3.2.4.1 Spezifikation impliziter Aspekte von Sprechhandlungen

Folgende implizite Aspekte von Sprechhandlungen wurden in meinem Belegmaterial am häufigsten spezifiziert:

(a) Lautstärke (vgl. das "normale" Modaladverb in *"Ja", sagte er l a u t .*)

(b) Phrasierung (vgl. die "normalen" Modaladverbien in *"Wenn du meinst", sagte sie g e d e h n t* und in *Er sprach a b g e - h a c k t .*)

(c) Stimmfärbung (vgl. das "normale" Modaladverbiale in *"Doch", sagte er i n b e l e i d i g t e m T o n .*)

Die Restklasse (d) bilden diejenigen Beispiele, in denen die Moduskonstruktion "sonstige" implizite Aspekte der Bezugssatz-Sprechhandlung spezifiziert.

Natürlich liefert die Subklassifikation nur einen sehr groben Raster, und Überschneidungen sind unvermeidbar.

Beispiele für (a) (LAUTSTÄRKE)

(203) "Dico", soggiunse Michele *alzando* con uno sforzo penoso la voce [...] - mi 33

(204) Deliliers gli indirizzava quasi *gridando* queste parole [...] - bo 73

(Weitere Beispiele s. oben S. 115)

Beispiele für (b) (PHRASIERUNG)

(205) "Lei", disse la madre *calcando* sulle parole e inarcando le sopraccig-lia, "mi ha capito fin troppo". - mi 21

(206) "Lei ci dia questa proroga", ella disse con fierezza, ergendosi sul busto e *staccando* le parole [...] - 28

(207) "E lei sa anche", insistette Mariagrazia *distaccando* le sillabe, "che prima di conoscere Paglioni i Ricci non avevano un soldo [...]" - mi 11

(208) "Senti Carla", disse *scandendo* le parole [...] "io voglio assoluta-mente sapere di chi è questa lettera." - mi 173

(Weitere Beispiele s. oben S. 115)

Beispiele für (c) (STIMMFÄRBUNG)

(209) "...", ripeté *imitando* la mia voce. - mm 21

(210) "Ma sai", egli le disse *tentando* con sforzo di dare alla sua voce indifferente un'intonazione sarcastica [...] - mi 29

(211) "Questo avviene [...]", ella rispose *sottolineando* le parole con un tono pieno di riposti significati, "perché io so sempre indovinare a tempo le intenzioni degli altri." - mi 102

(Weitere Beispiele s. oben S. 115)

Beispiele für (d) (RESTKLASSE)

(212) "...", disse lei *parlando* lentamente, *succhiando* le parole con la bocca e la mia faccia con gli occhi. - mm 35

(213) "Dormire eh!" continuava la madre *parlando* nell'orecchio dell'uomo. - mi 152

(214) - Io sto bene - ripeté Drogo quasi non *riconoscendo* la propria voce. - pa 21

V.2.3.2.4.2 Spezifikationen impliziter Aspekte von Fortbewegungshandlungen

Folgende implizite Aspekte von Fortbewegungshandlungen wurden in meinem Belegmaterial am häufigsten spezifiziert:

(a) "Source", "Path" und "Goal"

(b) Art der Bewegung (entspricht etwa dam Aspekt "Phrasierung" bei Sprechhandlungen; es gibt hier nur keinen eigenen Begriff dafür)

(c) Räumliche Beziehung zu oder Kontakt mit anderen sich im selben Raum fortbewegenden Objekten

Bis auf Aspekt (c) wurden die Beispiele dieser Gruppe in *V.2.1* bereits nahezu vollständig vorgestellt. Daher bringe ich hier nur noch einige Beispiele für den neuen Aspekt (c):

(215) Ci avviammo in direzione del duomo, *camminando* uno a fianco dell'altro lungo il marciapiede di sinistra. - bo 130

(216) Infine si avviava, *mescolandosi* al fiume di gente [...] - bo 30

(217) Quel correre all'impazzata in tutte le direzioni *urtandosi, sovrapponendosi* in cerca del nemico troppo grande per esser visto, era certo una danza di guerra. - pa 44

(218) Vennero da ultimo verso la nostra tenda, Fadigati *facendosi* precedere da mio padre di circa un metro, e col volto atteggiato a una strana espressione [...] - bo 87

V.2.3.2.4.3 Spezifikation der Position (Lokation[62]) von Objekten relativ zu anderen Objekten

Zunächst die drei Beispiele dieser Gruppe:

(219.1) li vedemmo parlare in piedi sotto l'ombrellone, *voltandoci* le spalle. - bo 86
2) Wir sahen sie unter dem Sonnenschirm miteinander sprechen, im Stehen, mit dem Rücken zu uns.

(220.1) bevevano il caffè al banco, *voltando* le spalle alla porta. - rim 30
2) die stehend ihren Kaffee tranken, den Rücken der Tür zugewandt. - rim 31

(221.1) sedeva accanto a Deliliers *volgendo* le spalle all'ingresso. - bo 78
2) er saß neben Deliliers, mit dem Rücken zum Eingang.

Diese Moduskonstruktionen haben fast phraseologischen Charakter: Das Objekt ist immer *le spalle* und das Verb entweder *voltare* oder *volgere* mit obligatorischer Ortsangabe. Sie werden auch phraseologisch übersetzt: Wir sagen

62 Über Lokationssätze und -prädikate vgl. MANZOTTI & PUSCH & SCHWARZE (1975).

jemandem den Rücken (und nicht: *die Schultern*) *zudrehen/kehren.*

Zwischen den Bezugssatzverben *parlare* (219.1) und *bere* (220.1) und *volgere/voltare le spalle a* besteht natürlich keinerlei lexikalische Implikationsbeziehung. Warum also die Einordnung unter die Modus-Satzgefüge? Es fällt auf, daß die beiden Bezugssätze mit *parlare* und *bere* eine Ortsangabe enthalten: *al banco, sotto l'ombrellone*. Und nach meiner Auffassung ist der Lokationssatz, der diesen Ortsangaben zugrundeliegt, der eigentliche Bezugssatz dieser *gerundio*-Konstruktionen. Einen Lokations-Bezugssatz in "reiner Form" enthält (221.1). Dies ist das erste Beispiel für eine Moduskonstruktion bei einem Bezugssatz, der kein Ereignis beschreibt, und die Übersetzung mit einem *wobei*-Satz führt (wie in *V.2.3.1* prädiziert) zu einem fragwürdigen Ergebnis:

(221.3) ?Er saß neben Deliliers, wobei er den Rücken dem Eingang zuwandte.

V.2.3.2.4.4 Spezifikation sonstiger Aspekte

Im folgenden fasse ich Beispiele zu einer unstrukturierten Restklasse zusammen. Gemeinsames Merkmal dieser Beispiele ist wieder die "besondere innere Abhängigkeit" zwischen Bezugssatz und *gerundio*-Konstruktion. Bei einer größeren Menge von Daten würde es sich gewiß lohnen und sogar als notwendig erweisen, auch hier weiter zu subklassifizieren, zum Beispiel nach "Spezifikation impliziter Aspekte von Wahrnehmungshandlungen", "Spezifikation impliziter Aspekte von Bewegungshandlungen, die nicht Fortbewegungshandlungen sind", usw. usw.. Ich möchte jedoch mir und dem Leser diese Arbeit hier ersparen und wieder die Beispiele für sich sprechen lassen. Wenn sie jemanden zum selbständigen Weiterknobeln anregen - um so besser.

Ich hoffe, daß die Beispiele, gerade in dieser ungeordneten Präsentation, eine Vorstellung davon erwecken können, wie komplex das Grammatikkapitel "Modaladverbiale" ist und wie viel hier noch zu tun bleibt. Was andere und ich bisher an Einsichten erarbeitet haben, bezog sich sozusagen nur auf die Spitze des Eisbergs. Von dem, was alles noch unter der Oberfläche verborgen liegt, soll die folgende Sammlung einen kleinen Eindruck vermitteln.

(222) *Ficcando* gli sguardi nelle tenebre, oltre la balaustrata della galleria, lo cercavano là, in basso [...] - bo 37

(223) *Strizzando* gli occhi miopi dietro le lenti, si guardava attorno. - bo 105

(224 E il cane, allora, umano, s'accosciò *appoggiandosi* sulle anteriori e stropicciando il muso contro la gota della bambina. - pa 32

(225) Fece un lungo respiro *assaporando* l'aria buona [...] - rim 90

(225) Per questo la /la borsetta/ frugò affannosamente *buttandone* all'aria il contenuto. - ca 102

(227) E *buttando* indietro, sul collo, le lunghe e tenere orecchie, *guaendo* e *scodinzolando* festosa, già rinnovava, in onore di Fadigati soprattutto, le sue patetiche proteste di devozione. - bo 146

(228) Il personale di scorta del treno, un quartetto fisso che, *viaggiando* su accelerati, faceva su e giù tra Ferrara e Bologna [...] sei volte al giorno [...] - bo 48

(229) Allora la mamma cominciò a fare una grandissima lite, *gridando* forte che lui era matto se pensava di pagarmi così poco.

(230) "Ma dopo cena", pensava *tentando* invano di mettere dell'acredine in queste sue idee quasi destratte, "non la passerai così liscia." - mi 14

(231) "Tu non farai questo", le ingiunse *dandole* del tu per il furore. - mi 153

(232) Ella riprese a gridare, *dandogli* dell'avaro ed *esaltando* la mia bellezza.

(233) Ho scritto, è vero, all'amministrazione del cimitero *pregando* di dare l'incarico a un giardiniere.

(234) Chaumont continuò per un pezzo, *descrivendo* nei minimi particolari la vita di Odette. - ca 39

Zum Abschluß noch ein paar Beispiele mit unbelebtem Subjekt. Wie gesagt (vgl. oben S. 165), besteht zwischen zwei Vorgängen, in die ein derartiges Subjekt gleichzeitig involviert sein kann, schon *per definitionem* eine "innere Abhängigkeit".

An dieser Gruppe ist mir aufgefallen, daß die Subjekte überwiegend entweder Maschinen oder Naturkräfte bezeichnen, "Gegenstände" also, die etwas bewirken können - man denke nur an die intensive kasustheoretische Diskussion der letzten Jahre über die Frage, ob Maschinen und Naturkräfte dem Kasus 'Agens' oder dem Kasus 'Instrumentalis' zuzuordnen seien. Die Fähigkeit, etwas zu bewirken, ist natürlich eine der wesentlichsten Voraussetzungen dafür, gleichzeitig "aktiv" - das heißt hier: als Subjekt eines aktivischen Satzgefüges - in zwei Vorgänge involviert sein zu können. So erkläre ich mir das zahlenmäßige Überwiegen der Maschinen und Naturkräfte bezeichnenden Subjekte in dieser Gruppe.

(235) oggetti da cui non si separava nemmeno se l'automobile, *fendendo* la calca a fatica, dovesse percorrere a passo d'uomo il tratto di viale davanti al caffè Zanarini [...] - bo 81

(236) *Fischiando* sull'asfalto della curva, una macchina irruppe nel piazzale. - bo 100

(237) Ciò non significa [...] che il treno [...] raggiungesse la meta *viaggiando* sempre mezzo vuoto! - bo 46

(238) [il tram] correva *sferragliando* a rompicollo in direzione della barriera daziaria di viale Cavour [...] - bo 45

(239) orribili masse [di neve] rimbombavano nei canaloni *fumando*. - pa 19

(240) il vento gelido si infilava *fischiando* da piazza Cattedrale giù per via Gorgadelle [...] - bo 27

(241) Il sole al tramonto investiva orizzontalmente la finestra, *concentrando* i suoi raggi [...] sulla Speranza. - rim 48-9

(242) Il sole al tramonto, *forando* una scura coltre di nuvole, bassa sull'orizzonte, illuminava vivamente ogni cosa [...] - bo 127

(243) Tutti i [...] correnti [...] confluiscono e si compenetrano, *formando* la letteratura dell'Italia moderna. - pa 4

(244) Una debole luce *piovendo* dai lucernari della cupola svelava la polvere del pavimento [...] - pa 38

(245) una delle due bretelline del vestito durante l'abbraccio si era spezzata, e pendeva in due lembi, uno sul petto e uno sull'omero, *discoprendo* la spalla bianca e nuda. - mi 171

(246) il fiume sarebbe sembrato immobile se non ci fossero stati ogni tanto dei rami neri e fini che trascorrevano con rapidità *dando* il senso del movimento della corrente. - rim 28

(247) Quella specie di cappa inesorabile che per mesi gli aveva pesato sul cervello, *tenendolo* giù, appiattito al suolo, si scioglева. - rim 88

V.2.3.3 Einordnende Moduskonstruktionen

In diesem und dem folgenden Subkapitel geht es wieder um methodenneutrale Verben, die diesmal jedoch nicht (wie bei den Instrumentalsatzgefügen) das Verb des Bezugssatzes stellen, sondern das Verb der *gerundio*-Konstruktion. Man könnte also Satzgefüge mit einordnenden und mit konsequentiellen (vgl. unten *V.2.3.4*) Moduskonstruktionen auch "umgekehrte Instrumentalsatzgefüge" nennen.

Ich habe bisher die Klasse der methodenneutralen Verben noch nicht subklassifiziert, sondern nur angedeutet, daß eine weitere Subklassifikation nützlich sein könnte (vgl. oben S.75 und S. 106). Nun ist der Zeitpunkt gekommen, eine Subklassifikation einzuführen.

Ich teile die methodenneutralen Verben ein in solche, die

(a) nur ein persönliches Subjekt erlauben,

(b) sowohl ein persönliches als auch ein unpersönliches Subjekt (Komplementsatz oder Nominalisierung eines Komplementsatzes) erlauben.

Beispiel für (a):

(248.1) Carlo *segue* il mio esempio *chiamando* le cose per nome.

2) Carlo *folgt* meinem Beispiel, indem er die Dinge beim Namen nennt.

(249.1) +Il fatto che Carlo chiama le cose per nome *segue* il mio esempio.
2) +Die Tatsache, daß Carlo die Dinge beim Namen nennt, *folgt* meinem Beispiel.

Beispiel für (b):

(250.1) Carlo mi *aiuta dicendo* la verità.
2) Carlo *hilft* mir, indem er die Wahrheit sagt.

(251.1) Il fatto che Carlo dice la verità mi *aiuta*.
2) Die Tatsache, daß Carlo die Wahrheit sagt, *hilft* mir.

Beide Klassen von methodenneutralen Verben können, wie gesagt, auch in *gerundio*-Konstruktionen auftreten. *Gerundio*-Konstruktionen mit methodenneutralen Verben, die nur ein persönliches Subjekt zulassen, nenne ich "einordnende Moduskonstruktionen", weil sie, wie die oben (vgl. *V.2.2.2*) beschriebenen "einordnenden (quasi-kausalen) Adjektive in adverbialer Funktion", in Sätzen auftreten, die sich durch eine *e-/und*-Koordination paraphrasieren bzw. übersetzen lassen, bei der das "einordnende Element" das erste Konjunkt bildet; vgl.:

(252.1) *Seguendo* il mio esempio, Carlo chiama le cose per nome.
2) Carlo segue il mio esempio e chiama le cose per nome.
3) Carlo folgt meinem Beispiel und nennt die Dinge beim Namen.

Außerdem werden nach meiner Auffassung Sätze mit einordnenden Moduskonstruktionen normalerweise so verstanden, daß sie nur eine einzige Handlung auf zweierlei Weise beschreiben. (252.4) und (252.5) sind also zum Beispiel keine Paraphrasen der Normalinterpretation von (252.1):

(252.4) Mentre segue il mio esempio, Carlo chiama le cose per nome.
5) Carlo segue il mio esempio, e inoltre/intanto chiama le cose per nome.

Entsprechend sind (252.6) und (252.7) ziemlich gesucht wirkende Übersetzungen von (252.1):

(252.6) Während er meinem Beispiel folgt, nennt Carlo die Dinge beim Namen.
7) Carlo folgt meinem Beispiel und nennt außerdem/währenddessen die Dinge beim Namen.

Einordnende Moduskonstruktionen müssen genausowenig wie einordnende Adjektive in adverbialer Funktion am Satzanfang stehen (ich erinnere an das Beispiel *Erna sorrise nervosa / Erna lächelte nervös*). Andere Moduskonstruktionen werden, wie wir gesehen haben, oft mit *wobei*-Sätzen ins Deutsche übersetzt, wenn sie am Satzende stehen. Für einordnende Moduskonstruktionen gilt dies nicht. Übersetzt man eine einordnendes Modussatzgefüge mit einem deutschen *wobei*-

Satzgefüge, so selegiert man damit in den meisten Fällen die wenig wahrscheinliche "Zwei-Handlungen-Lesart", die auch in (252.6+7) selegiert wurde; vgl.:

(253.1) Carlo chiama le cose per nome, *seguendo* il mio esempio.
2) Carlo nennt die Dinge beim Namen, wobei er meinem Beispiel folgt.

Zugegebenermaßen hat (253.2) auch noch die "Eine-Handlung-Lesart", und zwar m.E. deshalb, weil *wobei* neben der Bedeutung, die ich oben *V.2.3.1* ausführlicher analysiert habe, auch noch eine "allgemein satzverknüpfende" Bedeutung hat, die wir dort ebenfalls kurz gestreift haben (vgl. oben S. 162 und S. 164) Bei anderen Beispielen jedoch selegiert *wobei* sehr viel klarer als in (253.2) die "Zwei-Handlungen-Lesart"; vgl.:

(254.1) Non c'era, no - mi dicevo, *tentando* di rassicurarmi. - bo 158
2) Er war nicht zu Hause, nein - sagte ich mir in dem Versuch, mich zu beruhigen.
3) Er war nicht zu Hause, nein - sagte ich mir, wobei ich versuchte, mich zu beruhigen.

(254.2) zeigt übrigens die für einordnende Konstruktionen recht typische und häufige Übersetzung mit einer *in*-Phrase (vgl. hierzu oben S. 142).

Da ich bereits in Kapitel *V.2.2.2* so viel über Einordnungen gesagt habe und glaube, damit und mit den zusätzlichen obigen Bemerkungen über einordnende Moduskonstruktionen das Terrain genügend vorbereitet zu haben, beschränke ich mich jetzt auf eine Vorstellung der einschlägigen Beispiele samt ihrer deutschen Entsprechungen.

(255.1) *seguendo* gli estri e i ragionamenti dei mesi di vita cittadina, Amedeo sceglieva ogni anno certi libri famosi da rileggere e certi autori da affrontare la prima volta. - rim 56
2) Den Eingebungen und Überlegungen der Wintermonate folgend, wählte Amedeo jedes Jahr gewisse berühmte Bücher zum Wiederlesen und gewisse Autoren zu einer ersten Begegnung. - rim 57

(256.1) e sorrise, *tentando* ancora una volta di assumere quel tono tra affettuoso e protettivo [...] che spesso assumeva nei miei confronti [...] - bo 140
2) und er lächelte in dem nochmaligen Versuch, jenen halb freundschaftlichen, halb beschützerhaften Umgangston wiederzufinden, den er mir gegenüber häufig annahm.

(257.1) *sfruttando* la conoscenza della zona, egli si è portato un po' più a valle e [...] ha atteso che il movimento dell'acqua riportasse il corpo del piccino [...] - cl 42
2) Er machte sich seine Ortskenntisse zunutze, ging etwas weiter flußabwärts [...] und wartete so lange, bis das Wasser den Körper des Kleinen heranspülte. - cl 43

(258.1) A turno, *approfittando* delle fermate che il treno faceva a San Giorgio di Piano o a San Pietro in Casale, qualcuno del nostro gruppo balzava a terra con l'incarico di comperare [...] qualcosa da mangiare; - bo 52

2) Wir nutzten es aus, wenn der Zug in San Giorgio di Piano oder San Pietro in Casale hielt, und abwechselnd sprang einer von uns hinaus mit dem Auftrag, etwas zu essen zu kaufen.

(259.1) il pensiero che Leo *approfittando* di quella imprudenza del figlio potesse rompere i loro legami, l'atterriva. - mi 159

2) Der Gedanke, daß Leo diese Unbesonnenheit des Jungen ausnützen und mit ihr brechen könnte, erschreckte sie.

(260.1) *trattenendo* artificiosamente il suo impeto, uscî in punta di piedi nel corridoio. - mi 166

2) Er hielt sein Ungestüm künstlich zurück und ging auf Fußspitzen in den Korridor.

(261.1) Ma poi, finalmente *accomiatandosi*: "Addio, caro amico [...] stia bene", ripetè più volte, commosso. - bo 155

2) Aber dann verabschiedete er sich endlich und wiederholte mehrere Male bewegt: "Auf Wiedersehen, lieber Freund [...] lassen Sie es sich gut gehen."

(262.1) Dopodichè, apparentemente *divagando* [...], cominciò a parlare di una novella [...] - bo 63

2) Danach schweifte er scheinbar ab und begann von einer Novelle zu sprechen.

(263.1) "Ah madre", esclamò *parodiando* le parole che Mariagrazia aveva profferito prima; - mi 73f

2) "Ah Mutter", rief er aus und parodierte die Worte, die Mariagrazia vorher gesagt hatte;

(264.1) "Ma tu hai Mariagrazia", protestò Lisa *mettendo* in atto il suo disegno. - mi 101

2) Lisa setzte ihre Absicht in die Tat um und widersprach: "Aber du hast Mariagrazia."

(265.1) - Gina Prèvost? - chiese Bencolin *facendo* finta di ignorare quel nome. - ca 61

2) - Gina Prèvost? - fragte Bencolin und tat, als sei ihm der Name unbekannt.

(266.1) "Io... parola d'onore..." incominciò Leo *fingendo* la più grande stupefazione [...] - mi 33

2) "Ich... Ehrenwort..." fing Leo an und tat, als wäre er völlig überrascht.

(267.1) "Ma... non so" ella cominciò *fingendo* di essere molto dubitosa. - mi 102

2) "Aber... ich weiß nicht..." fing sie an und tat, als hätte sie große Zweifel.

V.2.3.4 Konsequentielle Moduskonstruktionen

Konsequentielle Moduskonstruktionen beschreiben, wie der Name andeutet, eine Konsequenz des im Bezugssatz beschriebenen Sachverhalts. Sie enthalten ein methodenneutrales Verb aus der Klasse derjenigen Verben, die sowohl persönliche als auch unpersönliche (Satz-) Subjekte erlauben.

Bei der Diskussion der Instrumentalsatzgefüge hatte ich gesagt, daß die beiden Teilsätze ein und dieselbe Handlung auf zwei verschiedene Weisen beschreiben - der Bezugssatz meist den Ergebnis-Aspekt und die *gerundio*-Konstruktion den Methoden-Aspekt. Bei konsequentiellen Modussatzgefügen ist es nun genau umgekehrt: Der Bezugssatz beschreibt den Methoden-Aspekt und die *gerundio*-Konstruktion den Ergebnis-Aspekt. Man vergleiche:

Instrumentalsatzgefüge:

(268.1) La segretaria ha scagionato il principale *dichiarando* di aver agito di propria iniziativa.
2) Die Sekretärin hat den Chef entlastet, indem sie erklärte, sie habe aus eigenem Antrieb gehandelt.

Konsequentielles Modussatzgefüge:

(269.1) La segretaria ha dichiarato di aver agito di propria iniziativa, *scagionando* il principale [...] - cl 28
2) Die Sekretärin hat erklärt, sie habe aus eigenem Antrieb gehandelt, wodurch sie den Chef entlastete.

Umformung von (268) in Sätze mit Satzsubjekt/Nominalisierung:

(270.1) Il fatto che la segretaria ha dichiarato di aver agito di propria iniziativa ha scagionato il principale.
2) La dichiarazione della segretaria di aver agito di propria iniziativa ha scagionato il principale.
3) Die Tatsache, daß die Sekretärin erklärte, sie habe aus eigenem Antrieb gehandelt, hat den Chef entlastet.
4) Die Erklärung der Sekretärin, sie habe aus eigenem Antrieb gehandelt, hat den Chef entlastet.

Nach meiner Auffassung sollten die Strukturen, die (268.1+2) zugrundeliegen, transformationell aus denjenigen Strukturen abgeleitet werden, die (270.1-4) zugrundeliegen.

Wenn einen *das, was* ein anderer tut, "beleidigt", "erschreckt", "kränkt", "überrascht", "erfreut", etc. (lauter methodenneutrale Verben der hier diskutierten Subklasse), so macht man häufig *den Handelnden* selbst für dies Ergebnis seines Tuns verantwortlich und sagt zum Beispiel statt *D a s hat mich erschreckt/beleidigt*/etc. einfach *E r / S i e hat mich erschreckt/ beleidigt*/etc.. Solche Sätze sind also eigentlich immer Abkürzungen und werden auch oft als "ungesättigt", nicht vollständig informierend, aufgefaßt, denn sie provozieren leicht die Frage nach dem durch die Verantwortungsüberschreibung auf den Agenten unterschlagenen Ereignis: *Wie/Womit hat er dich denn beleidigt/gekränkt/etc.*?

Doch zurück zu den konsequentiellen Moduskonstruktionen. Ich rechne sie zu den Moduskonstruktionen einmal wegen der unbestreitbaren "inneren Abhängigkeit" zwischen ihnen und ihren jeweiligen Bezugssätzen, sodann in Analogie zu den Modaladverbien in Sätzen wie *Peter liest e r f r e u l i c h*

(BARTSCH 1972: 164) und *Sie hörte ihm g e l a n g w e i l t zu* (vgl. oben S. 143-45), die ebenfalls Konsequenzen des Nukleus-Satzes beschreiben.

Es folgen nun einige einschlägige Beispiele mit ihren deutschen Übersetzungen. Zum Beweis der Behauptung, daß es sich bei den Verben der konsequentiellen Moduskonstruktionen um solche handelt, die sowohl ein persönliches als auch ein unpersönliches Subjekt erlauben, verwandle ich die Beispiele überdies in sinnverwandte Sätze, an denen dies deutlich wird.

(271.1) "Allora?" domandò Ada *rompendo* un silenzio intenso come il colpo, appunto, di una frustata. - mm 67
2) "Also?" fragte Ada und zerriß damit das brütende Schweigen, genau wie mit einem Peitschenhieb.
3) La sua domanda ruppe un silenzio intenso come il colpo, appunto, di una frustata.

(272.1) - Qualunque cosa - gli rispose il Padre eterno *incoraggiandolo*. - pa 8
2) - Was du willst - antwortete Gottvater ihm ermutigend.
3) La risposta del Padre eterno lo incoraggiava.

(273.1) Dopo aver terrorizzati alcuni studenti [...] gli immondi roditori hanno fatto la loro ricomparsa *mettendo* a soqquadro una scuola elementare [...] - cl 58
2) Nachdem sie einige Schüler [...] terrorisiert haben, haben die ekelerregenden Nagetiere bei ihrem Wiedererscheinen eine Volksschule in Aufruhr versetzt. - cl 59
3) La loro ricomparsa ha messo a soqquadro una scuola elementare [...]

(274.1) Quello rispondeva *offendendo* e l'arbitro doveva allontanarlo dal campo. - cl 38
2) Dieser antwortete in beleidigender Weise, und der Schiedsrichter mußte ihn vom Spielfeld verweisen. - cl 39
3) La sua risposta offendeva /l'arbitro/.

(275.1) Rifeci la scala di corsa *scatenando* gli echi delle grotte. - ca 23
2) Ich lief wieder die Treppe hoch und entfesselte (dadurch) die Echos der Gewölbe.
3) Il mio rifare la scala di corsa scatenava gli echi delle grotte.

V.3 Italienische Begleitumstandskonstruktionen und ihre deutschen Entsprechungen

V.3.0 Vorbemerkung

Nach den bisher im Bereich der Instrumental- und Modussatzgefüge getroffenen Unterscheidungen können Begleitumstands-Satzgefüge wie folgt - vorwiegend negativ - definiert werden:

(a) Ihr Subjekt bezeichnet Menschen oder Tiere (denn nur diese können gleichzeitig Dinge tun, die voneinander unabhängig sind bzw. gleichzeitig eine Handlung vollziehen und einen Zustand erleben, die voneinander unabhängig sind).

(b) In der Regel enthält weder der Bezugssatz noch die *gerundio*-Konstruktion ein methodenneutrales Verb. Theoretisch sind aber alle *gerundio*-Gefüge mit methodenneutralen Verben ambig hinsichtlich einer "normalen" Lesart (Instrumental- oder einordnendes/konsequentielles Modussatzgefüge) und einer "gesuchten" Lesart (Begleitumstands-Satzgefüge).

(c) Bei Umkehrung der Relation 'Bezugssatz - *gerundio*-Konstruktion' ergibt sich wieder ein Begleitumstands-Satzgefüge[63] und nicht - wie bei der Umkehrung der instrumentalen und der Modussatzgefüge - ein Satzgefüge einer anderen Klasse. Das einzige, was die Umkehrung bewirkt, ist eine Verlagerung der ursprünglichen Gewichtung (vgl. PUSCH 1976a): Die ursprüngliche Nebensache wird zur Hauptsache und umgekehrt.

(d) Zwischen dem Bezugssatz und der *gerundio*-Konstruktion bestehen keine lexikalischen Implikationsbeziehungen (vgl. *V.2.3.2.4*) und auch keine Präsuppositionsbeziehungen (vgl. *V.2.3.1-3*).

(e) Die Beziehungen zwischen den beiden Teilsätzen eines Begleitumstands-Satzgefüges sind also pragmatischer und nicht semantischer Natur. Insofern ist die klare definitorische Abgrenzung zwischen ihnen und den koordinativen *gerundio*-Gefügen schwierig, und meine Klassifikation mag manchem Leser rein subjektiv, unbegründet und letztlich unbegründbar vorkommen. Ich meine aber, daß es bestimmte Paare von Handlungen sowie Handlungen und Zuständen gibt, die für uns eher eine "vorstellungsmäßige Einheit" (vgl. oben *V.1*) bilden als andere Paare von Handlungen etc., ähnlich wie wir 'ein Haus mit Garten' eher als Einheit auffassen können als beispielsweise 'ein Haus mit D-Zug/Quarkspeise' o.ä..

(f) Ein wichtiges Argument dafür, daß die Begleitumstandskonstruktionen unter die modalen *gerundio*-Konstruktionen einzureihen sind, ist die Tatsache, daß sie manchmal mit Moduskonstruktionen koordiniert oder asyndetisch gereiht sind (vgl. hierzu die Bemerkungen über Gleichartigkeit von Konjunkten in *I.2.5*). Man betrachte die folgenden Beispiele (die Begleitumstandskonstruktionen sind unterstrichen):

(276) S'era messa per un viale di piante che parevano mazzi di fiori e andava guardando le vetrine, *soffermandosi*, <u>*girandosi*</u> a volte. - rim 6

(277) Oh quel Deliliers - commentava poi, [...] rivolta in particolare a mia madre: <u>*credendo*</u> forse d'abbassare la voce al punto di non farsi udire dai "figlioli", ma in realtà *parlando* più forte che mai [...] - bo 85

---

63 Das durch Umkehrung aus einem Begleitumstands-Satzgefüge gebildete *gerundio*-Gefüge k a n n (muß aber nicht) auch eine temporale Lesart haben; vgl. oben S. 112.

(278) E il cane, umano, s'accosciò *appoggiandosi* sulle anteriori e stropicciando il muso contro la gota della bambina. - pa 32

(279) E lì allo scoglio li /i libri/ smaltiva, *soffermandosi* sulle frasi, alzando spesso gli occhi dalla pagina per riflettere, raccogliere le idee. - rim 56

(g) Ich unterteile die Begleitumstands-Satzgefüge in zwei Klassen:

(1) Die *gerundio*-Konstruktion bezeichnet ein Verhalten mit Symbolcharakter, und zwar vertritt die Beschreibung dieses Verhaltens in der Regel die Beschreibung eines Gemütszustandes, auf den aus dem Verhalten (pragmatisch) geschlossen werden kann - und m.E. nach den Intentionen des Sprechers/Schreibers auch geschlossen werden soll. Diese Begleitumstandskonstruktionen nenne ich in Anlehnung an eine bereits eingeführte Unterscheidung "expressiv" (vgl. *V.2.2.2*).

(2) Sonstige Begleitumstands-Satzgefüge

V.3.1 Expressive Begleitumstandskonstruktionen

In meinem Belegmaterial findet sich folgendes interessante und instruktive Beispiel:

(280.1) Parlava con calma ma *stringendo* i denti. - mi 70
2) Er sprach ruhig, aber mit zusammengebissenen Zähnen.

Die pragmatische Interpretation dieses Beispiels ist klar: Die Ruhe des Sprechenden ist nur vorgetäuscht und rein äußerlich. Seinen wirklichen Gemütszustand (Wut, die jedoch unterdrückt wird) verrät uns nämlich die Begleithandlung des Zähneknirschens/-zusammenbeißens.

An sich ist der Gegensatz zwischen *con calma* und *stringendo i denti* nur pragmatisch faßbar, aufgrund unseres Erfahrungswissens, daß zusammengebissene Zähne nicht etwa ein Zeichen innerer Ruhe und Gelassenheit, sondern im Gegenteil ein Zeichen unterdrückter Wut, Gereiztheit und Aggression sind. Aber das *ma* in (280.1) gibt einen eindeutig lexikalischen (d.h.: mehr als nur pragmatischen) Hinweis darauf, daß das *stringendo i denti* nicht oberflächlich als "bloße", sondern als "zeichenhafte" Begleithandlung interpretiert werden soll, denn zwischen 'ruhigem Sprechen' und 'Zähneknirschen/-zusammenbeißen' besteht bei nicht symbolhafter Interpretation des 'Zähneknirschens' überhaupt kein Zusammenhang, also auch nicht der der Gegensätzlichkeit. Das heißt, daß das *ma* und damit der ganze Satz (280.1) sinnlos wäre, wenn *stringendo i denti* nicht im eben definierten Sinne symbolisch gemeint wäre.

Die Sätze *Strinse i denti furente / sopprimendo il suo furore* enthalten nach meiner in *V.2.2.2* und *V.2.3.3* entwickelten Einteilung ein einordnendes Adjektiv in adverbialer Funktion (*furente*) bzw. eine einordnende Moduskonstruktion (*sopprimendo il suo furore*). Wie das obige Beispiel (280.1) zeigt, kann das einordnende Element auch einfach fehlen und an seiner Stelle bloß das typische Verhalten erwähnt werden. Der Hörer/Leser ist dann implizit aufgefordert, die jeweilige Gefühlslage, für die dieses Verhalten eben typisch und ein alltagspsychologisch "untrügliches Kennzeichen" ist, selbst zu erschließen.

In (280.1) ist die *gerundio*-Konstruktion mit dem eindeutigen Modaladverbiale *con calma* koordiniert. Dies ist m.E. ein Indiz dafür, daß man diese (expressive) Subklasse der Begleitumstandskonstruktionen möglicherweise nicht nur unter die modalen *gerundio*-Konstruktionen, sondern sogar unter die ("echter modalen") Moduskonstruktionen einreihen könnte.

Bei einigen expressiven Begleitumstandskonstruktionen muß der Symbolwert der Begleithandlung gar nicht erschlossen werden, sondern wird in Form eines einordnenden Adjektivs in adverbialer Funktion oder eines sonstigen einordnenden Elements gleich mitgenannt; vgl.:

(281) " - - - ", replicò pronto Deliliers, torcendo le labbra *sprezzante* [...] - bo 76

(282) Era proprio di buon gusto - sospiravano, volgendo *accorati* gli sguardi altrove -, ostentare fino a quel segno lo spirito di bohème? - bo 32

(283) "Eh, già", disse Deliliers, grattandosi *pensieroso*, col mignolo, fra i capelli lucidi di brillantina. - bo 105

(284) E si allontanò scrollando la testa *tutto sdegnato*. - pa 17

(285) "Quanti siamo!" parevano dirsi i milanesi, ammiccando *di intesa e di meraviglia*. - pa 30

(286) Fissava la bestia negli occhi, alzando l'indice *in atto di minaccia*. - bo 143

(287) "La notte non si dormiva", diceva, contraendo il viso *in una smorfia di sofferenza*. - bo 90

In *V.2.2.2* habe ich ausgeführt, daß ein Adjektiv in adverbialer Funktion wie das *sprezzante* in *" - - - ", replicò Deliliers sprezzante* sowohl der Klasse der einordnenden als auch der Klasse der expressiven Adjektive in adverbialer Funktion zugerechnet werden kann, und weiter, daß es sich als expressives Adjektiv in adverbialer Funktion in der Regel auf Ausdruckskomponenten wie Mimik, Gestik und Tonfall bezieht. Welche dieser drei wichtigsten (denn es gibt noch andere, z.B. die Körperhaltung) Ausdruckskomponenten gemeint ist und welche(r) konkrete mimische Bewegung, Geste oder Tonfall realisiert wurde, bleibt bei solcher Formulierung unspezifiziert. Die meisten expressiven Begleithandlungskonstruktionen bilden nun das exakte Gegenstück zu den expressiven Adjektiven in adverbialer Funktion (und deshalb nenne ich sie ebenfalls "expressiv"): mit ihnen wird die konkrete Mimik, Gestik oder ein anderes "aufschlußreiches" Verhalten beschrieben, aber der Ausdruckswert bleibt unspezifiziert (ist aber, wie gesagt, leicht erschließbar). Die soeben diskutierten Beispiele (282) bis (287) aber sind voll spezifiziert in Bezug sowohl auf das konkrete Verhalten als auch auf dessen Ausdruckswert.

An diese Beobachtungen lassen sich sicher interessante literaturwissenschaftliche Überlegungen anschließen. Zum Beispiel scheinen die expressiven Adjektive in adverbialer Funktion mehr dem auktorialen Stil anzugehören, die expressiven Begleitumstandskonstruktionen dagegen mehr einem antiauktorialen Stil, der indirekte Charakterisierungsmittel den "plumperen" direkten vorzieht. Bei expressiven Begleitumstandskonstruktionen muß der Leser aktiver mitdenken, wenn er den vollen Gehalt des Mitgeteilten erfassen will, als bei expressiven Adjektiven in adverbialer Funktion. Konkrete Ausdrucksbewegungen sind prinzipiell nicht erschließbar im Gegensatz zu ihren Pendants, den Ausdruckswerten, die bei den meisten expressiven Begleitumstandskonstruktionen ausgespart bleiben.

Es folgen nun einige einschlägige Beispiele. In Klammern gebe ich den jeweiligen (nach meiner Meinung:) vom Autor intendierten, aber ausgesparten Ausdruckswert des Begleitumstands an.

(288) Ma c'è un particolare sul quale noi della polizia siamo in dubbio - soggiunse il poliziotto *corrugando* la fronte. (NACHDENKLICHKEIT/ZWEIFEL)

(289) "A proposito", chiese improvvisamente, *corrugando* la fronte. - bo 140 (NACHDENKLICHKEIT/ZWEIFEL)

(290) Il comandante [...] guardava Cenzo Rena fisso fisso, *stropicciandosi* il mento e *facendo* una bocca come se volesse fischiare. - pa 46 (UNSCHLÜSSIGKEIT/VERLEGENHEIT)

(291) Amedeo, *mordendosi* un labbro, contava quante pagine mancavano alla fine. - rim 84 (VERLEGENHEIT)

(292) "Dio, Dio...", dicevo fra me, *serrando* i denti. - bo 165 ((UNTERDRÜCKTE) WUT)

(293) "Ah, è vero, oggi è domenica", disse *trasalendo*. - bo 110 (SCHRECK/ÜBERRASCHUNG)

(294) le ragazze ridenti mi vorranno accanto e mi stringeranno, *tremando*, le mani [...] - pa 42 (SCHÜCHTERNHEIT/BEFANGENHEIT)

(295) "Per carità!", si schermiva subito Cristina, *arrossendo*. - bo 113 (SCHAM/VERLEGENHEIT)

(296) *Impallidendo* all'udir pronunziare il suo nome [...] aveva risposto: "Si, sono io". - pa 33 (SCHRECK)

(297) Il vecchio signore ci guardò con una specie di sinistra intensità, *spiegazzando* nell'unica mano un pezzo di carta color blu [...] - ca 82 (NERVOSITÄT)

(298) - Ora la gente non viene più come una volta - disse Augustin *scuotendo* la testa. - ca 9 (NICHTVERSTEHENKÖNNEN)

(299) "Oh, no", fece, *alzando* una spalla. - bo 120 (GLEICHGÜLTIGKEIT)

(300) In fondo - esclamavano, *alzando* la spalla -, perché non riconoscere anche nell'irregolarità più vergognosa lo stile dell'uomo? - bo 36f (GLEICHGÜLTIGKEIT)

(301) Venne verso la tavola, *stringendosi* nelle spalle: desolata di non aver domandato, al solito, il nome della persona. - bo 150 (RESIGNATION/GLEICHGÜLTIGKEIT)

Der intendierte Ausdruckswert des in den *gerundio*-Konstruktionen der beiden folgenden Beispiele beschriebenen Verhaltens ist voll nur mit Hilfe des Kontexts erschließbar:

(302) "Velenosi?!", lo interruppe Bianca, *spalancando* gli occhi celesti. - bo 64 (GESPIELTE NAIVITÄT/VERWUNDERUNG)

(303) "Non sembra neanche che si tratti di suo figlio!", brontolava, a occhi bassi, *riponendo* il telegramma nella tasca del grembiule. - bo 162 (RESIGNATION/ENTTÄUSCHUNG)

Die beiden Beispiele stehen hier stellvertretend für zahllose Beispiele gleicher Art - die meisten modernen psychologischen Romane, Erzählungen und Kurzgeschichten sind voll von ihnen, vermutlich weil der rein auktoriale Stil inzwischen ziemlich verpönt ist. "Für sich" und "als solche" genommen sind all diese so minutiös beschriebenen Begleitumstände ja herzlich uninteressant. Zum Fortgang der Handlung tragen sie ebenfalls nicht bei. Was sie interessant (und in einem psychologischen Roman sogar hochinteressant und zentral wichtig) macht, ist einzig und allein ihr symbolischer Wert, die Tatsache, daß sie eben auf etwas anderes schließen lassen, in der Regel auf die Gefühlslage des jeweiligen Agenten.

Beispiele wie (302) und (303) fallen in den unscharfen Grenzbereich zwischen den Klassen 'expressive' und 'sonstige Begleitumstandskonstruktionen' insofern, als sich ihr Symbolcharakter nicht aus generellen pragmatischen Annahmen herleiten läßt, sondern sich nur aus der jeweils beschriebenen konkreten Situation ergibt.

Was übrigens an den expressiven Begleitumstandskonstruktionen noch auffällt, ist die Tatsache, daß sie überwiegend Beschreibungen von Sprechhandlungen oder von Handlungen des "Ein-Gegenüber-Anschauens" (vgl. (290) und (297) modifizieren. Dies paßt gut zu meiner obigen Feststellung (vgl. S. 147), daß die Verben *dire/sagen* und *guardare/ansehen* die reichste Skala an Modifikationsmöglichkeiten durch expressive Adjektive in adverbialer Funktion aufweisen.

V.3.2 Sonstige Begleitumstandskonstruktionen

Wie bereits erwähnt, sind die Begleitumstandssatzgefüge unter meinen Belegen die zahlenmäßig stärkste Gruppe (144 von 400, also 36%). Bisher habe ich sie nur lose definiert als Satzgefüge mit zwei Teilsätzen, die für den Sprecher nur eine vorstellungsmäßige Einheit bilden - im Gegensatz zu den Instrumental- und den Modussatzgefügen, deren Teilsätze auch sachlich eine Einheit bilden insofern, als sie sich auf ein und denselben Vorgang oder auf zwei Aspekte ein und desselben Vorgangs beziehen. Begleitumstandssatzgefüge unterscheiden sich von den koordinativen *gerundio*-Gefügen also nur pragmatisch und nicht semantisch. Für unsere Mehrsprachengrammatik bedeutet dies, daß die Begleitumstandssatzgefüge aus denselben semantischen Formeln abgeleitet werden wie die koordinativen *gerundio*-Gefüge. Anders als letztere sind aber die Begleitumstandssatzgefüge in dem "Präfix"[64] durch das Prädikat ZUSAMMENHANG gekennzeichnet, dessen Argumente die beiden Formeln sind, die den Teilsätzen der Begleitumstandssatzgefüge zugrundeliegen. Das Prädikat ZUSAMMENHANG soll dasjenige symbolisieren, was ich bisher vage als "vorstellungsmäßige Einheit" charakterisiert habe und im folgenden anhand weiterer Beispiele (zusätzlich zu denen des vorangegangenen Subkapitels) noch genauer explizieren werde.

Sprachlich faßbares Korrelat des Prädikats ZUSAMMENHANG und damit des Begriffs 'Begleitumstand' sind einige für italienische Begleitumstandssatzgefüge typische Übersetzungsregularitäten im Deutschen:

(a) Für mich sind deutsche Phrasen mit *unter* (m.W. bisher von niemandem genauer untersucht) der Inbegriff dessen, was ich hier als "Begleitumstandskonstruktion" zu charakterisieren versuche. Man betrachte die folgenden Beispiele:

(304) Der Inhalt der Dose muß *unter beständigem Umrühren* erhitzt werden.

(305) Die Studenten verließen *unter lautem Protest* den Hörsaal.

(306) Sie erklomm, *unter beständigem Ächzen und Stöhnen*, die steile Treppe des Kirchturms

Zu den Begleitumstandskonstruktionen rechne ich deshalb diejenigen *gerundio*-Konstruktionen, die mit *unter*-Phrasen ins Deutsche übersetzt werden, wie zum Beispiel

(307.1) E la bestia [...] gli ricambiava dal basso, *scodinzolando* disperata, uno sguardo umido, trepidante. - bo 143
2) Und das Tier warf ihm von unten, unter verzweifeltem Schwanzwedeln, einen feuchten, angsterfüllten Blick zu.

---

64 Das Präfix enthält Angaben über nur pragmatisch und mitteilungsperspektivisch relevante Information, die den Wahrheitswert der zu erzeugenden Sätze nicht beeinflußt. Vgl. hierzu SCHWARZE (1978).

(b) Zu den Begleitumstandskonstruktionen rechne ich weiter alle diejenigen *gerundio*-Konstruktionen, die mit Ausdrücken folgender Art übersetzt werden können:

(308)

Erna kam um die Ecke, —
- das Kind auf dem Arm.
- die Hände an der Hosennaht.
- ein Buch unter dem Arm.
- einen Spazierstock in der Hand.
- einen Tornister auf dem Rücken

In diesen Konstruktionen fehlt das verbale Element, das das Akkusativ-Objekt regiert. Ergänzen könnte man sie durch die Präsenspartizipien *habend* oder *haltend*. Die lokale Präpositionalphrase bezeichnet Teile des Körpers oder der Kleidung. Hier ein einschlägiges italienisches Beispiel mit seiner deutschen Übersetzung:

(309.1) Camminava a fatica, *tenendo* il libro giallo sotto il braccio [...] - bo 97
2) Er ging mühselig, das gelbe Buch unter dem Arm.

(c) Die folgenden Ausdrücke hingegen, die ich ebenfalls den Begleitumstandskonstruktionen zurechne, enthalten ein verbales Element in Form eines Perfektpartizips; aber wie in den Beispielen der Gruppe (b) scheint das Präsenspartizip zu fehlen:

(310)

Erna kam um die Ecke, —
- den Körper leicht zur Seite geneigt.
- das Gesicht in den Händen verborgen.
- die Arme vor der Brust verschränkt.
- die Arme seitlich ausgestreckt.
- den Blick in die Ferne gerichtet.

Wieder handelt es sich vorwiegend um Befindlichkeiten des menschlichen Körpers und seiner Teile. Hier ein einschlägiges italienisches Beispiel mit seiner deutschen Übersetzung:

(311.1) Mi inginocchiai dunque e, *chiudendomi* il viso tra le mani [...] dissi una lunga preghiera [...] - pa 38
2) Ich kniete mich also hin und sprach ein langes Gebet, das Gesicht in den Händen verborgen.

(d) *Gerundio*-Konstruktionen, die mit *mit*-Phrasen übersetzt werden und nicht in die Klasse der Moduskonstruktionen gehören, rechne ich ebenfalls zu den Begleitumstandskonstruktionen:

(312.1) Er saß da, —
- mit ausgestreckten Armen/Beinen.
- mit gefalteten Händen.
- mit gesenktem Kopf.

2) Er verbeugte sich —
- mit der Bemerkung: " - - - ".
- mit den Worten: " - - - ".

Hier ein einschlägiges italienisches Beispiel mit seiner deutschen Übersetzung:

(313.1) Mi venne incontro *dicendo* "Caro amico!"

2) Er kam mir mit den Worten "Lieber Freund!" entgegen.

Den soeben in einer kleinen Auswahl vorgestellten Übersetzungseigenschaften der italienischen Begleitumstandskonstruktionen, die für mich den heuristischen Ausgangspunkt der Klassifikation bildeten, liegen ganz bestimmte pragmatische Regularitäten zugrunde. Setzt man diese als Klassifikationsgrundlage an, so vergrößert sich die Anzahl der in diese Klasse fallenden Beispiele beträchtlich, weil die Übersetzungsregularitäten hier hauptsächlich von stilistischen und syntaktischen Faktoren abhängen und nicht so sehr von semantischen und pragmatischen.

Bei einer pragmatischen Klassifikation lassen sich - neben einer Restgruppe - drei Hauptgruppen erkennen:

(1) Der Bezugssatz bezeichnet eine Sprechhandlung (entweder mit wörtlicher oder berichteter Rede); die *gerundio*-Konstruktion beschreibt nicht-vokale (also nicht implizite) und nicht-typische (also nicht *e i n d e u t i g* symbolische bzw. "expressive") Handlungen des Bereichs Mimik, Gestik und Körperhaltung. Dieses pragmatische Satzschema wird in meinen Belegen derart oft realisiert, daß es einfach nicht zu übersehen ist. Der Befund läßt sich leicht und natürlich mit allgemeinen alltagspsychologischen Erfahrungen und Überzeugungen korrelieren: Wenn jemand spricht, so *b e g l e i t e t* er seine Rede oft mit mimischen Bewegungen oder Gesten, die den Inhalt der Rede unterstreichen, "kommentieren" und dessen Interpretation durch den jeweils Angesprochenen oft steuern. Die Sprechhandlung ist aber für uns die Hauptsache; Mimik, Gestik und Körperhaltung sind nur ein - wenn auch wesentlicher - *B e g l e i t u m s t a n d* .

(2) Der Bezugssatz bezeichnet eine Fortbewegungshandlung und die *gerundio*-Konstruktion beschreibt eine Sprech- oder sonstige vokale Handlung (z.B. Singen oder Schreien). Beide Handlungstypen sind zwar eindeutig voneinander unabhängig (vgl. auch die bereits erwähnte Behauptung RYLEs über "humming and walking" (1949: 138)), bilden aber offenbar doch eine besondere "vorstellungsmäßige Einheit", denn sonst könnten nicht so viele von ihnen in der eingangs beschriebenen Weise übersetzt werden.

Bei dieser Konstellation von Handlungen scheint die Fortbewegungshandlung gewichtungsmäßig *v o r* der vokalen Handlung zu rangieren - so ergibt es sich jedenfalls aus meinen Belegen; denn die Fortbewegungshandlung wird fast immer in dem schon syntaktisch "schwergewichtigeren" Bezugssatz beschrieben und die vokale Handlung in der "leichtgewichtigeren" *gerundio*-Konstruktion.[65]

(3) Der Bezugssatz beschreibt beliebige Handlungen und die *gerundio*-Konstruktion Ausdruckskomponenten wie Mimik, Gestik, Körperhaltung usw.. Der Begleitumstands- und somit eher modale als koordinative Charakter solcher Satzgefüge ergibt sich für mich aus der Uninteressantheit und inhärenten Unwichtigkeit der jeweils beschriebenen Begleithandlungen. Diese sind "als solche" so belanglos und so wenig erwähnenswert, daß es äußerst unwahrscheinlich ist, daß sie bloß um ihrer selbst willen erwähnt werden. Daher meine ich, daß sie, über sich selbst hinausweisend, Ausdruckswerte symbolisieren sollen, wie die in *V.3.1* besprochenen expressiven Begleitumstandskonstruktionen. Da die beschriebenen Begleithandlungen aber nicht zur Klasse der typischen Ausdrucksbewegungen wie etwa 'Kopfschütteln', 'Stirnrunzeln' und 'Achselzucken' gehören, denen ganz bestimmte Ausdruckswerte pragmatisch zugeordnet werden können, sondern nur *ad hoc* aus dem Kontext heraus ihren jeweiligen "eigentlichen" Sinn erschließen lassen, ordne ich sie unter die 'sonstigen Begleitumstandskonstruktionen' ein.

Natürlich könnte man die Gruppe (3) unter die Gruppe (1) subsumieren, denn ihre Begleithandlungen gehören ja fast alle zum selben Typ, den Ausdrucksbewegungen. Ich trenne die Gruppen trotzdem, weil die erste so viel breiter belegt ist als die dritte und weil für mich Sprechhandlungen und begleitende Mimik etc. intuitiv noch enger zusammengehören als andere Handlungen und begleitende Mimik etc..

Schließlich gibt es - wie bei allen bisher behandelten Klassen - natürlich auch hier, wie erwähnt, eine große Restklasse mit vielfältigen weiteren Subklassifikationsmöglichkeiten, die ich aber im folgenden außer acht lasse, da die Materialfülle auch ohne sie fast erdrückend ist.

Ich bringe im folgenden typische Beispiele für die drei soeben beschriebenen Hauptklassen von Begleitumstandskonstruktionen mit ihren deutschen Übersetzungen.

---

65 Hierzu ist einschränkend zu bemerken, daß die *gerundio*-Konstruktion nur im Normalfall das geringere Gewicht trägt. Ist sie präsupponiert, so trägt sie das Hauptgewicht und wird meist als Temporaladverbiale übersetzt. Vgl. hierzu PUSCH (1976a).

(a) Sprechhandlungen mit begleitender, aber nicht "typischer" Mimik, Gestik, etc.

(314.1) "Non capisco per quale ragione", dissi *fissandolo*.
- bo 119

2) "Ich verstehe nicht, aus welchem Grund", sagte ich und sah ihn direkt an.

(315.1) "Mi sembra di essere tornato studente", ripeteva spesso Fadigati, *guardando* fuori. - bo 61

2) "Ich komme mir vor, als wäre ich wieder Student", wiederholte Fadigati oft mit einem Blick nach draußen.

(316.1) "Che visetto intelligente!", ripetè Fadigati, *continuando* a guardare in direzione di Fanny. - bo 110

2) "Was für ein intelligentes Gesichtchen!", wiederholte Fadigati und sah weiter zu Fanny hin.

(317.1) A bassa voce, con l'aria di mettermi a parte di un segreto importante, e *guardandosi* ogni tanto alle spalle come se temesse di venir sorpreso, mi raccontò del bagno fatto a Rimini [...]
- bo 105

2) Mit leiser Stimme, als wollte er mich in ein wichtiges Geheimnis einweihen, erzählte er mir von dem Bad in Rimini, wobei er sich hin und wieder umsah, als befürchtete er, überrascht zu werden.

(Man beachte bei diesem Beispiel wieder die Koordination mit einem Modaladverbiale (*a bassa voce*)!)

(318.1) "Vi invidio!", esclamò Valenti, *alzando* le palpebre e *versando* su Giovanni lo sguardo di un bambino ammalato. - pa 23

2) "Ich beneide euch!" rief Valenti, und dabei sah er auf und warf Giovanni einen Blick zu wie ein krankes Kind.

(319.1) "Già", rispose il ragazzo *alzando* verso di lui i suoi occhi annoiati, "aspetto". - mi 107

2) "Gut", antwortete der Junge und sah gelangweilt zu ihm auf, "ich warte".

(320.1) Quindi, *curvandosi* un poco di fianco, e *battendogli* con la mano sopra un ginocchio: "Eh, lei deve stare attento!", disse.
- bo 76

2) Dann beugte er sich ein wenig zur Seite, klopfte ihm mit der Hand aufs Knie und sagte: "He, Sie müssen aufpassen!"

(321.1) "Non è vero, Pippo", soggiunse *volgendosi* al marito, "non è vero che fu gentilissimo?" - bo 95

2) "Stimmt es nicht, Pippo", fügte sie, zu ihrem Gatten gewandt, hinzu, "stimmt es nicht, daß er sehr nett war?"

(322.1) Le dissi, *indicando* il povero giovinotto: "Eccone uno che non vi appartiene più [...] - rim 42

2) Ich wies auf den armen jungen Menschen und sagte zu ihr: "Dieser gehört dir nicht mehr ... ". - rim 43

(b) Fortbewegungshandlungen mit vokalen Begleithandlungen

(323.1) mentre gli altri paesani passavano in mezzo alla duplice fila, *mormorando* una preghiera. - cl 20
2) während die anderen Dorfbewohner betend an den Särgen vorbeischritten. - cl 21

(324.1) Andava grondante ad asciugarsi sul terrazzino, *cantando*.
2) Er war klatschnaß und ging singend auf die kleine Terrasse, um sich abzutrocknen.

(325.1) Si arrampicava su per le montagne che era un piacere, *cantando Bandiera Rossa* a squarciagola. - bo 130
2) Er kletterte die Berge hoch, daß es eine Freude war, und sang dabei aus vollem Halse *Bandiera Rossa*.

(326.1) Avanzava lentamente, un po' piegato sul fianco, sempre *discorrendo:* rivolto a un cane, come mi accorsi subito. - bo 142
2) Er kam langsam näher, ein bißchen zur Seite geneigt, unter beständigem Plaudern: mit einem Hund, wie ich sofort bemerkte.

(Man beachte wieder die asyndetische Reihung (vgl. *I.2.5.2.1*) mit dem Modaladverb *lentamente*!)

(327.1) La poverina [...] s'era precipitata dal portiere, *gridando*: "Mio figlio è sparito". - cl 24
2) Die Ärmste [...] war mit dem Schrei "Mein Kind ist verschwunden" zum Portier gestürzt. - cl 25

(328.1) Vedendoci, il gentiluomo ci venne incontro *dicendo*: - Accomodatevi, signori, prego. - ca 81
2) Als er uns sah, kam der Herr uns entgegen mit den Worten: "Nehmen Sie bitte Platz, meine Herren."

(329.1) fuggì *gridando*. - ca 95
2) er lief schreiend davon.

(c) Beliebige Handlungen mit begleitender, aber nicht "typischer" Mimik, Gestik, etc.

(330.1) Indugiava un attimo sulla soglia, *guardando* in alto [...] - bo 30
2) Er zögerte einen Moment auf der Schwelle und sah nach oben.

(331.1) Stava in piedi, accanto alla scranna dell'arbitro [...], e fumava *guardando* davanto a se. - bo 119
2) Er stand neben dem Schiedsrichtersitz, rauchte und sah vor sich hin.

(332.1) Continuavano imperterriti a giocare a carte [...], *ridendo* e *agitando* le mani. - bo 53
2) Sie fuhren ungerührt mit ihrem Kartenspiel fort, lachend und gestikulierend.

(333.1) Camminava lemme lemme, *sbadigliando*. - bo 46
2) Er ging ganz gemächlich und gähnte dabei.

(334.1) Ma lui l'aspirava /l'aria/ a pieni polmoni, *socchiudendo* le palpebre dietro le lenti e *dilatando* le narici del grosso naso. - bo 64
2) Aber er sog die Luft in tiefen Zügen ein, die Lider hinter den Brillengläsern halb geschlossen und die großen Nasenflügel weit geöffnet.

Ich habe den italienischen Beispielen hier jeweils die deutschen Übersetzungen beigefügt, um zu demonstrieren, wie verschieden letztere ausfallen. Bei aller semantisch-pragmatischen Ähnlichkeit der italienischen Begleitumstandskonstruktionen (und der Moduskonstruktionen; vgl. *V.2*) untereinander sind ihre deutschen Übersetzungen keinem bestimmten syntaktischen Typ zuzuordnen. Die Faktoren, die diese Vielfalt von Übersetzungsmöglichkeiten bedingen, sind nach allem, was sich aus meinen diesbezüglichen Voruntersuchungen ergeben hat, außerordentlich kompliziert. Diese Faktoren sollen ausführlich in einer späteren Arbeit behandelt werden.

ABKÜRZUNGSVERZEICHNIS

bo Bassani, Giorgio
1958 *Gli occhiali d'oro* (Mailand: Mondadori).
benutzte Ausgabe: (= *Gli Oscar Mondadori* 268) (Mailand: Mondadori 1976)[2].

ca Carr, John Dickson
1955 *L'ultima carta* [englisches Original: *Corpse in the waxworks*], übersetzt von Bruno Scurto (= *I classici del giallo* 172, = *I Gialli Mondadori*) (Mailand: Mondadori).
benutzte Ausgabe: (= *I classici del giallo* 172) (Mailand: Mondadori 1973).

cl *Cronaca locale - Alltägliches aus italienischen Zeitungen*, Auswahl
1964 und Übersetzung von Hanna Dehio (= *Edition Langewiesche-Brandt*) (Ebenhausen bei München: Langewiesche-Brandt).

mi Moravia, Alberto
1949 *Gli indifferenti* (Mailand: Bompiani).
benutzte Ausgabe: (= *I piccoli delfini* 20) (Mailand: Bompiani 1974).

mm Mastronardi Lucio
1962 *Il maestro di Vigevano* (Turin: Giulio Einaudi).
benutzte Ausgabe: (= *Gli Oscar* 190) (Mailand: Arnoldo Mondadori 1969).

pa Hinterhäuser, Hans (ed.)
1961 *Piccola antologia della narrativa italiana contemporanea* (München: Hueber).
benutzte Ausgabe: (= *Huebers fremdsprachliche Texte* 172), 2., erweiterte Auflage (München: Hueber 1968).

rim Racconti italiani moderni - Moderne italienische Erzählungen, Auswahl und Übersetzung von Hanna Dehio (= *Edition Langewiesche-Brandt* 74) (Ebenhausen bei München: Langewiesche-Brandt).

LITERATURANGABEN

Anscombe, Gertrude E.M.
1957 *Intention* (Oxford: Blackwell).

Austin, John Langshaw
1957 "A plea for excuses", *Proceedings of the Aristotelian Society* 57 (1956-57): 1-30.
1962 *How to do things with words* (ed.: J.O. Urmson) (Oxford: Clarendon Press).

Bartsch, Renate
1970 "Die logische Analyse von Modaladverbien", *Linguistische Berichte* 10: 27-34.
1972 *Adverbialsemantik; die Konstitution logisch-semantischer Repräsentationen von Adverbialkonstruktionen* (= *Linguistische Forschungen* 6) (Frankfurt a.M.: Athenäum). /= Habilschrift FU Berlin/

Beckermann, Ansgar (ed.)
1977 *Analytische Handlungstheorie* 2: *Handlungserklärungen* (Frankfurt a.M.: Suhrkamp).

Behaghel, Otto
1923-32 *Deutsche Syntax; eine geschichtliche Darstellung* 2: *Adverbum, Verbum* (= *Germanische Bibliothek* 1.1.10.2) (Heidelberg: Winter).

Bennet, David C.
1970 *Some observations concerning the locative directional distinction.* /vervielfältigt/

Bierwisch, Manfred
1965 "Eine Hierarchie syntaktisch-semantischer Merkmale", in: *Syntaktische Studien* (= *Studia grammatica* 5) (Berlin: Akademie-Verlag), pp. 29-86.

Bischoff, Heinrich
1970 *Setzung und Transposition des -MENTE-Adverbs als Ausdruck der Art und Weise im Französischen und Italienischen mit besonderer Berücksichtigung der Transposition in Adjektive* (Zürich: Juris Druck und Verlag).

Borgato, Gianluigi
1975 "Le proposizioni relative in una grammatica contrastiva dell' italiano e del tedesco", *Studi italiani di linguistica teorica ed applicata* 4.2-3: 507-40.
1976 "Aspetto e Aktionsart in Italiano e Tedesco", in: *Lingua e Contesto* 3, 65-197.

Borgato, Gianluigi & Emilio Manzotti & Luise F. Pusch
1974 *Syntaxregeln für eine italienisch-deutsche Mehrsprachengrammatik* (Kiel). /vervielfältigt/

/Borgato, Gianluigi & Emilio Manzotti & Luise F. Pusch & Christoph Schwarze/
1978 Kieler Projektgruppe: "Eine Mehrsprachengrammatik mit semantischer Basis", in SCHWARZE (ed. 1978: 20-92).

Brennenstuhl, Waltraud
1975 *Handlungstheorie und Handlungslogik; Vorbereitungen zur Entwicklung einer sprachadäquaten Handlungslogik* (Kronberg, Taunus: Scriptor).

Brockhaus, Klaus & Arnim von Stechow
1971 "On formal semantics; a new development", *Linguistische Berichte* 11: 7-36.

Bungarten, Theo
1976 *Präsentische Partizipialkonstruktionen in der deutschen Gegenwartssprache* (= *Sprache der Gegenwart; Schriften des Instituts für deutsche Sprache* 38) (Düsseldorf: Pädagogischer Verlag Schwann).

Cattell, Ray 1965
1976 *Grammar and the facts of life*, unpublished paper to be read at the 11th International Conference on Polish-English Contrastive Linguistics in Białowieża, Poland, 16.-18. December 1976. /12 pp./
Chomsky, Noam
1970 "Remarks on nominalizations", in: *Readings in English transformational grammar* (ed.: Roderick A. Jacobs & Peter S. Rosenbaum) (Waltham, Mass.: Ginn and Company), pp. 184-221.
Danto, Arthur C.
1965 "Basic actions", *American Philosophical Quarterly* 2 (1965): 141-8.
Davidson, Donald
1963 "Actions, reasons, and causes", *Journal of philosophy* 60: 685-700.
Diersch, Helga
1972 *Verben der Fortbewegung in der deutschen Sprache der Gegenwart; eine Untersuchung zu syntagmatischen und paradigmatischen Beziehungen des Wortinhalts* (= *Abhandlungen der sächsischen Akademie der Wissenschaften zu Leipzig, philologisch-historische Klasse* 62.3) (Berlin: Akademie-Verlag).
Duden
1959 *Duden; Grammatik der Deutschen Gegenwartssprache*, bearbeitet von Paul Grebe [...] (= *Der große Duden* 4) (Mannheim & Zürich: Bibliographisches Institut).
1973 *Duden; Grammatik der deutschen Gegenwartssprache*, bearbeitet von Paul Grebe [...], 3. Auflage (= *Der gosse Duden* 4) (Mannheim & Zürich: Bibliographisches Institut).
Ehnert, Rolf
1974 "Ich könnte dich fressen 'vor' Liebe, oder 'aus' Liebe?", *Zielsprache Deutsch* 1: 30-7.
Fefilov, Alexander
1976 "Über einige Grundprinzipien der konfrontativen Untersuchung der deutschen und russischen Fortbewegungsverben", *Deutsch als Fremdsprache* 5: 285-9.
Filipovič, Nada
1977 *Die Partizipialkonstruktionen in der deutschen dichterischen Prosa von heute* (= *Forschungsberichte des Instituts für deutsche Sprache Mannheim* 32) (Tübingen: Narr 1976).
Fillmore, Charles J.
1971 "Some problems for case grammar", in: *Report of the 22nd Annual Round Table Meeting on Linguistics and Language Studies* (ed.: Richard J. O'Brian) (Washington, D.C.: Georgetown University Press), pp. 35-56.
Forguson, L.W.
1969 "Austin's philosophy of action", in: *Symposium on J.L.Austin* (ed.: K.T. Fann) (London: Routledge & Kegan), pp. 127-47.- benutzte Fassung: "Austins Handlungstheorie" (transl.: M. Ulkan) in MEGGLE (1977: 43-68).
Fornaciari, Raffaello
1881 *Sintassi italiana dell'uso moderno* (Florenz: Sansoni).
François, Jaques
1974 *Die dem französischen Gerundium entsprechenden deutschen Konstruktionen; eine generative Kontrastanalyse.* /= Vortrag auf dem 9. Linguistischen Kolloquium Bielefeld, 27.-30. August 1974; vervielfältigt/
Goldman, Alvin J.
1971 "The individuation of events", *The journal of philosophy* 68: 761-74. benutzte Fassung: "Die Identität von Handlungen" (transl.: G. Meggle) in MEGGLE (1977: 332-53).

Harris, Zellig S.
1968 *The mathematical structure of language* (= *Interscience tracts in pure and applied mathematics* 21)(New York: Interscience Publishers)

Hartung, Wolfgang
1964 *Die zusammengesetzten Sätze des Deutschen* (= *Studia grammatica* 4) (Berlin: Akademie-Verlag).

Hausmann, Franz-Josef
1975 "Die Austauschbarkeit von *participe présent* und *gérondif* im geschriebenen Französisch der Gegenwart", in: *Kongressbericht der 6. Jahrestagung der Gesellschaft für Angewandte Linguistik GAL e.V. 4: Linguistik; Beschreibung der Gegenwartssprachen* (ed.: Ulrich Engel & Helmut Schumacher) (Heidelberg: Groos), pp. 120-8.

Jacobs, Roderick A. & Peter S. Rosenbaum
1968 *English transformational grammar* (Waltham, Mass. & Toronto & London: Ginn and Company).

Jung, Walter
1971 *Kleine Grammatik der deutschen Sprache* (Leipzig).

Karius, Ilse
1975 "Zur Beziehung zwischen Wortbildung und Alltagswissen", in: *Akten des 10. Linguistischen Kolloquiums Tübingen 1975 2: Grammatik* (ed.: Kurt Braunmüller & Wilfried Kürschner) (= *Linguistische Arbeiten* 32) (Tübingen: Niemeyer 1976), pp. 54-68.

Katz, Jerrold J.
1966 *The philosphy of language* (New York & London: Harper and Row).

König, Ekkehard
1970 "Transformational grammar and contrastive analysis", in: *PAKS-Arbeitsbericht* 6 (Dezember 1970) (Stuttgart: Institut für Linguistik und Anglistik, Universität Stuttgart), pp. 43-57.

Lakoff, Robin T.
1971 "*If*'s, *And*'s and *But*'s about conjunction", in: *Studies in linguistic semantics* (ed.: Charles J. Fillmore & D. Terence Langendoen) (New York & Chicago & San Francisco: Holt, Rinehart and Winston), pp. 114-49.

Lang, Ewald
1977 *Semantik der koordinativen Verknüpfung* (= *Studia grammatica* 14) (Berlin: Akademie-Verlag). /=Diss. Berlin 1974/

Lang, Ewald & Renate Steinitz
1976 Rezension von BARTSCH (1972), *Foundations of language* 14: 137-51

Lorenz, Konrad
1963 *Das sogenannte Böse; zur Naturgeschichte der Aggression* (Wien: Dr. G. Borotha-Schoeler).

Malblanc, A.
1944 *Pour une stylistique comparée du français et de l'allemand; essai de réprésentation linguistique comparée* (Paris: Didier).

Manzotti, Emilio
1974a *Eine Semantiksprache für eine Sprachvergleichsgrammatik* (Romanisches Seminar Kiel). /vervielfältigt/
1974b *I casi entro una grammatica della comparazione linguistica* (Kiel). /unveröffentlichtes Manuskript; erscheint demnächst in den *Proceedings* des 8. Internationalen Kongresses für Romanische Philologie und Linguistik, Neapel, April 1974/
1978 "Artikel und Stoffnamen: Eine kontrastive Untersuchung zum Italienischen und Deutschen" in SCHWARZE (ed. 1978: 113-87). - die italienische Fassung erscheint demnächst im *Bolletino del Centro per lo studio all'estero dell'italiano* (Triest).

Manzotti, Emilio & Luise F. Pusch & Christoph Schwarze
1975 "Sorten von Prädikaten und Wohlgeformtheitsbedingungen für eine Semantiksprache", *Zeitschrift für germanistische Linguistik* 3.1: 15-39.

Meggle, Georg (ed.)
1977 *Analytische Handlungstheorie* 1: *Handlungsbeschreibungen* (Frankfurt a.M.: Suhrkamp).

Meyer, Paul Georg
1975 *Satzverknüpfungsrelationen; ein Interpretationsmodell für situationsunabhängige Texte* (= *Tübinger Beiträge zur Linguistik* 61) (Tübingen: Narr).

Motsch, Wolfgang
1964 *Syntax des deutschen Adjektivs* (= *Studia grammatica* 3) (Berlin: Akademie-Verlag)

Parisi, Domenico & Cristiano Castelfranchi
1976 "Tra ipotassi e paratassi", *Rivista di grammatica generativa* 1.1, 55-98. /in dieser Arbeit zitiert als *P&C*/

Pusch, Luise F.
1972 *Die Substantivierung von Verben mit Satzkomplementen im Englischen und im Deutschen* (= *Athenäum-Skripten Linguistik* 6) (Frankfurt a.M.: Athenäum). /= Diss. Hamburg 1972/
1973 "Kausale Adverbialphrasen vom Typ '*aus/vor* + NP'", in: *Linguistische Perspektiven; Referate des 7. Linguistischen Kolloquiums Nijmegen, 26.-30. September 1972* (ed.: Abraham P. ten Cate & Peter Jordens) (= *Linguistische Arbeiten* 5) (Tübingen: Niemeyer), pp. 149-59.
1975a "Bericht über das Forschungsprojekt 'Die integrierte Erzeugung zweier oder mehrerer Sprachen als grammatiktheoretisches Problem'", *IRAL* 13.2: 158-62.
1975b "Über den Unterschied zwischen *aber* und *sondern*, oder Die Kunst des Widersprechens", in: *Syntaktische und semantische Studien zur Koordination* (= *Studien zur deutschen Grammatik* 2) (Tübingen: Gunter Narr), pp. 45-62. /auch in: *Löwen und Sprachtiger; Akten des 8. Linguistischen Kolloquiums Löwen, 19.-22. September 1973* (ed.: Rudolf Kern) (Löwen: Editions Peeters 1976), pp. 127-43/
1976a "Das *gerundio* als Ausdruck der Gewichtung; eine kontrastive Untersuchung am Deutschen und Italienischen", *Leuvense Bijdragen; Tijdschrift voor Germaanse Filologie* 62.1 (1973): 33-68. - auch in SCHWARZE (ed. 1978: 188-230)
1976b "Nominalisierungen in der deutschen Sprache der Gegenwart; Vorarbeiten zur Lösung eines komplexen Lehrproblems des Deutschen als Fremdsprache", in: *Jahrbuch Deutsch als Fremdsprache* 2 (ed. Alois Wierlacher et alii) (Heidelberg: Julius Groos), pp. 14-55.
im Druck "Ambiguity and vagueness again, or Is the Italian gerundio ambiguous?", *Papers and studies in contrastive linguistics*. /im Druck/ /= Vortrag, eingereicht für die 11. Internationale Konferenz für Kontrastive Linguistik in Białowieża, Polen, 16.-18. Dezember 1976/

Pusch, Luise F. & Christoph Schwarze
1975 "Probleme einer Semantiksprache für den Sprachvergleich", *Folia linguistica* 7.3-4: 275-92.

Rath, Rainer
1971 *Die Partizipialgruppe in der deutschen Gegenwartssprache* (= *Sprache der Gegenwart* 12) (Düsseldorf: Schwann). /= Diss. Saarbrücken/
1972 "Adverbiale Adjektive im Deutschen", *Linguistische Berichte* 20: 1-18.

Rosenfeld, Helga
1978 *Kausales* aus *und* vor*: Eine Korpusanalyse*. Diss. Hamburg 1978.

Růžička, Rudolf
1973 "Integration slawischer und nichtslawischer Sprachen an der syntaktischen Peripherie; ein besonderer Typ von Gerundialstrukturen, *Zeitschrift für Slawistik* 18.4: 453-70.
Ryle, Gilbert
1949 *The concept of mind* (London: Hutchinson).
Savigny, Eike von
1974 *Die Philosophie der normalen Sprache; eine kritische Einführung in die "ordinary language philosophy"*, völlig neu bearbeitete Ausgabe (= *Suhrkamp Taschenbücher Wissenschaft* 29) (Frankfurt a.M.: Suhrkamp).
Schwarz, Christoph
1976 "Pseudologik und Natürliche Generative Grammatik; Anmerkungen zur 'Adverbialsemantik' von Renate Bartsch", *Papiere zur Linguistik* 11: 56-109.
Schwarze, Christoph
1970 *Untersuchungen zum syntaktischen Stil der italienischen Dichtungssprache bei Dante* (= *Linguistica et litteraria* 6) (Bad Homburg v.d.H. & Berlin & Zürich: Gehlen). /= Habilschrift Münster 1969/
1972 "Grammatiktheorie und Sprachvergleich", *Linguistische Berichte* 21: 15-29.
1973 "Entwurf der Basis für eine Sprachvergleichsgrammatik", in: *Linguistische Perspektiven; Referate des 7. Linguistischen Kolloquiums Nijmegen, 26.-30. September 1972* (ed.: Abraham P. ten Cate & Peter Jordens) (= *Linguistische Arbeiten* 5) (Tübingen: Niemeyer), pp. 252-66.
1975a "Empirische Probleme des Sprachvergleichs", *Linguistische Berichte* 35: 10-24.
1975b *Einführung in die Sprachwissenschaft, mit Beispielen aus dem Französischen und dem Deutschen* (= *Monographien Linguistik und Kommunikationswissenschaft* 21) (Kronberg, Taunus: Scriptor).
1977 "Le lexique dans une grammaire comparée du français et de l'allemand", in: *Actes du colloque franco-allemand de linguistique théorique* (ed.: Christian Rohrer) (Tübingen: Niemeyer), pp. 231-40.
1978 (ed.) *Kasusgrammatik und Sprachvergleich: Kontrastive Analysen zum Italienischen und Deutschen* (= *Ergebnisse und Methoden moderner Sprachwissenschaft* 2) (Tübingen: Narr).
Steinitz, Renate
1969 *Adverbialsyntax* (= *Studia grammatica* 10) (Berlin: Akademieverlag).
Stojanova-Jovčeva, Stanka
1976 "Der *indem*-Satz in der deutschen Gegenwartssprache", *Deutsch als Fremdsprache* 2: 112-9.
Tesnière, Lucien
1959 *Eléments de syntaxe structurale* (Paris: Klincksieck).
Von Wright, Georg Henrik
1971 *Explanation and understanding* (London: Routledge and Kegan Paul).
White, Alan R. (ed.)
1968 *The philosophy of action* (= *Oxford readings in philosophy*) (Oxford: Oxford University Press).
Wilss, Wolfram
1971 "Englische Partizipialkonstruktionen und ihre Wiedergabe im Deutschen", in: *Interlinguistica; Sprachvergleich und Übersetzung - Festschrift zum 60. Geburtstag von Mario Wandruszka* (ed.: Karl-R. Bausch & Hans-M. Gauger) (Tübingen: Niemeyer), pp. 555-68.

1972 "Syntaktisch-semantische Probleme der automatischen Sprachübersetzung", in: *Kongressbericht der 3. Jahrestagung der Gesellschaft für Angewandte Linguistik GAL e.V.; IRAL-Sonderband* (ed.: Gerhard Nickel & Albert Raasch) (Heidelberg: Groos), pp. 117-24.

Wunderlich, Dieter

1970 *Tempus und Zeitreferenz im Deutschen* (= *Linguistische Reihe* 5) (München: Hueber).

FSC
www.fsc.org
MIX
Papier | Fördert gute Waldnutzung
FSC® C083411

Kolibri 360 GmbH
Ferdinand-Jühlke-Straße 7
99095 Erfurt, Deutschland
produktsicherheit@kolibri360.de